Mathematik für das Bachelorstudium II

Matthias Plaue · Mike Scherfner

Mathematik für das Bachelorstudium II

Mehrdimensionale Analysis,
Differenzialgleichungen,
Anwendungen

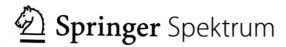 Springer Spektrum

Matthias Plaue
Berlin, Deutschland

Mike Scherfner
Berlin, Deutschland

ISBN 978-3-8274-2068-8   ISBN 978-3-8274-2557-7   (eBook)
https://doi.org/10.1007/978-3-8274-2557-7

Die Deutsche Nationalbibliothek verzeichnet diese Publikation in der Deutschen Nationalbibliografie;
detaillierte bibliografische Daten sind im Internet über http://dnb.d-nb.de abrufbar.

Springer Spektrum
© Springer-Verlag GmbH Deutschland 2019

Planung/Lektorat: Andreas Rüdinger

Springer Spektrum ist ein Imprint der eingetragenen Gesellschaft Springer-Verlag GmbH, DE und ist ein
Teil von Springer Nature.
Die Anschrift der Gesellschaft ist: Heidelberger Platz 3, 14197 Berlin, Germany

Über dieses Buch

Unter dem Titel „Mathematik für das Bachelorstudium" decken wir in drei Bänden den Stoff ab, den wir als *überlebensnotwendig* für Studierende der Physik und Mathematik erachten.

Was meinen wir mit überlebensnotwendig? Ein ordentlich gewähltes Mindestmaß an mathematischem Wissen, das Ihnen solide Grundlagen bietet und das tiefere Eindringen in spezielle Themen ermöglicht. So werden Ihnen in der Mathematik die Themen Funktionalanalysis (in der Physik z. B. verknüpft mit der Quantenmechanik) und Differenzialgeometrie (in der Physik z. B. verknüpft mit der Relativitätstheorie) begegnen, auf die wir Sie gut vorbereiten.

Es ist uns völlig klar, dass wir mit dem Umfang nicht jeden Wunsch erfüllen, denn wir vernehmen aus der Ferne schon die Gedanken derer, die sich an diversen Stellen deutlich mehr wünschen mögen – und wir leiden mit den Studierenden, die in Anbetracht der existierenden Fülle des Stoffes um ihren Schreibtisch wanken.

Es ist unser Ziel gewesen, die Themen so verständlich wie möglich zu machen – die bisherige Rezeption vermeldet einen ehrlichen Erfolg in dieser Hinsicht.

Die vorliegende Reihe entstand aus Vorlesungen, die von Mike Scherfner zum Kurs „Mathematik für Physiker und Physikerinnen I-IV" seit dem Wintersemester 2007/08 an der TU Berlin gehalten wurden. Das Gesamtkonzept wurde von den Autoren zusammen mit Roland Möws erstellt, mit der Ausbildungskommission der Physik und den dortigen theoretischen Physikern besprochen und dann – nach Abstimmung mit Lehrenden des Instituts für Mathematik – umgesetzt. Der damalige Assistent der Veranstaltung, Matthias Plaue, erstellte dann auf der Basis der Vorlesungen ein Skript, das in der Folge ständig verbessert und schließlich zur Buchreihe wurde. Der Kurs, auf dem diese Reihe basiert, war ein guter Wegweiser für den Inhalt. So müssen Studierende der (insbesondere theoretischen) Physik nämlich ein gehöriges Stück Mathematik meistern, um die Natur zu beschreiben. Daher haben wir die berechtigte Hoffnung, dass das Werk am Ende auch eine brauchbare Grundlage für die Ausbildung in reiner Mathematik bildet und dann die Brücke zu dem schlägt, was in diesem Bereich als fortgeschritten gelten darf.

Wir dachten beim Schreiben besonders an Studierende der Physik, bieten aber auch Wesentliches für angehende Mathematikerinnen und Mathematiker. Wir sind ferner der Überzeugung, dass ambitionierte Studierende der Ingenieurwissenschaften an Universitäten großen Gewinn aus den Bänden ziehen können. Trotz der gewählten Hauptzielgruppe(n) haben wir das Augenmerk nicht speziell auf die Anwendungen gelegt. Zum einen gibt es z. B. diverse angehende Physikerinnen und Physiker, die in Mathematikveranstaltungen ungeduldig werden, wenn denn einmal keine pure Mathematik gemacht wird, und es gibt Studierende der Mathematik, die beim Wort Anwendungen Ausschlag bekommen. Wir mischen uns in das Für und Wider nicht ein, sondern haben diesen Weg deshalb gewählt, weil der Bachelor tatsächlich gewaltige zeitliche Anforderungen an Studierende stellt und wir uns ferner auf die Mathematik konzentrieren wollen, es kann schließlich nicht allen Herren gedient werden.

Der Übergang vom Diplom zum Bachelor und Master hat nicht alle begeistert, und wir mussten bei der Konzeption erkennen, dass der Bachelor einen vor ganz neue Aufgaben stellte, auf die wir als Lehrende wenig, bis gar nicht, vorbereitet wurden. Die Politik hat befohlen, wir mussten gehorchen (ohne auch nur die Chance zu haben, an geeigneter Stelle den Befehl zu verweigern und die Sache mit mehr sinnvollen Gedanken zu füllen). Es wurde klar, dass nicht einfach die alten Inhalte in die kurze Zeit des Bachelor gepackt werden konnten. Es darf aber auch zu keiner starken „Verwässerung" kommen, die das Bachelorstudium final zu einem „Studium light" werden lässt. Vielmehr musste nach unserer Meinung ein neues Konzept entstehen, das die richtige Balance zwischen Anspruch und Realisierbarkeit bietet. Auch diese Überlegungen waren Motivation für Anordnung und Umfang des präsentierten Stoffes in den drei Bänden, der im groben Überblick wie folgt aussieht: allgemeine Grundlagen, lineare Algebra, Analysis in einer Variablen (Band I), Analysis in mehreren Variablen, gewöhnliche und partielle Differenzialgleichungen, Fourier-Reihen und Variationsrechnung (Band II), dann weiter zu den Themen Funktionentheorie, Funktionalanalysis und Mannigfaltigkeiten (Band III).

Wir haben bei der Darbietung einen eigenen Stil verwendet, in welchem es eine strenge Gliederung gibt. In dieser sind Sätze und Definitionen farblich gekennzeichnet und Beweise bilden mit den zugehörigen Sätzen eine Einheit, was durch spezielle Symbole ausgedrückt wird. Als weitere Elemente gibt es noch Erläuterungen und Beispiele. Letztere sorgen oft für das Verständnis eines Sachverhaltes und für Aha-Effekte. Gleichfalls unterstreichen sie praktische Aspekte – daher sind wir recht stolz darauf, dass Sie alleine im ersten Band gut 200 Beispiele finden. Wir wollen durch unsere Gliederung die Klarheit des Präsentierten vergrößern, aber auch das Lernen erleichtern. So ist unter dem Druck einer nahenden Prüfung alles schnell zu finden. Auf Schnörkel, allzu Historisches und humoristische Einlagen wurde im mathematischen Teil verzichtet (was uns nicht immer leicht fiel) und wir haben alles unterlassen, was die Mathematik in die zweite Reihe drängt; Romane gibt es auf dieser Welt genug. Es war uns dabei sehr wichtig, Ihre Bedürfnisse zu respektieren, die teils auch einfach nur auf das Bestehen einer Prüfung gerichtet sein können. Wir hoffen, dass sich das Konzept beim Lesen unmittelbar erschließt. Alle Abschnitte beginnen mit einem Einblick, der Motivation liefert und eine Einführung gibt, die das Folgende auch einordnet. In der Konsequenz gibt es auch einen Ausblick. Dieser beleuchtet zuvor behandelte Themen teils erneut, zeigt Grenzen auf und ist an einigen Stellen auch nur Hinweis auf das, was am Horizont erscheint. Oft ist der Ausblick eine Art Schlussakkord, der Sie zu einem neuen Stück motivieren soll.

Wir haben davon Abstand genommen, das Werk zu beweislastig zu machen, selbst wenn ein Beweis stets auch eine Erklärung ist. Jedoch auch mit zu viel gutem Essen lässt sich der Magen verderben. Wir haben daher versucht „weise Beschränkung" zu üben, da die Zeit im Studium – und der Platz zwischen Buchdeckeln – begrenzt ist, und begnügen uns an einigen Stellen mit Spezialfällen oder der Beweisidee.

Wir setzen einzig solide Schulkenntnisse voraus, sodass z. B. natürliche oder reelle Zahlen und elementare Funktionen nicht grundlegend entwickelt werden. Wir gehen ferner davon aus, dass Sie beim Lesen eines Bandes die (soweit möglich) vorhergehenden Bände gelesen haben, da viele Themen aufeinander aufbauen.

Am Ende jedes Abschnittes gibt es Aufgaben zum Selbsttest, die nach kurzen Lerneinheiten eine schnelle Kontrolle ermöglichen. Am Ende der größeren Teile gibt es dann Aufgaben mit vollständigen Lösungen, für die das bis dahin erlangte Wissen Bedeutung hat.

Wir können mit diesem Werk nicht allen gefallen, wünschen uns aber, dass Sie Mathematik nicht nur als Mittel zum Zweck begreifen, sondern als das Wunderbare, was sie ist. Und wenn Sie Ihr Mobiltelefon bedienen, aus dem Fenster eines Hochhauses blicken, nach Ecuador fliegen oder mit dem Computer spielen: All dies wäre ohne Mathematik nie möglich!

Am Ende kommen wir mit Freude der Aufgabe nach, einigen Personen zu danken. Fabian Schuhmann hat bei den Korrekturen kräftig unterstützt, Hans Tornatzky hat Teile der Vorlage getippt, Ulrike Bücking und Markus Müller waren Assistenten der Kurse und haben viele schöne Dinge bewegt. Dirk Ferus verdanken wir schöne Skripte, die wertvolle Anregungen und Orientierung lieferten. Wir hatten das Glück, Andreas Rüdinger als kundigen und freundlichen Betreuer vom Verlag zu haben und von dort weiterhin Stefanie Adam. Thomas Epp bereicherte die Reihe durch Abbildungen, die Verschönerungen, und teils Verbesserungen, unserer Vorlagen sind (manchmal sind sie auch die Gestaltung dessen, was wir nur dachten). Am Ende haben wir den Studierenden des Kurses

„Mathematik für Physikerinnen und Physiker" an der TU Berlin zu danken, die wertvolle Anregungen in den Veranstaltungen und beim Lesen unserer Skripte gegeben hatten.

Matthias Plaue und Mike Scherfner

Inhaltsverzeichnis

Teil I

Mehrdimensionale Analysis

1 Metrische Räume

Einblick

In vielen Bereichen der Mathematik und Physik spielen Abstände eine besondere Rolle, beispielsweise bei der Berechnung der Länge eines Vektors (bei einem gezeichneten Geschwindigkeitsvektor in der Ebene der Abstand zwischen Fußpunkt und Spitze) oder bei der Definition des Begriffs der Konvergenz in der Analysis. In diesem Zusammenhang lernten wir im vorigen Band die Norm kennen. Dabei sahen wir, dass es nicht nur eine Norm gibt, sondern verschiedene.

Interessant ist die Frage, ob sich nicht ein Abstandsbegriff finden lässt, der den durch die Norm gegebenen verallgemeinert? Die Antwort lautet ja und sie verbirgt sich hinter dem Begriff der Metrik.

Metrische Räume sind auch an sich interessant und bilden ein Teilgebiet der sogenannten Topologie, die sich wiederum mit Strukturen befasst, die unter stetigen Verformungen (wir bleiben hier anschaulich) erhalten bleiben.

Grundlegendes zu metrischen Räumen

▶ **Definition**

Sei X eine Menge. Eine Abbildung $d\colon X \times X \to \mathbb{R}$ nennen wir eine Metrik auf X, wenn für alle $x, y, z \in X$ gilt:

1. $d(x, y) = 0 \Leftrightarrow x = y$,

2. $d(x, y) = d(y, x)$ (Symmetrie),

3. $d(x, z) \leq d(x, y) + d(y, z)$ (Dreiecksungleichung).

Das Paar (X, d) heißt metrischer Raum, die Elemente eines metrischen Raums nennen wir auch Punkte.   ◄

Erläuterung

Die Dreiecksungleichung ähnelt der gleichnamigen Ungleichung für eine Norm und kann auch entsprechend veranschaulicht werden; sie besagt, dass jeder Umweg länger ist als der direkte Weg:

© Springer-Verlag GmbH Deutschland 2019
M. Plaue und M. Scherfner, *Mathematik für das Bachelorstudium II*,
https://doi.org/10.1007/978-3-8274-2557-7_1

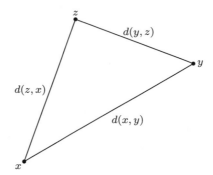

Ist d eine Metrik auf einer Menge X, so gilt für alle $x, y \in X$, dass $d(x, y) \geq 0$. Dies sehen wir unter Verwendung der definierenden Eigenschaften wie folgt:

$$0 = d(x, x) \leq d(x, y) + d(y, x) = 2d(x, y)$$

Beispiel
Die Standardmetrik oder euklidische Metrik auf $\mathbb{R}^n$ ist gegeben durch $d_S(x, y) :=$ $\|x - y\|$ für alle $x, y \in \mathbb{R}^n$, wobei $\| \cdot \|$ die Standardnorm auf $\mathbb{R}^n$ ist. Insgesamt haben wir also:

$$d_S(x, y) = \sqrt{\sum_{k=1}^{n} (x_k - y_k)^2},$$

wobei $x_1, \ldots, x_n$ bzw. $y_1, \ldots, y_n$ die Komponenten von x bzw. y sind.

Wenn nichts anderes gesagt wird, ist $\mathbb{R}^n$ mit dieser Standardmetrik versehen.

Erläuterung
Tatsächlich können wir jeden normierten Vektorraum auf diese Weise zu einem metrischen Raum machen, wie nachstehend gezeigt wird.

■ Satz
Sei $(V, \| \cdot \|)$ ein normierter Vektorraum. Dann ist $d \colon V \times V \to \mathbb{R}$, $d(x, y) =$ $\|x - y\|$ eine Metrik.

Beweis: Um dies zu beweisen, müssen wir uns die definierenden Eigenschaften einer Norm ins Gedächtnis rufen. Seien $x, y, z \in V$. Dann gelten die Punkte

1. $d(x, y) = \|x - y\| = 0 \Leftrightarrow x - y = 0$, denn es gilt für alle $v \in V$, dass $\|v\| = 0 \Leftrightarrow v = 0$;

2. $d(x, y) = \|x - y\| = \|(-1)(y - x)\| = |-1| \|y - x\| = \|y - x\| = d(y, x)$,

3. $d(x, z) = \|x - z\| = \|x - y + y - z\| \leq \|x - y\| + \|y - z\| = d(x, y) + d(y, z)$

und alles ist gezeigt.   ■

Erläuterung

Wir wissen bereits, dass zu jedem Skalarprodukt $\langle \cdot, \cdot \rangle$ auf einem Vektorraum die Norm $\|x\| := \sqrt{\langle x, x \rangle}$ gehört. Somit können auch euklidische und unitäre Vektorräume auf natürliche Weise zu einem metrischen Raum gemacht werden.

Beispiel

Mithilfe der trivialen bzw. diskreten Metrik kann jede beliebige Menge X zu einem metrischen Raum gemacht werden:

$$d \colon X \times X \to \mathbb{R}, \, d(x, y) = \begin{cases} 0 & \text{für } x = y \\ 1 & \text{für } x \neq y \end{cases}$$

Die triviale Metrik ist für die meisten Anwendungen jedoch zu „grob".

▶ Definition

Sei (X, d) ein metrischer Raum, $a \in X$ und $r \in \mathbb{R}$ mit $r > 0$. Dann nennen wir die Menge

$$K(a, r) := \{x \in X \,|\, d(a, x) < r\}$$

die offene Kugel um a mit Radius r. ◀

Beispiel

Bzgl. der Standardmetrik auf $\mathbb{R}^3$ sind die offenen Kugeln identisch mit den aus der Elementargeometrie bekannten Vollkugeln (ohne die berandende Sphäre). Bzgl. der Standardmetrik auf $\mathbb{R}^2$ sind die offenen Kugeln Kreisscheiben (ohne die berandende Kreislinie).

Beispiel

Bzgl. der diskreten Metrik auf einer Menge X gilt für jeden Punkt $a \in X$:

$$K(a, r) = \begin{cases} \{a\} & \text{falls } r < 1 \\ X & \text{falls } r \geq 1 \end{cases}$$

Beispiel

Die offene Kugel um einen Punkt $a \in \mathbb{R}^n$ mit Radius $r > 0$ bzgl. der durch die Maximumnorm gegebenen Metrik

$$d(x, y) = \max\{|x_1 - y_1|, |x_2 - y_2|, \ldots, |x_n - y_n|\}$$

ist der offene Quader $]a_1 - r, a_1 + r[\times \ldots \times]a_n - r, a_n + r[$.

▶ Definition

Sei (X, d) ein metrischer Raum. Eine Teilmenge U von X nennen wir eine Umgebung von $a \in X$, falls es ein $\epsilon > 0$ gibt, sodass $K(a, \epsilon) \subseteq U$. ◀

Beispiel

Ist a ein Punkt in einem metrischen Raum, dann ist jede offene Kugel um a eine Umgebung von a.

Beispiel

Bzgl. der trivialen Metrik ist für einen Punkt x jede Teilmenge U, die x enthält, auch eine Umgebung von x, denn $K(x, \frac{1}{2}) = \{x\} \subseteq U$.

Offene und abgeschlossene Mengen

▶ **Definition**

Sei (X, d) ein metrischer Raum. Eine Teilmenge O von X heißt offen, falls sie selbst Umgebung all ihrer Punkte ist, d. h. für alle $a \in O$ gibt es ein $\epsilon > 0$, sodass $K(a, \epsilon) \subseteq O$.

Eine Teilmenge A von X heißt abgeschlossen, falls das Komplement von A (d. h. $X \setminus A$) offen ist. ◀

Erläuterung

Ist O eine offene Teilmenge eines metrischen Raums (X, d), so schreiben wir für diesen Sachverhalt auch kurz $O \overset{\circ}{\subseteq} X$.

Die Eigenschaften „offen" und „abgeschlossen" schließen sich nicht gegenseitig aus. Eine Menge kann sowohl offen als auch abgeschlossen sein. Darüber hinaus gibt es Mengen, die weder offen noch abgeschlossen sind.

Beispiel

Eine offene Kugel $K(a, r)$ ist eine offene Teilmenge, denn für alle $x \in K(a, r)$ gilt $K(x, \epsilon) \subseteq K(a, r)$, wenn wir z. B. $\epsilon = \frac{1}{2}(r - d(x, a))$ wählen.

Beispiel

Alle Teilmengen eines diskreten metrischen Raums sind sowohl offen als auch abgeschlossen: Jede Teilmenge A ist offen, da für jeden Punkt $a \in A$ die offene Kugel $K(a, \frac{1}{2}) = \{a\}$ in A enthalten ist. Damit ist aber auch das Komplement jeder beliebigen Teilmenge offen.

Beispiel

Ist a ein Punkt in einem metrischen Raum (X, d), dann ist die Menge $\{a\}$ stets abgeschlossen, denn für jeden Punkt $x \in X \setminus \{a\}$ gilt $K(x, \epsilon) \subseteq X \setminus \{a\}$, wenn wir z. B. $\epsilon = \frac{1}{2}d(x, a)$ wählen.

■ **Satz**

Eine Teilmenge eines metrischen Raums ist genau dann offen, wenn ihr Komplement abgeschlossen ist.

Beweis: Sei (X, d) ein metrischer Raum.

$\Rightarrow$: Sei O eine offene Teilmenge von X. Das Komplement $A := X \setminus O$ ist abgeschlossen, denn $X \setminus A$ ist offen: $X \setminus A = X \setminus (X \setminus O) = O$.

$\Leftarrow$: Sei O eine Teilmenge von X mit abgeschlossenem Komplement $X \setminus O$. Dann ist $O = X \setminus (X \setminus O)$ offen. ∎

▶ **Definition**

Sei I eine Menge, für die jedem Element $i \in I$ eine Menge O_i zugeordnet ist. Dann schreiben wir:

$$\bigcap_{i \in I} O_i = \{x \mid x \in O_i \text{ für alle } i \in I\},$$

$$\bigcup_{i \in I} O_i = \{x \mid x \in O_i \text{ für (mindestens) ein } i \in I\}$$

Die Menge I nennen wir in diesem Zusammenhang Indexmenge, und die Gesamtheit der O_i – geschrieben $(O_i)_{i \in I}$ – eine Familie von Mengen. Zuerst haben wir also den Schnitt über eine Indexmenge definiert, danach die Vereinigung. ◀

Beispiel

Gilt speziell $I = \{N_1, N_1 + 1, N_1 + 2, \ldots, N_2\} \subseteq \mathbb{Z}$, so schreiben wir auch

$$\bigcap_{i \in I} O_i = \bigcap_{i = N_1}^{N_2} O_i \text{ bzw. } \bigcup_{i \in I} O_i = \bigcup_{i = N_1}^{N_2} O_i.$$

Hierbei ist auch $N_1 = -\infty$ oder $N_2 = \infty$ zugelassen.

Beispiel

Wir betrachten die Familie von offenen Intervallen $(I_n)_{n \in \mathbb{N}}$ mit

$$I_n = \left] -\frac{1}{n+1}, 1 + \frac{1}{n+1} \right[.$$

Es gilt $[0, 1] \subset I_n$ für alle $n \in \mathbb{N}$. Für alle anderen Punkte $x \in \mathbb{R} \setminus [0, 1]$ finden wir immer ein $n \in \mathbb{N}$, sodass $x \notin I_n$. Folglich gilt

$$\bigcap_{n=0}^{\infty} I_n = [0, 1].$$

■ **Satz**

Sei (X, d) ein metrischer Raum. Dann gilt:

1. Die leere Menge und X sind offen.

2. Sind $U, V \subseteq X$ offen, dann ist $U \cap V$ offen.

3. Für eine Familie $(O_i)_{i \in I}$ offener Teilmengen von X ist $\bigcup\limits_{i \in I} O_i$ offen.

Beweis:

1. Wir müssen für alle $x \in \emptyset$ zeigen, dass eine ϵ-Kugel um x ganz in $\emptyset$ enthalten ist. Es gibt aber kein $x \in \emptyset$, für das wir etwas zeigen müssten.

   Der gesamte Raum X enthält ohnehin alle ϵ-Kugeln, sodass auch dort nicht viel zu zeigen ist.

   (Wir bezeichnen Beweise wie diese mit dem leider oft missbrauchten Wörtchen „trivial".)

2. Sei $x \in U \cap V$. Da U und V offen sind, gibt es $\epsilon_1, \epsilon_2 > 0$, sodass $K(x, \epsilon_1) \subseteq U$ und $K(x, \epsilon_2) \subseteq V$. Definieren wir $\epsilon := \min\{\epsilon_1, \epsilon_2\}$, so gilt $K(x, \epsilon) \subseteq U \cap V$.

3. Sei $x \in \bigcup\limits_{i \in I} O_i$. Es gibt also ein $j \in I$ mit $x \in O_j$. Da O_j offen ist, existiert ein $\epsilon > 0$ mit $K(x, \epsilon) \subseteq O_j \subseteq \bigcup\limits_{i \in I} O_i$.   ■

■ **Satz**

In einem metrischen Raum (X, d) sind die Mengen $\emptyset$ und X sowohl offen als auch abgeschlossen.

Beweis: Dass $\emptyset$ und X offen sind, wurde bereits gezeigt. Da $X \setminus X = \emptyset$, ist X aber auch abgeschlossen. Da $X \setminus \emptyset = X$, ist auch $\emptyset$ abgeschlossen.   ■

Beispiel

Seien $a, b \in \mathbb{R}$ mit $a < b$. Das offene Intervall $]a, b[$ ist offen bzgl. der Standardmetrik auf $\mathbb{R}$, denn für jedes $x \in]a, b[$ haben wir $K(x, \epsilon) \subseteq]a, b[$, wenn wir $\epsilon = \min\{|x - a|, |x - b|\}$ wählen. Ebenso sind auch die uneigentlichen Intervalle $]-\infty, a[$ und $]b, \infty[$ offen.

Beispiel

Das abgeschlossene Intervall $[a, b]$ ist abgeschlossen, da das Komplement $\mathbb{R} \setminus [a, b] =]-\infty, a[\cup]b, \infty[$ offen ist. Die uneigentlichen abgeschlossenen Intervalle $]-\infty, a]$ und $[b, \infty[$ sind abgeschlossen, da das Komplement $]a, \infty[$ bzw. $]-\infty, b[$ offen ist.

Beispiel

Die gesamte Menge der reellen Zahlen $\mathbb{R}$ ist offen und abgeschlossen.

Beispiel

Das halboffene Intervall $]a, b]$ ist weder offen noch abgeschlossen. Es ist nicht offen, da jede ϵ-Kugel um b (sprich, das Intervall $]b - \epsilon, b + \epsilon[$) nicht ganz in $]a, b]$ enthalten sein kann (denn z.B. ist $b + \frac{\epsilon}{2} \in]b - \epsilon, b + \epsilon[$). Es ist nicht abgeschlossen, da das Komplement $]-\infty, a] \cup]b, \infty[$ nicht offen ist (jede ϵ-Kugel um a hat auch mit $]a, b]$ nichtleeren Schnitt).

Erläuterung

Wir bemerken noch, dass beliebige Schnitte offener Mengen im Allgemeinen nicht offen sind.

Innere Punkte und Randpunkte

▶ Definition

Sei (X, d) ein metrischer Raum, $Y \subseteq X$ und $x \in X$. Wir nennen x einen Randpunkt von Y, falls für alle $\epsilon > 0$ die Kugel $K(x, \epsilon)$ sowohl mit Y als auch $X \setminus Y$ nichtleeren Schnitt hat. Die Menge aller Randpunkte von Y heißt der Rand von Y und wird mit ∂Y bezeichnet.

Wir nennen x einen inneren Punkt von Y, falls es ein $\epsilon > 0$ gibt, sodass $K(x, \epsilon) \subseteq Y$. ◀

Beispiel

Sei $Y_1 = \{x \in \mathbb{R}^n \,|\, \|x\| \leq 1\}$ und $Y_2 = \{x \in \mathbb{R}^n \,|\, \|x\| < 1\}$. Dann gilt $\partial Y_1 = \partial Y_2 = \{x \in \mathbb{R}^n \,|\, \|x\| = 1\}$. Der Rand einer Menge kann also in dieser Menge enthalten sein, oder auch nicht.

Beispiel

Sei $Y = \{(x_1, x_2) \in \mathbb{R}^2 \,|\, x_1 = 0\}$. Für diese Menge gilt $\partial Y = Y$. Eine Menge kann also mit ihrem Rand identisch sein.

Beispiel

Es gilt $\partial \mathbb{Q} = \mathbb{R}$, da in jedem offenen Intervall sowohl rationale als auch irrationale Zahlen zu finden sind. In diesem Fall ist die Menge sogar eine echte Teilmenge ihres Randes.

■ Satz

Eine Teilmenge eines metrischen Raums ist genau dann abgeschlossen, wenn sie alle ihre Randpunkte enthält.

Beweis: Sei X ein metrischer Raum.

„⇒": Sei Y eine abgeschlossene Teilmenge von X, und sei $x \in X \setminus Y$. Da Y abgeschlossen ist, gibt es eine offene Kugel um x, die ganz in $X \setminus Y$ enthalten ist. Folglich kann x kein Randpunkt von Y sein.

„⇐": Sei Y eine Teilmenge von X. Angenommen, es gäbe einen Randpunkt x von Y, der in $X \setminus Y$ liegt. Dann schneidet jede Kugel um x auch Y, sodass $X \setminus Y$ nicht offen sein kann; Y folglich nicht abgeschlossen ist.   ■

■ **Satz**

Ein metrischer Raum hat die sogenannte Hausdorff-Eigenschaft, d. h. verschiedene Punkte besitzen disjunkte Umgebungen.

Beweis: Sei (X, d) ein metrischer Raum und $x, y \in X$. Wählen wir z. B. $\epsilon = \frac{d(x,y)}{2}$, so gilt $K(x, \epsilon) \cap K(y, \epsilon) = \emptyset$.   ■

Konvergenz

Erläuterung

So wie Folgen in $\mathbb{R}$ oder $\mathbb{C}$ können wir ganz analog auch Folgen in beliebigen metrischen Räumen betrachten. Eine solche Folge $(x_k)_{k \in \mathbb{N}}$ ordnet dann jeder natürlichen Zahl $k \in \mathbb{N}$ einen Punkt x_k in einem metrischen Raum zu.

▶ **Definition**

Sei (X, d) ein metrischer Raum. Wir sagen eine Folge $(x_k)_{k \in \mathbb{N}}$ von Punkten in X konvergiert gegen $a \in X$ (in Formelsprache $\lim_{k \to \infty} x_k = a$), falls gilt: Für alle $\epsilon > 0$ gibt es ein $N \in \mathbb{N}$, sodass $d(x_k, a) < \epsilon$ für alle $k \geq N$.   ◀

Erläuterung

Anders ausgedrückt: Die Folge (x_k) konvergiert genau dann gegen a, wenn die entsprechende Folge der Abstände $d(x_k, a)$ im schon bekannten Sinne eine Nullfolge ist. Die Hausdorff-Eigenschaft metrischer Räume sorgt außerdem dafür, dass der Grenzwert eindeutig bestimmt ist: Gäbe es noch einen weiteren Punkt b mit der Eigenschaft $d(x_k, b) \to 0$, dann widerspräche das der Tatsache, dass a und b disjunkte Umgebungen besitzen.

Beispiel

In den metrischen Räumen $\mathbb{R}$ und $\mathbb{C}$ mit Standardmetrik $d(x, y) = |x - y|$ für alle $x, y \in \mathbb{R}$ bzw. $\mathbb{C}$ stimmt die obige Definition mit der bereits bekannten überein.

Beispiel

In einem diskreten metrischen Raum konvergieren nur die Folgen, deren Folgenglieder fast alle mit dem Grenzwert übereinstimmen. (Zur Erinnerung: „Fast alle" bedeutet „alle bis auf endlich viele".)

■ **Satz**

Sei $(x_k)_{k \in \mathbb{N}}$ eine Folge mit Werten in $\mathbb{R}^n$ und $a \in \mathbb{R}^n$. Dann gilt mit $a = (a_1, \ldots, a_n)$ und $x_k = ((x_k)_1, \ldots, (x_k)_n)$:

$$\lim_{k \to \infty} x_k = a \Leftrightarrow \lim_{k \to \infty} (x_k)_i = a_i \text{ für alle } i \in \{1, \ldots, n\}. \tag{1.1}$$

Beweis:

$\Rightarrow$: Es gelte $\lim\limits_{k \to \infty} x_k = a$. Sei $\epsilon > 0$. Dann existiert ein $N \in \mathbb{N}$ mit $d_S(x_k, a) = \|x_k - a\| < \epsilon$ für alle $k \geq N$. Für alle $i \in \{1, \ldots, n\}$ gilt dann

$$|(x_k)_i - a_i| \leq \sqrt{|(x_k)_1 - a_1|^2 + \cdots + |(x_k)_n - a_n|^2} = \|x_k - a\| < \epsilon. \tag{1.2}$$

$\Leftarrow$: Es gelte nun umgekehrt $\lim\limits_{k \to \infty} (x_k)_i = a_i$ für alle $i \in \{1, \ldots, n\}$. Sei $\epsilon > 0$. Für alle $i \in \{1, \ldots, n\}$ gibt es ein $N_i \in \mathbb{N}$, sodass $|(x_k)_i - a_i| < \epsilon' := \frac{\epsilon}{\sqrt{n}}$ für alle $k \geq N_i$. Setzen wir $N := \max\{N_1, \ldots, N_n\}$, so gilt

$$\|x_k - a\| = \sqrt{|(x_k)_1 - a_1|^2 + \cdots + |(x_k)_n - a_n|^2} < \sqrt{n}\epsilon' = \epsilon \tag{1.3}$$

für alle $k \geq N$.   ■

Beispiel

Sei (ϕ_k) eine beliebige Folge mit Werten in $\mathbb{R}$. Für die Folge $(x_k)_{k \geq 1}$ mit $x_k = (\frac{1}{k} \cos \phi_k, \frac{1}{k} \sin \phi_k) \in \mathbb{R}^2$ gilt dann $\lim\limits_{k \to \infty} x_k = (0, 0)$, wie wir auf zwei Weisen sehen können:

1. Da $\frac{1}{k} \to 0$ und $-1 \leq \cos \phi_k, \sin \phi_k \leq 1$ gilt $(x_k)_1, (x_k)_2 \to 0$.

2. $d_S(x_k, 0) = \|x_k - 0\| = \sqrt{\frac{1}{k^2} \cos^2 \phi_k + \frac{1}{k^2} \sin^2 \phi_k} = \frac{1}{k} \to 0$.

Konvergenz und Abgeschlossenheit

■ **Satz**

Sei (X, d) ein metrischer Raum, $A \subseteq X$ und $(x_k)_{k \in \mathbb{N}}$ eine konvergente Folge mit Werten in A und Grenzwert $a \in X$. Wenn A abgeschlossen ist, gilt $a \in A$.

Beweis: Durch Widerspruch: Angenommen, es gelte $a \notin A$, also $a \in X \setminus A$. Da A abgeschlossen ist, ist $X \setminus A$ offen. Folglich gibt es eine ϵ-Kugel um a, die ganz in $X \setminus A$ enthalten ist. Also gilt für alle $k \in \mathbb{N}$, dass $d(x_k, a) > \epsilon > 0$. Damit kann die Folge der Abstände $d(x_k, a)$ aber keine Nullfolge sein. ∎

Beispiel

Ist A nicht abgeschlossen, muss der Grenzwert der Folge nicht unbedingt in A liegen, da (x_k) auch gegen einen Randpunkt konvergieren kann, welcher nicht in A enthalten ist. Betrachten wir z. B. die offene Einheitskreisscheibe in $\mathbb{R}^2$,

$$A = \{(x, y) \mid x^2 + y^2 < 1\},$$

so gilt für die Folge (x_k) mit $x_k = (1 - \frac{1}{k}, 0) \in A$, dass $x_k \to (1, 0) \notin A$.

Erläuterung

Im obigen Beispiel haben wir aus Gründen der besseren Lesbarkeit die Vektoren nicht explizit in Spaltenform geschrieben, also beispielsweise (x, y) statt $\begin{pmatrix} x \\ y \end{pmatrix}$. Wir behalten uns vor, das auch im Folgenden bei Bedarf zu tun.

▶ **Definition**

Eine Teilmenge A eines metrischen Raums wird beschränkt genannt, falls es eine Kugel gibt, in welcher A enthalten ist.   ◀

▶ **Definition**

Eine abgeschlossene und beschränkte Teilmenge von $\mathbb{R}^n$ wird kompakt genannt.   ◀

Erläuterung

Obige Definition einer kompakten Menge gilt nur für $\mathbb{R}^n$ (oder allgemeiner für jeden normierten, endlichdimensionalen Vektorraum). Für allgemeine metrische Räume verwenden wir eine andere, etwas subtilere Definition, welche jedoch im Falle von $\mathbb{R}^n$ als metrischen Raum äquivalent zur obigen ist (Satz von Heine-Borel).

Abbildungen und Funktionen zwischen metrischen Räumen

Erläuterung

Wir betrachten nun Abbildungen zwischen metrischen Räumen (X, d_X) und (Y, d_Y). Die Begriffe des Grenzwerts von Funktionen und Stetigkeit können praktisch wortwörtlich aus den bereits bekannten Definitionen für den Fall $X = Y = \mathbb{R}$ übernommen werden.

▶ Definition

Seien X und Y metrische Räume, $D \subseteq X$, $f : D \to Y$ eine Abbildung, $\tilde{x} \in X$ und $\tilde{y} \in Y$. Falls für alle konvergenten Folgen $(x_n)_{n \in \mathbb{N}}$ mit Werten in $D \setminus \{\tilde{x}\}$ und $x_n \to \tilde{x}$ gilt, dass $f(x_n) \to \tilde{y}$, so sagen wir, f konvergiere an der Stelle $\tilde{x}$ gegen $\tilde{y}$ und schreiben:

$$\lim_{x \to \tilde{x}} f(x) = \tilde{y}$$

Gilt zudem $\tilde{x} \in D$ und $f(\tilde{x}) = \tilde{y}$, so nennen wir f stetig in $\tilde{x}$. Ist f in allen Punkten einer Teilmenge $\tilde{D}$ des Definitionsbereichs D stetig, so sagen wir: f ist auf $\tilde{D}$ stetig. Ist f in allen Punkten $\tilde{x} \in D$ stetig, so sagen wir kurz: f ist stetig. ◀

Erläuterung

Der Begriff des links- bzw. rechtsseitigen Grenzwerts ist im Allgemeinen und auch in $\mathbb{R}^n$ mit $n > 1$ sinnlos.

Wir werden uns zunächst besonders für Abbildungen von $\mathbb{R}^n$ nach $\mathbb{R}^m$ interessieren. Eine besondere Klasse solcher Abbildungen haben wir bereits kennengelernt: die linearen Abbildungen.

Eine Abbildung $f : \mathbb{R}^n \supseteq G \to \mathbb{R}^m$, $x \mapsto f(x)$ ordnet einem n-Tupel reeller Zahlen $x = (x_1, \ldots, x_n)$ das m-Tupel reeller Zahlen

$$f(x) = (f_1(x_1, \ldots, x_n), \ldots, f_m(x_1, \ldots, x_n))$$

zu. Im Falle $m = n$ sprechen wir hierbei auch von einem Vektorfeld, im Falle $m = 1$ von einer Funktion oder einem skalaren Feld.

Für „kleine" n bzw. m ist es möglich, f durch zeichnerische Darstellung der folgenden Mengen zu visualisieren:

- Der Graph $G_f := \{(x, f(x)) | x \in G\} \subseteq \mathbb{R}^{n+m}$, oder aber

- die Bildmenge $f(G) = \{f(x) | x \in G\} \subseteq \mathbb{R}^m$.

Erläuterung

Mit $(x, f(x))$ ist der Vektor $(x_1, \ldots, x_n, f_1(x), \ldots, f_m(x))$ gemeint. Deshalb gilt $G_f \subseteq \mathbb{R}^{n+m}$. Offensichtlich können wir den Graphen bzw. das Bild nur dann zeichnen, wenn $n + m \leq 3$ bzw. $m \leq 3$.

Beispiel

Sei $n = m = 1$: Der Graph der Funktion $f\colon \mathbb{R} \to \mathbb{R}$, $f(x) = x^2$ ist eine Teilmenge von $\mathbb{R}^2$, die Normalparabel:

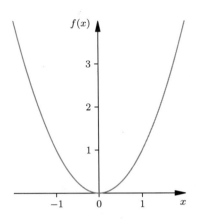

Beispiel

Sei $n = 1$ und $m = 2$: Die Bildmenge der Abbildung $f\colon [-\pi, \pi] \to \mathbb{R}^2$, $f(t) = ((1+\cos t)\cos t, (1+\cos t)\sin t)$ ist eine Teilmenge von $\mathbb{R}^2$ und stellt eine Kurve in der Ebene dar, eine sogenannte Kardioide bzw. Herzkurve:

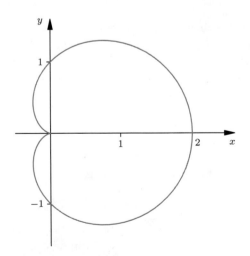

Beispiel

Sei $n = 1$ und $m = 3$: Die Bildmenge der Abbildung $f\colon [-3\pi, 3\pi] \to \mathbb{R}^3$, $f(t) = (\cos t, \sin t, t)$ ist eine Teilmenge von $\mathbb{R}^3$ und stellt eine spiralförmige Kurve im Raum dar:

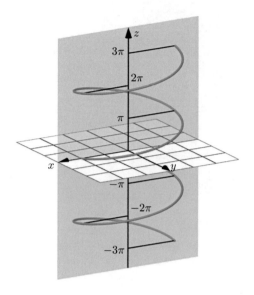

Beispiel

Sei $n = 2$ und $m = 1$: Der Graph der Funktion $f\colon \mathbb{R}^2 \to \mathbb{R}$, $f(x, y) = x^2 + y^2$ ist eine Teilmenge von $\mathbb{R}^3$ und stellt eine Fläche im Raum dar, die Paraboloid genannt wird:

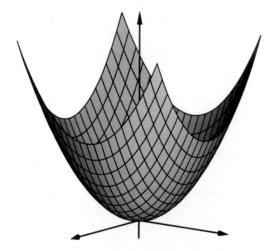

Die Fläche entsteht dadurch, dass über jedem Punkt (x, y) in der Ebene der Funktionswert $f(x, y)$ aufgetragen wird.

Beispiel

Sei $n = m = 2$: Der Graph des Vektorfelds $f\colon \mathbb{R}^2 \to \mathbb{R}^2$, $f(x,y) = (-y, x)$ kann als Teilmenge von $\mathbb{R}^4$ zwar nicht zeichnerisch dargestellt werden, aber wir haben die Möglichkeit, ein sogenanntes Richtungsfeld anzugeben:

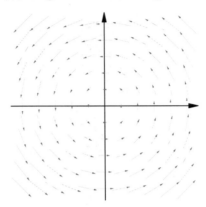

Hierbei wird an ausgewählten Punkten (x,y) in der Ebene der Bildvektor $f(x,y) = (-y, x)$ als Pfeil dargestellt, und zwar so skaliert (verkleinert), dass die Abbildung übersichtlich bleibt.

Ausblick

Durch die Einführung metrischer Räume wurde nun einiges verallgemeinert. Beispielsweise haben wir einen neuen Blick auf die Konvergenz gewonnen. Damit lässt sich nun mehr erreichen, so auch in Bezug auf den Begriff der Stetigkeit. Wir hatten ja bereits im Einblick zu diesem Kapitel angedeutet, dass die metrischen Räume nicht das Ende der Abstraktion darstellen, sondern uns noch das Gebiet der Topologie erwartet, das wiederum einen höheren Abstraktionsgrad liefert.

Durch höhere Abstraktionsstufen kann mehr erreicht werden und das Alte erscheint oft nur als Spezialfall. Dennoch verlieren nicht alle bereits bekannten Dinge ihre Bedeutung. So umfasst die Relativitätstheorie die Newton'sche Mechanik als Spezialfall, jedoch passt letztere für umfassende Berechnungen im Alltag recht gut; gleichfalls hat auch die klassische Norm noch lange nicht ausgedient, nur weil wir jetzt mehr können.

Selbsttest

I. Seien X eine Menge und $d\colon X \times X \to \mathbb{R}$ eine Metrik, sowie $x, y, z \in X$. Welche der folgenden Aussagen sind stets wahr?

(1) $d(z,z) = 0$

(2) $d(x,y) > 0$

(3) $d(x,y) + d(y,x) = 0$

(4) $d(x,y) > 0 \Rightarrow x \neq y$

(5) $d(x,y) \leq d(x,z) + d(z,y)$

(6) $d(y,z) \leq d(y,x) + d(x,z)$

(7) $d(z,y) \leq d(z,x) + d(x,y)$

(8) $d(y,z) \leq d(z,x) + d(x,y)$

II. Sei X ein metrischer Raum, und seien M, N offene Teilmengen von X. Welche der folgenden Aussagen sind stets wahr?

(1) Die Menge M ist nicht abgeschlossen.

(2) Die Menge der Randpunkte von M ist leer.

(3) Jeder in M enthaltene Punkt ist ein innerer Punkt von M.

(4) Es gibt keinen Randpunkt von M, der in M enthalten ist.

(5) Die Menge der Randpunkte von X ist nicht leer.

(6) Die Menge X ist offen.

(7) Die Menge X ist abgeschlossen.

(8) Die leere Menge ist weder offen noch abgeschlossen.

(9) Jede Teilmenge von M ist offen.

(10) Der Durchschnitt von M und N ist offen.

(11) Die Menge $X \setminus M$ ist offen.

(12) Die Menge $X \setminus M$ ist abgeschlossen.

III. Welche der folgenden Teilmengen von $\mathbb{R}^2$ sind (bzgl. der Standardmetrik) kompakt?

(1) $\{(x,y) \in \mathbb{R}^2 | y = 0\}$

(2) $\{(x,y) \in \mathbb{R}^2 | -1 \leq x \leq 1, y = 0\}$

(3) $\{(x,y) \in \mathbb{R}^2 | -1 \leq x \leq 1, -1 < y < 1\}$

(4) $\{(x,y) \in \mathbb{R}^2 | -1 \leq x \leq 1, -1 \leq y \leq 1\}$

(5) $\emptyset$

2 Stetige Abbildungen

Einblick

Wie schon im ersten Band bemerkt, verbinden wir mit dem Begriff der „Stetigkeit", dass es keine Brüche, Sprünge oder Risse gibt, wenngleich auch die Anschauung dieser Begriffe im Fall mehrerer Dimensionen versagen kann. Die bereits bekannten Grundideen finden wir jedoch wieder.

Der nächste Schritt wird dann bei den differenzierbaren Abbildungen vollzogen, die stets stetig sind. Diese dürfen, im Gegensatz zu den stetigen, nicht einmal das haben, was wir uns allgemein als Ecken oder Kanten vorstellen.

Wir beschränken uns hier auf Abbildungen von $\mathbb{R}^n$ nach $\mathbb{R}^m$.

Grundlegendes zu stetigen Abbildungen

▶ **Definition**
Sei $f\colon \mathbb{R}^n \supseteq G \to \mathbb{R}^m$, $x \mapsto f(x) = (f_1(x), \dots, f_m(x))$. Die Funktionen $f_i\colon G \to \mathbb{R}$, $x \mapsto f_i(x)$ mit $i \in \{1, \dots, m\}$ heißen die zu f gehörigen Komponentenfunktionen. ◀

■ **Satz**
Eine Abbildung $f\colon \mathbb{R}^n \supseteq G \to \mathbb{R}^m$ ist genau dann stetig in einem Punkt, wenn alle Komponentenfunktionen von f dort stetig sind.

Beweis: Dies folgt sofort aus der Tatsache, dass die Konvergenz von Folgen in $\mathbb{R}^m$ äquivalent zur Konvergenz der einzelnen Komponentenfolgen ist. ■

Beispiel
Sei $u = (u_1, u_2, u_3) \in \mathbb{R}^3$. Sei ferner $f\colon \mathbb{R}^3 \to \mathbb{R}^3$ gegeben durch das sogenannte Kreuzprodukt (Vektorprodukt) mit u (wieder sauber als Spaltenvektoren geschrieben):

$$\begin{pmatrix} f_1(x_1,x_2,x_3) \\ f_2(x_1,x_2,x_3) \\ f_3(x_1,x_2,x_3) \end{pmatrix} = \begin{pmatrix} x_1 \\ x_2 \\ x_3 \end{pmatrix} \times \begin{pmatrix} u_1 \\ u_2 \\ u_3 \end{pmatrix} := \begin{pmatrix} x_2 u_3 - x_3 u_2 \\ x_3 u_1 - x_1 u_3 \\ x_1 u_2 - x_2 u_1 \end{pmatrix}$$

© Springer-Verlag GmbH Deutschland 2019
M. Plaue und M. Scherfner, *Mathematik für das Bachelorstudium II*,
https://doi.org/10.1007/978-3-8274-2557-7_2

Ist f stetig? Mit beliebigem $a = (a_1, a_2, a_3) \in \mathbb{R}^3$ haben wir für die erste Komponentenfunktion:

$$\begin{aligned}
|f_1(x_1, x_2, x_3) - f_1(a_1, a_2, a_3)| &= |(x_2 u_3 - x_3 u_2) - (a_2 u_3 - a_3 u_2)| \\
&= |(x_2 - a_2) u_3 - (x_3 - a_3) u_2| \\
&\leq |x_2 - a_2| \cdot |u_3| + |x_3 - a_3| \cdot |u_2| \\
&\xrightarrow[x \to a]{} 0
\end{aligned}$$

Für f_2 und f_3 funktioniert es analog. Folglich ist f stetig.

Beispiel

Sei

$$f \colon \mathbb{R}^2 \to \mathbb{R}, \ (x, y) \mapsto \begin{cases} \dfrac{x^2}{\sqrt{x^2 + y^2}} & \text{für } (x, y) \neq (0, 0) \\[2mm] 0 & \text{für } (x, y) = (0, 0) \ . \end{cases}$$

Wir möchten zeigen, dass f im Ursprung $(0, 0)$ stetig ist. Für alle $(x, y) \neq (0, 0)$ haben wir die Abschätzung:

$$0 \leq f(x, y) = \frac{x^2}{\sqrt{x^2 + y^2}} \leq \frac{x^2 + y^2}{\sqrt{x^2 + y^2}} = \sqrt{x^2 + y^2}.$$

Für jede Folge (a_k) in $\mathbb{R}^2$ mit $a_k = (x_k, y_k) \to (0, 0)$ gilt $\lim\limits_{k \to \infty} \sqrt{x_k^2 + y_k^2} = \lim\limits_{k \to \infty} \|a_k\| = 0$, und damit auch $\lim\limits_{k \to \infty} f(x_k, y_k) = 0 = f(0, 0)$.

Erläuterung

Für eine Folge (x_k, y_k) in $\mathbb{R}^2$ bzw. $x_k + i y_k$ in $\mathbb{C}$ gilt: Betrachten wir die entsprechende Folge in der Polardarstellung (r_k, ϕ_k), dann haben wir $(x_k, y_k) \to (0, 0) \Leftrightarrow r_k \to 0$. Diese Tatsache ist manchmal nützlich bei der Untersuchung auf Stetigkeit.

Beispiel

Wir möchten zeigen, dass

$$f \colon \mathbb{R}^2 \to \mathbb{R}, \ (x, y) \mapsto \begin{cases} \dfrac{x y^2}{x^2 + y^2} & \text{für } (x, y) \neq (0, 0) \\[2mm] 0 & \text{für } (x, y) = (0, 0) \end{cases}$$

im Ursprung stetig ist. Hierzu berechnen wir den Grenzwert von $f(r \cos \phi, r \sin \phi)$ für $r \to 0$:

$$\begin{aligned}
\lim_{r \to 0} \frac{(r \cos \phi)(r \sin \phi)^2}{(r \cos \phi)^2 + (r \sin \phi)^2} &= \lim_{r \to 0} \frac{r^3 \cos \phi \sin^2 \phi}{r^2} \\
&= \lim_{r \to 0} r \cos \phi \sin^2 \phi \\
&= 0
\end{aligned}$$

Folglich gilt $\lim\limits_{(x, y) \to (0, 0)} f(x, y) = 0 = f(0, 0)$, also ist f stetig in $(0, 0)$.

Partielle Stetigkeit und Stetigkeit

▶ **Definition**

Eine Funktion $f\colon \mathbb{R}^n \supseteq G \to \mathbb{R}$ heißt an der Stelle $a = (a_1, \ldots, a_n) \in G$ partiell stetig, falls die Funktionen

$$g_1(x) = f(x, a_2, a_3, \ldots, a_n)$$
$$g_2(x) = f(a_1, x, a_3 \ldots, a_n)$$
$$\vdots$$
$$g_n(x) = f(a_1, a_2, a_3 \ldots, x)$$

stetig sind.　◀

Erläuterung

Das folgende Beispiel zeigt eine wichtige Tatsache: Partiell stetige Funktionen sind nicht zwangsläufig stetig.

Beispiel

Die Abbildung

$$f\colon \mathbb{R}^2 \to \mathbb{R}, \ (x,y) \mapsto \begin{cases} \frac{xy}{x^2+y^2} & \text{für } (x,y) \neq (0,0) \\ 0 & \text{für } (x,y) = (0,0) \end{cases}$$

ist partiell stetig im Ursprung, denn $g_1(x) = f(x,0) = 0$ und $g_2(y) = f(0,y) = 0$ sind konstant und damit stetig.

Dennoch ist f im Ursprung $(0,0)$ nicht stetig, denn für die Folge $(a_k) = (\frac{1}{k}, \frac{1}{k}) \to (0,0)$ gilt

$$f(a_k) = \frac{\frac{1}{k} \cdot \frac{1}{k}}{\frac{1}{k^2} + \frac{1}{k^2}} = \frac{1}{2} \xrightarrow[k \to \infty]{} \frac{1}{2} \neq 0 = f(0,0).$$

Nachstehend ist der Graph von f dargestellt:

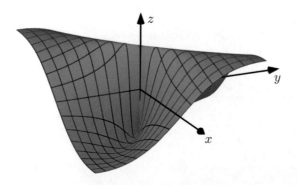

Rechenregeln für stetige Funktionen

■ **Satz**

1. Sei $G \subseteq \mathbb{R}^n$, und seien $f, g \colon G \to \mathbb{R}^m$ stetige Abbildungen. Dann sind für alle $c \in \mathbb{R}$ auch

$$(f + g) \colon G \to \mathbb{R}^m$$

und

$$(c \cdot f) \colon G \to \mathbb{R}^m$$

stetig.

2. Sei $G \subseteq \mathbb{R}^n$, und seien $f, g \colon G \to \mathbb{R}$ stetige Funktionen und $G_0 = \{x \in G | g(x) \neq 0\}$. Dann sind auch

$$(f \cdot g) \colon G \to \mathbb{R}$$

und

$$\left(\frac{f}{g}\right) \colon G_0 \to \mathbb{R}$$

stetig.

3. Sei $G_1 \subseteq \mathbb{R}^n$, $G_2 \subseteq \mathbb{R}^m$, und seien $f \colon G_1 \to \mathbb{R}^m$, $g \colon G_2 \to \mathbb{R}^k$ stetige Abbildungen mit $f(G_1) \subseteq G_2$. Dann ist auch

$$(g \circ f) \colon G_1 \to \mathbb{R}^k$$

stetig.

Beweis: Der Beweis funktioniert ähnlich wie im 1-dimensionalen Fall. Beispielsweise zeigen wir $(a \in G)$:

$$\begin{aligned}
\lim_{x \to a}(f + g)(x) &= \lim_{x \to a}(f(x) + g(x)) \\
&= \lim_{x \to a} f(x) + \lim_{x \to a} g(x) \\
&= f(a) + g(a) \\
&= (f + g)(a)
\end{aligned}$$

Hier haben wir eine Rechenregel für konvergente Folgen angewendet, gleichfalls die Stetigkeit von f und g.   ■

Erläuterung

Auch für Funktionen, die in $\mathbb{R}^n$ definiert sind, gilt also, dass Produkte, Summen, Quotienten und Verkettungen stetiger Funktionen wieder stetig sind.

■ **Satz**

1. Alle linearen Abbildungen von $\mathbb{R}^n$ nach $\mathbb{R}^m$ sind stetig.

2. Sei $\langle\cdot,\cdot\rangle$ ein Skalarprodukt auf $\mathbb{R}^m$, $G \subseteq \mathbb{R}^n$, und seien $f, g \colon G \to \mathbb{R}^m$ stetige Abbildungen. Dann ist die Funktion

$$h = \langle f, g \rangle \colon G \to \mathbb{R}, \ h(x) = \langle f(x), g(x) \rangle$$

stetig.

3. Sei $G \subseteq \mathbb{R}^n$, und seien $f, g \colon G \to \mathbb{R}^3$ stetige Abbildungen. Dann ist die Abbildung

$$h = f \times g \colon G \to \mathbb{R}^3, \ h(x) = f(x) \times g(x)$$

stetig. $\qquad\qquad\qquad\qquad\qquad\qquad\qquad\qquad\qquad\qquad\qquad\qquad$ $\square$

Stetige Funktionen und Extrema

Erläuterung

Wir erinnern daran, dass eine auf einem abgeschlossenen Intervall definierte stetige Funktion Maximum und Minimum annimmt. Gibt es eine entsprechende Aussage für stetige Funktionen, die auf einer Teilmenge von $\mathbb{R}^n$ definiert sind?

Die Definition von (globalem) Maximum und Minimum einer Funktion $f \colon \mathbb{R}^n \supseteq G \to \mathbb{R}$ ist hierbei ganz analog zum 1-dimensionalen Fall zu verstehen; f nimmt an der Stelle $\tilde{x} \in G$ ein Maximum bzw. Minimum an, falls $f(x) \leq f(\tilde{x})$ bzw. $f(x) \geq f(\tilde{x})$ für alle $x \in G$ gilt.

■ Satz

Sei $K \subset \mathbb{R}^n$ eine kompakte Menge und $(x_n)_{n \in \mathbb{N}}$ eine Folge mit Werten in K. Dann besitzt (x_n) eine konvergente Teilfolge mit Grenzwert $a \in K$.

Beweis: Da K als kompakte Menge beschränkt ist, existiert ein abgeschlossener Quader $Q_1 = [a_1, b_1] \times \cdots \times [a_n, b_n] \subset \mathbb{R}^n$, in welchem K enthalten ist. Jede Komponentenfolge $(x_k)_i$ ist also in dem abgeschlossenen Intervall $[a_i, b_i]$ enthalten. Wählen wir jeweils die Intervallhälfte $[a_i, \frac{b_i - a_i}{2}]$ oder $[\frac{b_i - a_i}{2}, b_i]$ aus, die noch unendlich viele Folgenglieder enthält, so erhalten wir durch Bilden des kartesischen Produkts dieser Intervalle einen kleineren Quader $Q_2 \subset Q_1$. Auf diese Weise fortfahrend konstruieren wir eine absteigende Folge von Quadern $Q_1 \supset Q_2 \supset Q_3 \supset \ldots$, die alle einen Punkt $a \in \mathbb{R}^n$ gemeinsam haben. Wählen wir aus jedem Quader eines der Folgenglieder aus, so haben wir eine Teilfolge von (x_k), die gegen a konvergiert.

Da K abgeschlossen ist, gilt außerdem $a \in K$. $\qquad\qquad\qquad\qquad\qquad\qquad$ ■

■ **Satz**

Sei $K \subset \mathbb{R}^n$ eine kompakte, nichtleere Menge und $f \colon K \to \mathbb{R}$ eine stetige Funktion. Dann nimmt f Maximum und Minimum an.

Beweis: Wir zeigen den Satz für das Maximum; für das Minimum funktioniert er analog. Sei $M = \sup\limits_{x \in K} f(x)$, d. h. $M \geq f(x)$ für alle $x \in K$ und $\lim\limits_{n \to \infty} f(z_n) = M$ für eine Folge (z_n) mit Werten in K. Da K kompakt ist, existiert eine konvergente Teilfolge (x_n) von (z_n) mit Grenzwert $\tilde{x} \in K$. Da f stetig ist, gilt $M = \lim\limits_{n \to \infty} f(x_n) = f(\tilde{x})$.   ■

Ausblick

Durch ihre definierten Eigenschaften sind stetige Abbildungen in gewisser Weise als gutartig zu bezeichnen, und unter bestimmten Voraussetzungen können wir nun sogar Extrema garantieren.

Für viele Anwendungen genügt es jedoch nicht, nur etwas über die Existenz zu wissen.

Für die Bestimmung von Extrema sind dann weitere Mittel nötig, die uns durch die Auseinandersetzung mit dem Differenzierbarkeitsbegriff verfügbar gemacht werden.

Wie bereits zuvor werden wir viel von dem erneut entdecken, was wir schon für den Fall einer Dimension erarbeitet hatten, denn die Grundideen bleiben identisch.

Selbsttest

I. Welche der folgenden Abbildungen sind stetig?

(1) $f\colon \mathbb{R}^2 \to \mathbb{R},\ f(x,y) = x \cdot y$

(2) $f\colon \mathbb{R}^2 \to \mathbb{R}^2,\ f(x,y) = (x \cdot y, x \cdot y)$

(3) $f\colon \mathbb{R}^2 \setminus \{(x,y) \in \mathbb{R}^2 | y \neq 0\} \to \mathbb{R},\ f(x,y) = \frac{x}{y}$

(4) $f\colon \mathbb{R}^2 \to \mathbb{R},\ f(x,y) = \begin{cases} \frac{x}{y} & \text{für } y \neq 0, \\ 0 & \text{für } y = 0 \end{cases}$

II. Seien $f, g\colon \mathbb{R}^2 \to \mathbb{R}$ stetige Funktionen, $K \subset \mathbb{R}^2$ eine kompakte, nichtleere Menge und $N = \{(x,y) \in \mathbb{R}^2 | g(x,y) = 0\}$. Welche der folgenden Aussagen sind stets wahr?

(1) Die Funktion $f \cdot g\colon \mathbb{R}^2 \to \mathbb{R}$ ist stetig.

(2) Die Funktion $\frac{f}{g}\colon \mathbb{R}^2 \setminus N \to \mathbb{R}$ ist stetig.

(3) Die Funktion f nimmt ein Maximum ein, wenn wir ihren Definitionsbereich auf K einschränken.

(4) Die Funktion $\frac{f}{g}$ nimmt ein Maximum ein, wenn wir ihren Definitionsbereich auf $K \setminus N$ einschränken.

(5) Die Funktion f ist partiell stetig.

(6) Die Abbildung $h\colon \mathbb{R}^2 \to \mathbb{R}^2,\ h(x,y) = (f(x,y), g(x,y))$ ist stetig.

(7) Es gilt $\lim_{(x,y)\to(0,0)} \frac{f(x,y)}{g(x,y)} = \frac{f(0,0)}{g(0,0)}$, sofern $g(0,0) \neq 0$.

(8) Es gilt $\lim_{k\to\infty} f(\frac{1}{k}, \frac{1}{k}) = 0$.

III. Sei $f\colon \mathbb{R}^2 \to \mathbb{R}$ eine Funktion, die im Punkt $(0,0)$ nicht stetig ist. Welche der folgenden Aussagen sind dann sicher falsch?

(1) Der Grenzwert $\lim_{(x,y)\to(0,0)} f(x,y)$ existiert.

(2) Es gilt $\lim_{k\to\infty} f(\frac{1}{k}, \frac{1}{k}) = f(0,0)$.

(3) Der Grenzwert $\lim_{(x,y)\to(0,0)} f(x,y)$ existiert, und es gilt $\lim_{(x,y)\to(0,0)} f(x,y) = f(0,0)$.

(4) Der Grenzwert $\lim_{(x,y)\to(0,0)} f(x,y)$ existiert, und es gilt $\lim_{(x,y)\to(0,0)} f(x,y) = 0$.

3 Differenzierbare Abbildungen

Einblick

Im 1-dimensionalen Fall ist die Ableitung eine Approximation einer auf einem Intervall $I \subseteq \mathbb{R}$ definierten Funktion $f : I \to \mathbb{R}$ in der Nähe eines Entwicklungspunktes $x_0 \in I$ im folgenden Sinne:

$$f(x) = f(x_0) + f'(x_0)(x - x_0) + F(x) \quad \text{mit} \quad \lim_{x \to x_0} \frac{F(x)}{x - x_0} = 0.$$

Die Funktion verhält sich also nahe bei x_0 wie

$$f(x) \approx f(x_0) + f'(x_0)(x - x_0).$$

Bemerkenswert ist hierbei, dass $f'(x_0)(x - x_0)$ eine lineare Funktion des Abstands $x - x_0$ vom Entwicklungspunkt ist.

Dies wirft die Frage auf, ob wir für Abbildungen $f : \mathbb{R}^n \supseteq G \to \mathbb{R}^m$ eine ähnliche Darstellung erreichen können, d. h. gibt es eine Matrix $A \in M(m \times n, \mathbb{R})$ mit

$$f(x) \approx f(x_0) + A(x - x_0) \ ?$$

Totale Differenzierbarkeit

▶ Definition

Sei U eine offene Teilmenge von $\mathbb{R}^n$ und $f : U \to \mathbb{R}^m$ eine Abbildung. Wir nennen f (total) differenzierbar im Punkt $x \in U$, falls eine lineare Abbildung $A : \mathbb{R}^n \to \mathbb{R}^m$ existiert, sodass in einer Umgebung von x gilt:

$$f(x + h) = f(x) + A(h) + F(h),$$

wobei

$$\lim_{h \to 0} \frac{F(h)}{\|h\|} = 0.$$

Wie üblich soll f differenzierbar heißen, wenn f in jedem Punkt $x \in U$ differenzierbar ist. ◀

Erläuterung

„In einer Umgebung von x gilt ...“ heißt genauer: Es gibt eine Umgebung V um den Ursprung $0 \in \mathbb{R}^n$ mit $x + V := \{x + v | v \in V\} \subseteq U$ und eine Abbildung $F : V \to \mathbb{R}^m$, sodass für alle $h \in V$ gilt: $f(x + h) = f(x) + A(h) + F(h)$ und $\lim_{h \to 0} \frac{F(h)}{\|h\|} = 0$.

© Springer-Verlag GmbH Deutschland 2019
M. Plaue und M. Scherfner, *Mathematik für das Bachelorstudium II*,
https://doi.org/10.1007/978-3-8274-2557-7_3

Erläuterung

Die Offenheit des Definitionsbereichs U garantiert, dass jeder Punkt eine Umgebung hat, auf der $f(x + h) = f(x) + A(h) + F(h)$ gelten kann. Im Fall $n = 1$ können wir an nichtisolierten Randpunkten zumindest einen rechts- oder linksseitigen Grenzwert des Differenzenquotienten betrachten; im Allgemeinen hat dies jedoch keinen Sinn. (Wir könnten evtl. noch mit Richtungsableitungen arbeiten, aber das würde die Theorie nur unnötig verkomplizieren, da beliebig pathologische Beispiele denkbar sind.)

Partielle Ableitungen

Erläuterung

Eine differenzierbare Abbildung $f\colon U \to \mathbb{R}^m$, $U \subseteq \mathbb{R}^n$ offen, ist also dadurch gekennzeichnet, dass diese an einer Stelle $x \in U$ durch eine lineare Abbildung A approximiert werden kann:

$$f(x + h) = f(x) + A(h) + F(h) \approx f(x) + A(h)$$

für „kleine" h.

Wir wollen nun erklären, wie die lineare Abbildung A in vielen Fällen konkret berechnet wird. Wie üblich kann A (bzgl. der Standardbasen von $\mathbb{R}^n$ bzw. $\mathbb{R}^m$) als Matrix $A \in M(m \times n, \mathbb{R})$ dargestellt werden. Bezeichnet a_i die i-te Zeile von A, so haben wir

$$f_i(x + h) = f_i(x) + a_i \cdot h + F_i(h),$$

wobei f_i bzw. F_i wie üblich die i-te Komponentenfunktion von f bzw. F bezeichnet. Aufgrund ähnlicher Argumente wie bei der Stetigkeit gilt, dass f genau dann differenzierbar ist, wenn alle Komponentenfunktionen f_i differenzierbar sind. Schreiben wir auch x und h in Komponenten aus, so ergibt sich

$$f_i(x_1 + h_1, \ldots, x_n + h_n) = f_i(x_1, \ldots, x_n) + \big(a_{i1}, \ldots, a_{in}\big) \cdot \begin{pmatrix} h_1 \\ \vdots \\ h_n \end{pmatrix} + F_i(h_1, \ldots, h_n).$$

Setzen wir in diese Formel speziell

$$h = h_j e_j = \begin{pmatrix} 0 \\ \vdots \\ h_j \\ \vdots \\ 0 \end{pmatrix}$$

ein, so ergibt sich

$$f_i(x_1, \ldots, x_j + h_j, \ldots, x_n) = f_i(x_1, \ldots, x_n) + a_{ij}h_j + F_i(0, \ldots, h_j, \ldots, 0);$$

und nach Umformen:

$$\frac{f_i(x_1, \ldots, x_j + h_j, \ldots, x_n) - f_i(x_1, \ldots, x_n)}{h_j} - a_{ij} = \frac{F_i(0, \ldots, h_j, \ldots, 0)}{h_j} \xrightarrow[h_j \to 0]{} 0$$

Im Grenzwert $h \to 0$ ergibt sich also für den Matrixeintrag a_{ij}:

$$\frac{\partial f_i}{\partial x_j}(x_1, \ldots, x_n) := \lim_{h_j \to 0} \frac{f_i(x_1, \ldots, x_j + h_j, \ldots, x_n) - f_i(x_1, \ldots, x_n)}{h_j} = a_{ij}$$

▶ **Definition**
Existiert der Grenzwert

$$\lim_{h_j \to 0} \frac{f_i(x_1, \ldots, x_j + h_j, \ldots, x_n) - f_i(x_1, \ldots, x_n)}{h_j},$$

so nennen wir ihn partielle Ableitung von f_i nach x_j. Für diese schreiben wir auch $\partial_{x_j} f_i$, $\partial_j f_i$, $(f_i)_{x_j}$ oder $f_{i,j}$.

Ferner ist

$$A = \begin{pmatrix} \frac{\partial f_1}{\partial x_1}(x) & \frac{\partial f_1}{\partial x_2}(x) & \cdots & \frac{\partial f_1}{\partial x_n}(x) \\ \frac{\partial f_2}{\partial x_1}(x) & \frac{\partial f_2}{\partial x_2}(x) & \cdots & \frac{\partial f_2}{\partial x_n}(x) \\ \vdots & \vdots & & \vdots \\ \frac{\partial f_m}{\partial x_1}(x) & \frac{\partial f_m}{\partial x_2}(x) & \cdots & \frac{\partial f_m}{\partial x_n}(x) \end{pmatrix} =: D_x f =: f'(x)$$

die sogenannte totale Ableitung; diese nennen wir auch Ableitungs-, Funktional- oder Jacobi-Matrix oder schlicht Ableitung.   ◀

Beispiel
Partielle Ableitungen berechnen wir, indem wir nach einer Variable ableiten und die übrigen Variablen als konstant betrachten:

$$f \colon \mathbb{R}^2 \to \mathbb{R}, \; f(x,y) = x \Rightarrow \frac{\partial f}{\partial x}(x,y) = 1, \; \frac{\partial f}{\partial y}(x,y) = 0,$$

$$g \colon \mathbb{R}^2 \to \mathbb{R}, \; g(x,y) = xy \Rightarrow \frac{\partial g}{\partial x}(x,y) = y, \; \frac{\partial g}{\partial y}(x,y) = x,$$

$$h \colon \mathbb{R}^3 \to \mathbb{R}, \; h(x_1,x_2,x_3) = x_3 e^{x_1 x_2} \Rightarrow \frac{\partial h}{\partial x_1}(x_1,x_2,x_3) = x_2 x_3 e^{x_1 x_2},$$

$$\frac{\partial h}{\partial x_2}(x_1,x_2,x_3) = x_1 x_3 e^{x_1 x_2},$$

$$\frac{\partial h}{\partial x_3}(x_1,x_2,x_3) = e^{x_1 x_2}$$

Partielle und totale Differenzierbarkeit

Erläuterung

Im letzten Abschnitt wurde gezeigt, dass die Einträge der Funktionalmatrix einer differenzierbaren Abbildung die partiellen Ableitungen dieser Abbildung sind.

Beispiel

Wie sich später herausstellen wird, ist

$$f\colon \mathbb{R}^2 \to \mathbb{R}^2, \ f(x_1, x_2) = \begin{pmatrix} x_1^2 x_2 \\ x_1 \cos x_2 \end{pmatrix}$$

total differenzierbar. Für die Ableitung gilt

$$D_x f = \begin{pmatrix} \frac{\partial f_1}{\partial x_1}(x) & \frac{\partial f_1}{\partial x_2}(x) \\ \frac{\partial f_2}{\partial x_1}(x) & \frac{\partial f_2}{\partial x_2}(x) \end{pmatrix} = \begin{pmatrix} 2x_1 x_2 & x_1^2 \\ \cos x_2 & -x_1 \sin x_2 \end{pmatrix}.$$

Insbesondere im Punkt $x = (1, 0)$ haben wir

$$D_{(1,0)} f = \begin{pmatrix} 0 & 1 \\ 1 & 0 \end{pmatrix}.$$

Erläuterung

Auch im Mehrdimensionalen gilt, dass differenzierbare Abbildungen stetig sind. Dies können wir ganz ähnlich wie im 1-dimensionalen Fall zeigen.

Erläuterung

Intuitiv könnten wir annehmen, dass Abbildungen, deren partielle Ableitungen alle existieren, auch total differenzierbar sind. Dies ist jedoch nicht der Fall, wie das folgende Beispiel zeigt.

Beispiel

Die Funktion

$$f\colon \mathbb{R}^2 \to \mathbb{R}, \ f(x, y) = \begin{cases} \frac{xy}{x^2+y^2} & \text{für } (x, y) \neq (0, 0) \\ 0 & \text{für } (x, y) = (0, 0) \end{cases}$$

ist in jedem Punkt nach beiden Variablen partiell differenzierbar, und es gilt

$$\frac{\partial f}{\partial x}(x, y) = \begin{cases} -\frac{y(x^2 - y^2)}{(x^2+y^2)^2} & \text{für } (x, y) \neq (0, 0) \\ 0 & \text{für } (x, y) = (0, 0) \end{cases},$$

$$\frac{\partial f}{\partial y}(x, y) = \begin{cases} \frac{x(x^2 - y^2)}{(x^2+y^2)^2} & \text{für } (x, y) \neq (0, 0) \\ 0 & \text{für } (x, y) = (0, 0) \end{cases}.$$

Wie wir jedoch bereits gesehen hatten, ist f nicht stetig, und damit erst recht nicht differenzierbar!

Erläuterung

Bei näherer Betrachtung fällt auf, dass die partiellen Ableitungen in obigem Beispiel nicht stetig sind. Dies ist kein Zufall, denn wir haben den sehr nützlichen Satz:

■ Satz

Sei $U \subseteq \mathbb{R}^n$ offen und $f \colon U \to \mathbb{R}^m$ eine Abbildung. Wenn alle partiellen Ableitung von f existieren und diese stetig sind, dann ist f total differenzierbar.

Beweis: Zunächst halten wir fest, dass die Funktion $f \colon U \to \mathbb{R}^m$ genau dann total differenzierbar ist, wenn jede Komponentenfunktion total differenzierbar ist. Es genügt also, im Folgenden den Fall $m = 1$ zu betrachten.

Sei $x \in U$. Da U offen ist, gibt es ein $\varepsilon > 0$ mit $K(x, \varepsilon) \subset U$. Sei $h \in K(0, \varepsilon)$ und definiere

$$z^{(i)} := x + \sum_{k=1}^{i} h_k e_k$$

mit $i = 0, \ldots, n$, so ist

$$z^{(0)} = x, \quad z^{(n)} = x + h.$$

Weiterhin gilt

$$\|z^{(i)} - x\| \leq \|h\| < \varepsilon$$

für $i = 1, \ldots, n$. Nun können wir den Mittelwertsatz auf die 1-dimensionalen differenzierbaren Funktionen

$$g_i \colon [0,1] \longrightarrow \mathbb{R} \text{ mit } g_i(t) = f\left(z^{(i-1)} + t h_i e_i\right)$$

anwenden und finden daher Zahlen $\theta_i \in {]0,1[}$ mit

$$f\left(z^{(i)}\right) - f\left(z^{(i-1)}\right) = g_i(1) - g_i(0) = g_i'(\theta_i) = h_i \partial_i f\left(z^{(i-1)} + \theta_i h_i e_i\right).$$

Definieren wir $y^{(i)} = z^{(i-1)} + \theta_i h_i e_i$ und nutzen die Kettenregel mit der inneren Funktion $t \mapsto t h_i$, so folgt

$$\begin{aligned}
f(x+h) - f(x) &= f\left(z^{(n)}\right) - f\left(z^{(0)}\right) \\
&= \sum_{i=1}^{n} \left(f\left(z^{(i)}\right) - f\left(z^{(i-1)}\right)\right) \\
&= \sum_{i=1}^{n} \partial_i f\left(y^{(i)}\right) h_i \\
&= \sum_{i=1}^{n} \partial_i f(x) h_i + F(h)
\end{aligned}$$

mit $F(h) = \sum_{i=1}^{n}(\partial_i f(y^{(i)}) - \partial_i f(x))h_i$. Die Vektoren $y^{(i)}$ sind abhängig von h und weisen folgende Grenzwerteigenschaft auf:

$$y^{(i)} = (x_1 + h_1, \ldots, x_{i-1} + h_{i-1}, x_i + \theta_i h_i, x_{i+1}, \ldots, x_n) \xrightarrow[h \to 0]{} x$$

Weiterhin sind die Funktionen $\partial_i f$ für alle $i = 1, \ldots, n$ nach Voraussetzung stetig in x. Daraus folgt:

$$\frac{|F(h)|}{\|h\|} \leq \sum_{i=1}^{n} \left| \partial_i f(y^{(i)}) - \partial_i f(x) \right| \frac{|h_i|}{\|h\|}$$

$$\leq \sum_{i=1}^{n} \left| \partial_i f(y^{(i)}) - \partial_i f(x) \right| \xrightarrow[h \to 0]{} 0$$

Also ist f total differenzierbar. ∎

Erläuterung

Wir nennen partiell differenzierbare Funktionen, deren partielle Ableitungen alle stetig sind, auch stetig partiell differenzierbar oder kurz stetig differenzierbar. Wir haben damit also insgesamt die Implikationen:

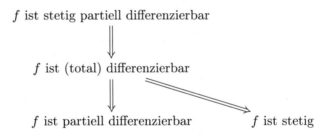

Beachten Sie, dass andere Implikationen zwischen diesen Aussagen im Allgemeinen keine Gültigkeit haben.

Beispiel

Für eine lineare Abbildung $f \colon \mathbb{R}^n \to \mathbb{R}^m$ mit darstellender Matrix $A = (a_{ij}) \in M(m \times n, \mathbb{R})$ gilt:

$$\frac{\partial f_i}{\partial x_j}(x) = \frac{\partial}{\partial x_j}(a_{i1}x_1 + \ldots + a_{ij}x_j + \ldots + a_{im}x_m)$$

$$= a_{ij}$$

Konstante Funktionen sind stetig, also ist f differenzierbar, und es gilt einfach $f'(x) = A$. Das hätten wir allerdings auch schon an der Formel

$$f(x + h) = A(x + h) = Ax + Ah = f(x) + Ah + 0$$

sofort sehen können.

Geometrische Interpretation der Ableitung

Erläuterung

Wir hatten gesehen, dass für eine „hinreichend vernünftige" Funktion $f \colon \mathbb{R}^2 \to \mathbb{R}$ der Graph von f (also die Punktmenge $\{(x_1, x_2, f(x_1, x_2)) | x_1, x_2 \in \mathbb{R}\} \subseteq \mathbb{R}^3$) eine Fläche im Raum darstellt. Ist f differenzierbar, so haben wir in der Nähe von (x_1, x_2) zusammen mit $h = (h_1, h_2)^T = (\lambda, \mu)^T$:

$$
\begin{aligned}
f(x_1 + h_1, x_2 + h_2) &\approx f(x_1, x_2) + D_{(x_1, x_2)} f \cdot h \\
&= f(x_1, x_2) + \left(\frac{\partial f}{\partial x_1}(x_1, x_2), \frac{\partial f}{\partial x_2}(x_1, x_2) \right) \cdot \begin{pmatrix} \lambda \\ \mu \end{pmatrix} \\
&= f(x_1, x_2) + \lambda \frac{\partial f}{\partial x_1}(x_1, x_2) + \mu \frac{\partial f}{\partial x_2}(x_1, x_2)
\end{aligned}
$$

Lassen wir λ und μ laufen, erhalten wir die Tangentialebene an den Graphen:

$$
\begin{aligned}
\begin{pmatrix} x_1 + \lambda \\ x_2 + \mu \\ f(x_1 + \lambda, x_2 + \mu) \end{pmatrix} &\approx \begin{pmatrix} x_1 + \lambda \\ x_2 + \mu \\ f(x_1, x_2) + \lambda \frac{\partial f}{\partial x_1}(x_1, x_2) + \mu \frac{\partial f}{\partial x_2}(x_1, x_2) \end{pmatrix} \\
&= \begin{pmatrix} x_1 \\ x_2 \\ f(x_1, x_2) \end{pmatrix} + \lambda \begin{pmatrix} 1 \\ 0 \\ \frac{\partial f}{\partial x_1}(x_1, x_2) \end{pmatrix} + \mu \begin{pmatrix} 0 \\ 1 \\ \frac{\partial f}{\partial x_2}(x_1, x_2) \end{pmatrix}
\end{aligned}
$$

Hier ist die Tangentialebene an einen Graphen dargestellt:

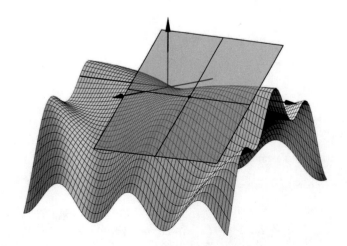

Rechenregeln für das Differenzieren

■ **Satz**

Sei $U \subseteq \mathbb{R}^n$ offen, und seien $f, g \colon U \to \mathbb{R}^m$ differenzierbare Abbildungen. Dann gilt:

1. $(f + g)' = f' + g'$,

2. $(cf)' = cf'$ für alle $c \in \mathbb{R}$.

Im Falle $m = 1$ gilt außerdem $(fg)' = gf' + fg'$.

Beweis: Die obigen Rechenregeln folgen sofort aus den bekannten Ableitungs-regeln für Funktionen über $\mathbb{R}$, welche direkt auf die partiellen Ableitungen angewendet werden können.   ■

■ **Satz**

Seien $U \subseteq \mathbb{R}^n$ und $V \subseteq \mathbb{R}^m$ offen, und seien $f \colon U \to \mathbb{R}^m$ und $g \colon V \to \mathbb{R}^k$ differenzierbare Abbildungen mit $f(U) \subseteq V$. Dann ist auch $g \circ f$ differenzierbar, und es gilt:

$$(g \circ f)' = (g' \circ f) \cdot f'$$

(Der Punkt bezeichnet die punktweise Matrizenmultiplikation.)

Beweis: Sei $x \in U$. Ausgeschrieben lautet die Kettenregel $(g \circ f)'(x) = g'(f(x)) \cdot f'(x)$. Sei außerdem $y := f(x)$, $A := f'(x)$, $B := g'(y)$. Dann ist zu zeigen: $g \circ f$ ist in x differenzierbar mit $(g \circ f)'(x) = BA$. Es gilt

$$f(x + h) = f(x) + Ah + F(h)$$

für alle $h \in W$, wobei W eine geeignete Umgebung des Koordinatenursprungs $0 \in \mathbb{R}^n$ ist. Genauso gilt

$$g(y + \tilde{h}) = g(y) + B\tilde{h} + \tilde{F}(\tilde{h})$$

für alle $\tilde{h} \in \tilde{W} \subseteq \mathbb{R}^m$. Wir wählen speziell

$$\tilde{h} = f(x + h) - f(x) = Ah + F(h).$$

Der Vektor $\tilde{h}$ hängt stetig von h ab, mit $\tilde{h} \to 0$ für $h \to 0$. Deshalb kann gegebenenfalls eine kleinere Umgebung $W' \subseteq W$ gewählt werden, sodass $\tilde{h}$ für alle $h \in W'$ noch in $\tilde{W}$ enthalten ist. Damit haben wir:

$$
\begin{aligned}
(g \circ f)(x + h) &= g(f(x + h)) \\
&= g(f(x) + \tilde{h}) \\
&= g(f(x)) + B\tilde{h} + \tilde{F}(\tilde{h}) \\
&= (g \circ f)(x) + BAh + BF(h) + \tilde{F}(\tilde{h})
\end{aligned}
$$

Wir haben für $G(h) := BF(h) + \tilde{F}(\tilde{h})$

$$\lim_{h \to 0} \frac{G(h)}{\|h\|} = B \lim_{h \to 0} \frac{F(h)}{\|h\|} + \lim_{h \to 0} \frac{\tilde{F}(\tilde{h})}{\|h\|}$$

$$= B \cdot 0 + \lim_{h \to 0} \frac{\tilde{F}(\tilde{h})}{\|\tilde{h}\|} \frac{\|\tilde{h}\|}{\|h\|} = 0,$$

falls $\frac{\|\tilde{h}\|}{\|h\|}$ in einer Umgebung von 0 beschränkt bleibt. Letzteres folgt aus der Beschränktheit von $\frac{\|Ah\|}{\|h\|}$ und $\frac{\|F(h)\|}{\|h\|}$. (Warum ist $\frac{\|Ah\|}{\|h\|}$ beschränkt?) Damit ist $(g \circ f)(x + h)$ von der Form

$$(g \circ f)(x) + BAh + G(h),$$

was zu beweisen war. ∎

Beispiel

Wir verketten die Funktionen $f(x, y) = e^x + \frac{2}{y}$ und $g(x) = (\ln x, \frac{1}{x})^T$:

$$\mathbb{R}^2 \xrightarrow{f} \mathbb{R} \xrightarrow{g} \mathbb{R}^2$$

Es gilt

$$f'(x, y) = \left(\frac{\partial f}{\partial x}(x, y), \frac{\partial f}{\partial y}(x, y) \right) = \left(e^x, -\frac{2}{y^2} \right)$$

und

$$g'(x) = \begin{pmatrix} \frac{\partial g_1}{\partial x}(x) \\ \frac{\partial g_2}{\partial x}(x) \end{pmatrix} = \begin{pmatrix} \frac{1}{x} \\ -\frac{1}{x^2} \end{pmatrix}$$

sowie

$$g'(f(x, y)) = \begin{pmatrix} \frac{1}{e^x + \frac{2}{y}} \\ -\frac{1}{\left(e^x + \frac{2}{y}\right)^2} \end{pmatrix}.$$

Nach der Kettenregel ergibt sich

$$(g \circ f)'(x, y) = g'(f(x, y)) \cdot f'(x, y)$$

$$= \begin{pmatrix} \frac{1}{e^x + \frac{2}{y}} \\ -\frac{1}{\left(e^x + \frac{2}{y}\right)^2} \end{pmatrix} \cdot \left(e^x, -\frac{2}{y^2} \right)$$

$$= \begin{pmatrix} \frac{e^x}{e^x + \frac{2}{y}} & -\frac{2}{\left(e^x + \frac{2}{y}\right) y^2} \\ -\frac{e^x}{\left(e^x + \frac{2}{y}\right)^2} & -\frac{2}{\left(e^x + \frac{2}{y}\right)^2 y^2} \end{pmatrix}.$$

Ausblick

Durch das Differenzieren bekommen wir Aussagen über die Veränderung der betrachteten Funktion in einem bestimmten Punkt. Dies hat einerseits naturwissenschaftliche Konsequenzen, andererseits eröffnet es einem auch im Bereich der reinen Mathematik einige Tore, beispielsweise das zur Differenzialgeometrie, die sich u. a. mit Fragen der Krümmung von Kurven und Flächen befasst.

Interessant wird ferner sein, was durch mehrfaches Ableiten ermittelt werden kann – die Untersuchungen zum 1-dimensionalen Fall haben ja bereits interessante Dinge, wie Extrema, zum Vorschein gebracht.

Durch die Verwendung von partiellen Ableitungen werden wir uns neue Werkzeuge verschaffen.

Selbsttest

I. Sei $f\colon \mathbb{R}^3 \to \mathbb{R}^2$ eine total differenzierbare Abbildung. Welche der folgenden Aussagen sind stets wahr?

(1) f ist stetig.

(2) f ist partiell differenzierbar.

(3) f ist partiell differenzierbar, und die partiellen Ableitungen sind stetig.

(4) f ist eine lineare Abbildung.

(5)   Die Komponentenfunktionen von f, also $f_1, f_2\colon \mathbb{R}^3 \to \mathbb{R}$, sind lineare Abbildungen.

(6)   Die Komponentenfunktionen von f sind total differenzierbar.

(7)   Die Komponentenfunktionen von f sind stetig.

II. Welche der folgenden Abbildungen sind total differenzierbar?

(1) $f\colon \mathbb{R}^2 \to \mathbb{R}$, $f(x,y) = |x|$

(2) $f\colon \{x \in \mathbb{R} | x > 0\} \to \mathbb{R}^3$, $f(x) = (\sqrt{x}, x^2, \sin(x))$

(3) $f\colon \mathbb{R}^4 \to \mathbb{R}$, $f(x_1, x_2, x_3, x_4) = x_1 + 2 \cdot x_2 + 10 \cdot x_3 - x_4$

(4) $f\colon \mathbb{R}^2 \to \mathbb{R}$, $f(x,y) = x \cdot y$

(5) $f\colon \mathbb{R}^2 \to \mathbb{R}^2$, $f(x,y) = (x \cdot y, x \cdot y)$

(6) $f\colon \mathbb{R}^2 \to \mathbb{R}$, $f(x,y) = \begin{cases} \frac{x}{y} & \text{für } y \neq 0, \\ 0 & \text{für } y = 0 \end{cases}$

III. Sei $f\colon \mathbb{R}^2 \to \mathbb{R}^4$ eine differenzierbare Abbildung. Welches Format (Zeilen $\times$ Spalten) hat die Jacobi-Matrix von f?

(1) 4×2 (3) 4×4

(2) 2×4 (4) 2×2

4 Gradient, Divergenz und Rotation

Einblick

Die partiellen Ableitungen können wir nicht nur isoliert betrachten, sondern sie können auch zur Konstruktion spezieller Abbildungen verwendet werden, die wir Differenzialoperatoren nennen.

All diese Operatoren spielen eine besondere Rolle in der Physik und sind jeweils mit einer Anschauung verknüpft, was den Zugang zu ihnen erleichtert.

Die Theorie von Gradient, Divergenz und Rotation wird manchmal auch Vektoranalysis genannt. Als diese entstand und die physikalischen Anwendungen der Begriffe dominierten, wurde primär der $\mathbb{R}^3$ betrachtet – dies ist jedoch für Gradient und Divergenz nicht zwingend.

Der Gradient

▶ **Definition**

Sei $U \subseteq \mathbb{R}^n$ offen und $f \colon U \to \mathbb{R}$ eine stetig partiell differenzierbare Funktion. Dann nennen wir das Vektorfeld

$$\operatorname{grad} f := \begin{pmatrix} \frac{\partial f}{\partial x_1} \\ \vdots \\ \frac{\partial f}{\partial x_n} \end{pmatrix}$$

den Gradienten von f. ◀

Erläuterung

Der Gradient ist einfach die Transponierte der Ableitung. Wir schreiben auch $\nabla_x f := \operatorname{grad} f(x)$, wobei das auf der Spitze stehende Dreieck Nabla-Operator genannt wird; später mehr dazu. Gehen Sie gerne in einer ruhigen Minute auf die Suche nach dem Ursprung dieser Namensgebung. Wir behalten uns vor, auch Klammern zu setzen: $\operatorname{grad}(f) = \operatorname{grad} f$.

▶ **Definition**

Sei $f \colon \mathbb{R}^n \supseteq U \to \mathbb{R}$ eine Funktion. Wir nennen

$$N_f(c) := \{x \in U \mid f(x) = c\}$$

die Niveaumenge von f zum Niveau $c \in \mathbb{R}$. ◀

© Springer-Verlag GmbH Deutschland 2019
M. Plaue und M. Scherfner, *Mathematik für das Bachelorstudium II*,
https://doi.org/10.1007/978-3-8274-2557-7_4

Erläuterung

Wir erhalten die Niveaumenge von f zum Niveau c, indem wir den Graphen der Abbildung $f - c$ mit der n-dimensionalen Koordinatenhyperebene $\{x \in \mathbb{R}^{n+1} | x_{n+1} = 0\}$ schneiden, welche wir dann über die Koordinatenabbildung bzgl. der Standardbasisvektoren $e_1, \ldots, e_n \in \mathbb{R}^{n+1}$ mit $\mathbb{R}^n$ identifizieren. Dies können sie sich anhand von Beispielen mit $n = 2$ anschaulich klarmachen.

▶ **Definition**

Eine Hyperebene in $\mathbb{R}^{n+1}$ ist ein n-dimensionaler Unterraum.   ◀

▶ **Definition**

Haben wir eine Funktion $f \colon \mathbb{R}^n \supseteq U \to \mathbb{R}$ und ein $h \in \mathbb{R}^n$ mit $\|h\| = 1$ gegeben, so nennen wir

$$\frac{df}{dh}(x) = \lim_{t \to 0} \frac{f(x + th) - f(x)}{t}$$

die Richtungsableitung von f in Richtung h (falls der Grenzwert existiert).   ◀

Beispiel

Die Ableitungen in Richtung der Koordinatenachsen sind gerade die partiellen Ableitungen:

$$\frac{df}{de_j}(x) = \lim_{t \to 0} \frac{f(x + te_j) - f(x)}{t}$$

$$= \lim_{t \to 0} \frac{f(x_1, \ldots, x_j + t, \ldots, x_n) - f(x_1, \ldots, x_n)}{t}$$

$$= \frac{\partial f}{\partial x_j}(x)$$

■ **Satz**

Sei $U \subseteq \mathbb{R}^n$ offen. Der Gradient einer stetig partiell differenzierbaren Funktion $f \colon U \to \mathbb{R}$ zeigt in Richtung des stärksten Anstiegs von f und steht senkrecht auf den Niveaumengen.

Beweis: Sei $x \in U$ und $h \in \mathbb{R}^n$ mit $\|h\| = 1$.

1. Der Vektor h zeigt in eine Richtung des stärksten Anstiegs, wenn die Ableitung in diese Richtung maximal ist. Es gilt für hinreichend kleine $t > 0$

$$f(x + th) = f(x) + f'(x) \cdot th + F(th)$$

$$= f(x) + t(\nabla_x f)^T \cdot h + F(th)$$

$$= f(x) + t\langle \nabla_x f, h \rangle + F(th)$$

$$= f(x) + t\|\nabla_x f\| \cdot \|h\| \cdot \cos \angle(\nabla_x f, h) + F(th)$$
$$= f(x) + t\|\nabla_x f\| \cdot \cos \angle(\nabla_x f, h) + F(th),$$

also

$$\frac{df}{dh}(x) = \lim_{t \to 0} \frac{f(x + th) - f(x)}{t}$$
$$= \|\nabla_x f\| \cdot \cos \angle(\nabla_x f, h) + \lim_{t \to 0} \frac{F(th)}{t}$$
$$= \|\nabla_x f\| \cdot \cos \angle(\nabla_x f, h).$$

Der Anstieg in Richtung h ist genau dann am größten, wenn $\cos \angle(\nabla_x f, h) = 1$, d. h. $\nabla_x f \parallel h$.

2. Wir liefern statt eines Beweises nur eine anschauliche Herleitung. Verschieben wir den Graphen von f so, dass $(x, f(x))$ auf den Ursprung 0 abgebildet wird, dann ist die Tangentialhyperebene an diesen Graphen im Punkt $x = 0$ gegeben durch die Parameterdarstellung

$$\lambda_1 \begin{pmatrix} 1 \\ 0 \\ \vdots \\ 0 \\ \frac{\partial f}{\partial x_1}(x) \end{pmatrix} + \ldots + \lambda_n \begin{pmatrix} 0 \\ 0 \\ \vdots \\ 1 \\ \frac{\partial f}{\partial x_n}(x) \end{pmatrix}.$$

Durch Ausrechnen des Skalarprodukts mit den Vektoren, die die Ebene aufspannen, können wir leicht überprüfen, dass der Vektor

$$\begin{pmatrix} \frac{\partial f}{\partial x_1}(x) \\ \vdots \\ \frac{\partial f}{\partial x_n}(x) \\ -1 \end{pmatrix}$$

senkrecht auf dieser Ebene steht.

Wie wir uns nun am Beispiel für $n = 2$ verdeutlichen können, ist der Schnitt der Tangentialhyperebene mit der Koordinatenhyperebene $\{x \in \mathbb{R}^{n+1} | x_{n+1} = 0\}$ ein Unterraum, der tangential zur Niveaumenge ist. Dieser Unterraum steht senkrecht auf $(\frac{\partial f}{\partial x_1}(x), \ldots, \frac{\partial f}{\partial x_n}(x))^T$ – das ist aber gerade der Gradient von f.   ∎

Erläuterung

Die Situation aus dem vorherigen Beweis ist in folgender Abbildung dargestellt:

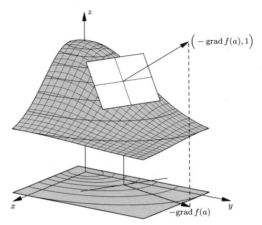

▶ Definition

Das formale Symbol

$$\nabla := \begin{pmatrix} \frac{\partial}{\partial x_1} \\ \vdots \\ \frac{\partial}{\partial x_n} \end{pmatrix}$$

nennen wir Nabla-Operator (oder kurz: Nabla).　　　　　　　　　　　　　◀

Die Divergenz

Erläuterung

Der Gradient einer Funktion f kann ja mithilfe des Nabla-Operators wie folgt dargestellt werden:

$$\operatorname{grad} f = \nabla f := \begin{pmatrix} \frac{\partial f}{\partial x_1} \\ \vdots \\ \frac{\partial f}{\partial x_n} \end{pmatrix}$$

Wir dürfen uns hierbei vorstellen, dass der Nabla-Operator als „Vektor" skalar mit f multipliziert wird. Ebenso können wir das „Skalarprodukt" von ∇ mit einem Vektorfeld berechnen:

▶ Definition

Sei $U \subseteq \mathbb{R}^n$ offen und $v \colon U \to \mathbb{R}^n$ ein stetig partiell differenzierbares Vektorfeld. Dann nennen wir das skalare Feld

$$\operatorname{div} v := \langle \nabla, v \rangle := \nabla \cdot v := \frac{\partial v_1}{\partial x_1} + \ldots + \frac{\partial v_n}{\partial x_n}$$

die Divergenz von v.　　　　　　　　　　　　　　　　　　　　　　◀

Erläuterung

Der Gradient ordnet skalaren Feldern ein Vektorfeld zu, während die Divergenz Vektorfeldern ein skalares Feld zuordnet. Außer im 1-dimensionalen Fall ist es sinnlos, den Gradienten eines Vektorfeldes oder die Divergenz eines Skalarfeldes berechnen zu wollen. Im 1-dimensionalen stellen diese beiden Differenzialoperatoren einfach die gewöhnliche Ableitung dar.

Erläuterung

Die Schreibweise mit dem Nabla-Operator ist wirklich rein formal und dient vor allem als Merkhilfe; der Nabla-Operator ist kein Spaltenvektor im uns bekannten Sinn.

Erläuterung

Der Gradient einer Funktion hat die anschauliche Interpretation, dass dieser in die Richtung des stärksten Anstiegs zeigt. Auch die Divergenz kann anschaulich interpretiert werden: Sie gibt die sogenannte Quelldichte eines Vektorfeldes an. Dies wollen wir im Nachfolgenden genauer erläutern.

Beispiel

In der Physik wird eine stationäre Flüssigkeits- oder Gasströmung, also eine solche mit einem konstanten Geschwindigkeitsfeld, durch ein Vektorfeld $v\colon \mathbb{R}^3 \supseteq U \to \mathbb{R}^3$ beschrieben. Hierbei wird jedem Punkt im Ortsraum $x \in U$ ein Geschwindigkeitsvektor $v(x) \in \mathbb{R}^3$ zugeordnet, der die Strömungsgeschwindigkeit der Fluidteilchen an dieser Stelle darstellt. Durch ein gegebenes Flächenstück strömen umso mehr Teilchen pro gegebener Zeiteinheit, je größer diese Fläche ist. Darüber hinaus ist der Fluss durch dieses Flächenstück am größten, wenn die Strömungsgeschwindigkeit in Richtung der Flächennormalen zeigt. Verläuft die Strömung parallel zum Flächenstück, ist der Durchfluss gleich Null.

Erläuterung

Wir betrachten nun ganz allgemein ein differenzierbares Vektorfeld $v\colon \mathbb{R}^n \supseteq U \to \mathbb{R}^n$ sowie für ein $x \in U$ den achsenparallelen Würfel $Q = [x_1 - t, x_1 + t] \times \cdots \times [x_n - t, x_n + t]$. Hierbei sei $t > 0$ so gewählt, dass $Q \subseteq U$. (U ist wie üblich als offen vorausgesetzt, sodass dies immer möglich ist.) Der Punkt x ist der Mittelpunkt dieses Würfels, welcher die Kantenlänge $2t$ hat. Das Volumen von Q beträgt dementsprechend $(2t)^n$. Die nach außen weisenden Flächennormalen der $2n$ Seitenflächen von Q sind durch $e_1, \ldots, e_n, -e_1, \ldots, -e_n$ gegeben, und die Mittelpunkte dieser Seitenflächen sind $x + te_1, \ldots, x + te_n, x - te_1, \ldots, x - te_n$.

Erläuterung

Nachfolgend wird immer wieder der Begriff Fluss verwendet – wir verbinden mit diesem mathematischen Begriff das, was sich durch die naive physikalische Anschauung ergibt; denken wir also an eine fließende Flüssigkeit.

Der Fluss durch eine Seitenfläche kann für kleine Werte von t näherungsweise wie folgt angegeben werden: Es handelt sich um den Flächeninhalt $(2t)^{n-1}$ multipliziert mit dem orthogonal auf die Flächennormale projizierten Anteil der Strömungsgeschwindigkeit im Mittelpunkt der Seitenfläche. Es gilt für den Fluss durch eine Seitenfläche also $\approx (2t)^{n-1}\|v(x \pm te_i)\|\| \pm e_i\| \cos \angle (v(x \pm te_i), \pm e_i) = (2t)^{n-1}\langle \pm e_i, v(x \pm te_i)\rangle$. Summieren wir die Beiträge aller Seitenflächen des Würfels und teilen durch dessen Volumen, so ergibt sich im Grenzwert verschwindenden Volumens $t \to 0$ die Quelldichte $\rho(x) = $ Fluss pro Volumen:

$$\rho(x) = \lim_{t \to 0} \frac{1}{(2t)^n} \left(\sum_{i=1}^{n} (2t)^{n-1} \langle e_i, v(x + te_i)\rangle + \sum_{i=1}^{n} (2t)^{n-1} \langle -e_i, v(x - te_i)\rangle \right)$$

$$= \lim_{t \to 0} \frac{(2t)^{n-1}}{(2t)^n} \sum_{i=1}^{n} \langle e_i, v(x + te_i) - v(x - te_i)\rangle$$

$$= \lim_{t \to 0} \frac{1}{2t} \sum_{i=1}^{n} (v_i(x + te_i) - v_i(x - te_i))$$

$$= \frac{1}{2} \sum_{i=1}^{n} \left(\lim_{t \to 0} \frac{v_i(x + te_i)}{t} + \lim_{t \to 0} \frac{v_i(x - te_i)}{-t} \right)$$

$$= \frac{1}{2} \sum_{i=1}^{n} \left(\frac{\partial v_i}{\partial x_i}(x) + \frac{\partial v_i}{\partial x_i}(x) \right)$$

$$= \sum_{i=1}^{n} \frac{\partial v_i}{\partial x_i}(x)$$

Das ist aber gerade die Divergenz von v an der Stelle x. Ist die Divergenz eines Vektorfelds identisch Null, d. h. $\operatorname{div} v(x) = 0$ für alle x im Definitionsbereich, dann nennen wir ein solches Vektorfeld auch quellenfrei. Wir beachten zum Verständnis auch die folgende Abbildung zum Durchfluss einer Strömung mit Geschwindigkeitsfeld v durch einen Würfel; es folgt die Veranschaulichung für $n = 2$:

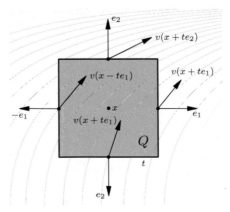

Erläuterung

Wir nennen die Summe der Diagonalelemente einer quadratischen Matrix A deren Spur: $\operatorname{Spur} A := a_{11} + a_{22} + \ldots + a_{nn}$. Damit ist die Divergenz einfach die Spur der Jacobi-Matrix: $\operatorname{div} v = \operatorname{Spur}(Dv)$.

Beispiel

Konstante Vektorfelder sind quellenfrei ($v(x) = w = \text{konst.}$):

$$\operatorname{div} v(x) = \frac{\partial w_1}{\partial x_1}(x) + \ldots + \frac{\partial w_n}{\partial x_n}(x) = 0 + \ldots + 0 = 0$$

Beispiel

Für eine lineare Abbildung $v \colon \mathbb{R}^n \to \mathbb{R}^n$ mit darstellender Matrix $A = (a_{ij}) \in M(n \times n, \mathbb{R})$ gilt:

$$\begin{aligned} \operatorname{div} v(x) &= \frac{\partial v_1}{\partial x_1}(x) + \ldots + \frac{\partial v_n}{\partial x_n}(x) \\ &= \operatorname{Spur} v'(x) \\ &= \operatorname{Spur} A \\ &= a_{11} + a_{22} + \ldots + a_{nn} \end{aligned}$$

Beispiel

Sei $a \in \mathbb{R}$. Für das Vektorfeld $v \colon \mathbb{R}^n \to \mathbb{R}^n$, $v(x) = ax$ gilt $\operatorname{div} v(x) = na$.

Die Rotation

▶ Definition

Sei $U \subseteq \mathbb{R}^3$ offen und $v \colon U \to \mathbb{R}^3$ ein stetig partiell differenzierbares Vektorfeld. Dann nennen wir das Vektorfeld

$$\operatorname{rot} v := \nabla \times v := \begin{pmatrix} \dfrac{\partial v_3}{\partial x_2} - \dfrac{\partial v_2}{\partial x_3} \\[2ex] \dfrac{\partial v_1}{\partial x_3} - \dfrac{\partial v_3}{\partial x_1} \\[2ex] \dfrac{\partial v_2}{\partial x_1} - \dfrac{\partial v_1}{\partial x_2} \end{pmatrix}$$

die Rotation von v.   ◀

Erläuterung

Die Rotation ist nur für Vektorfelder im 3-dimensionalen Raum definiert.

Beispiel

Sei $a \in \mathbb{R}$. Für das Vektorfeld $v \colon \mathbb{R}^3 \to \mathbb{R}^3$, $v(x) = ax$ gilt $\operatorname{rot} v = 0$:

$$\begin{aligned}
(\operatorname{rot} v)_1 &= \frac{\partial v_3}{\partial x_2} - \frac{\partial v_2}{\partial x_3} \\
&= \frac{\partial (ax_3)}{\partial x_2} - \frac{\partial (ax_2)}{\partial x_3} \\
&= 0, \\
(\operatorname{rot} v)_2 &= \frac{\partial v_1}{\partial x_3} - \frac{\partial v_3}{\partial x_1} \\
&= \frac{\partial (ax_1)}{\partial x_3} - \frac{\partial (ax_3)}{\partial x_1} \\
&= 0, \\
(\operatorname{rot} v)_3 &= \frac{\partial v_2}{\partial x_1} - \frac{\partial v_1}{\partial x_2} \\
&= \frac{\partial (ax_2)}{\partial x_1} - \frac{\partial (ax_1)}{\partial x_2} \\
&= 0
\end{aligned}$$

Beispiel

Für das Vektorfeld

$$v \colon \mathbb{R}^3 \to \mathbb{R}^3, \; v \begin{pmatrix} x \\ y \\ z \end{pmatrix} = \begin{pmatrix} -y \\ x \\ 0 \end{pmatrix}$$

gilt

$$\begin{aligned}
(\operatorname{rot} v)_1 &= \frac{\partial v_3}{\partial y} - \frac{\partial v_2}{\partial z} \\
&= 0 - \frac{\partial x}{\partial z} \\
&= 0, \\
(\operatorname{rot} v)_2 &= \frac{\partial v_1}{\partial z} - \frac{\partial v_3}{\partial x} \\
&= \frac{\partial (-y)}{\partial z} - 0 \\
&= 0, \\
(\operatorname{rot} v)_3 &= \frac{\partial v_2}{\partial x} - \frac{\partial v_1}{\partial y} \\
&= \frac{\partial x}{\partial x} - \frac{\partial (-y)}{\partial y} \\
&= 2.
\end{aligned}$$

Insgesamt hat dieses Vektorfeld also die konstante Rotation

$$\operatorname{rot} v = \begin{pmatrix} 0 \\ 0 \\ 2 \end{pmatrix}.$$

Erläuterung

Wir nennen die Rotation eines Vektorfelds v auch dessen Wirbeldichte. Ein Vektorfeld v mit $\operatorname{rot} v = 0$ nennen wir auch wirbelfrei.

Ausblick

Gradient, Divergenz und Rotation werden uns erneut begegnen, beispielsweise im Zusammenhang mit den bedeutenden Maxwell'schen Gleichungen, die eine große Errungenschaft der Physik darstellen und die Bedeutung der Mathematik für diese unterstreichen.

Gleichfalls sind zwei der hier behandelten Differenzialoperatoren notwendig, um einen weiteren – den Laplace-Operator – zu bilden, mit dem sich dann erneut wunderbare Mathematik und Physik betreiben lassen.

Die moderne Vektoranalysis beschränkt sich keinesfalls auf das hier Betrachtete, sondern es werden neue und noch kraftvollere Objekte entstehen, nämlich die Differenzialformen – aber das passiert in der Zukunft.

Selbsttest

I. Seien $v\colon \mathbb{R}^3 \to \mathbb{R}^3$, $f\colon \mathbb{R}^5 \to \mathbb{R}$, $g\colon \mathbb{R}^3 \to \mathbb{R}$ und $\gamma\colon \mathbb{R} \to \mathbb{R}^3$ stetig differenzierbare Abbildungen. Welche der folgenden Ausdrücke sind definiert?

(1)	$\mathrm{grad}(v)$	(25)	γ'
(2)	$\mathrm{grad}(f)$	(26)	$(\gamma \circ f)'$
(3)	$\mathrm{grad}(g)$	(27)	$(f \circ \gamma)'$
(4)	$\mathrm{grad}(\gamma)$	(28)	$\mathrm{grad}(v \circ \gamma)$
(5)	$\mathrm{div}(v)$	(29)	$\mathrm{grad}(\gamma \circ v)$
(6)	$\mathrm{div}(f)$	(30)	$\mathrm{grad}(f \circ \gamma)$
(7)	$\mathrm{div}(g)$	(31)	$\mathrm{grad}(\gamma \circ f)$
(8)	$\mathrm{div}(\gamma)$	(32)	$\mathrm{div}(g \circ \gamma)$
(9)	$\mathrm{rot}(v)$	(33)	$\mathrm{rot}(\gamma \circ f)$
(10)	$\mathrm{rot}(f)$	(34)	$\mathrm{div}(\gamma \circ f)$
(11)	$\mathrm{rot}(g)$	(35)	$\mathrm{rot}(\gamma \circ \gamma)$
(12)	$\mathrm{rot}(\gamma)$	(36)	$\mathrm{rot}(v \circ v)$
(13)	$\nabla \times \gamma$	(37)	$\mathrm{rot}(g \circ g)$
(14)	$\nabla \times v$	(38)	$\nabla \times (fv)$
(15)	$\nabla \times g$	(39)	$\nabla \times (gv)$
(16)	$\langle \nabla, \gamma \rangle$	(40)	$\mathrm{rot}(\langle f, \gamma \rangle)$
(17)	$\langle \nabla, v \rangle$	(41)	$\mathrm{rot}(\gamma \circ g)$
(18)	$\langle \nabla, g \rangle$	(42)	$\mathrm{div}(\gamma \circ g)$
(19)	$\mathrm{rot}(gv)$	(43)	$\mathrm{grad}(\langle \gamma \circ g, v \rangle)$
(20)	$\mathrm{div}(gv)$	(44)	$\mathrm{rot}(\langle \gamma \circ g, v \rangle)$
(21)	$\mathrm{grad}(gv)$	(45)	$\mathrm{rot}(\langle v, \gamma \rangle)$
(22)	∇f	(46)	$(\langle v \circ \gamma, \gamma \rangle)'$
(23)	∇g	(47)	$(g \times v)'$
(24)	$\nabla \times (fg)$	(48)	$\mathrm{grad}(\langle g, \gamma \rangle)$

5 Höhere partielle Ableitungen und der Laplace-Operator

Einblick

Im Fall der Analysis einer Dimension haben wir, z. B zum Finden von Extrem-stellen, höhere Ableitungen verwendet. Dies ist ebenfalls für partielle Ableitungen praktikabel und führt bei der Untersuchung von Funktionen im Mehrdimensionalen zu analogen Begriffen.

Wir begegnen in diesem Kapitel auch wieder dem Gradienten, der Divergenz und der Rotation und bauen aus den ersten beiden Operatoren einen weiteren, der innermathematisch und für physikalische Anwendungen bedeutsam ist.

Wir werden darüber hinaus sehen, wie praktisch sich viele Ausdrücke und Rechnungen durch das Verwenden des Nabla-Operators gestalten lassen.

Höhere Ableitungen

Erläuterung

Wir erinnern: Ist U eine offene Teilmenge von $\mathbb{R}^n$, so schreiben wir für diesen Sachverhalt auch kurz $U \overset{\circ}{\subseteq} \mathbb{R}^n$ oder $\mathbb{R}^n \overset{\circ}{\supseteq} U$.

▶ Definition

Sei $f \colon \mathbb{R}^n \overset{\circ}{\supseteq} U \to \mathbb{R}$ eine partiell differenzierbare Funktion, deren partielle Ableitungen alle partiell differenzierbar sind. Dann nennen wir f zweimal partiell differenzierbar, und die Funktionen

$$\partial_{ij} f := \frac{\partial^2 f}{\partial x_i \partial x_j} := \frac{\partial}{\partial x_i} \left(\frac{\partial f}{\partial x_j} \right)$$

heißen die zweiten partiellen Ableitungen von f $(i, j \in \{1, \ldots, n\})$. ◀

Erläuterung

Für den Fall $i = j$ führen wir außerdem die Notation ein:

$$\frac{\partial^2 f}{\partial x_i^2} := \partial_{ii} f = \frac{\partial^2 f}{\partial x_i \partial x_i}$$

© Springer-Verlag GmbH Deutschland 2019
M. Plaue und M. Scherfner, *Mathematik für das Bachelorstudium II*,
https://doi.org/10.1007/978-3-8274-2557-7_5

■ **Satz**

Satz von Schwarz. Sei $f\colon \mathbb{R}^n \overset{\circ}{\supseteq} U \to \mathbb{R}$ eine zweimal partiell differenzierbare Funktion. Wenn alle zweiten partiellen Ableitungen stetig sind, dann gilt

$$\frac{\partial^2 f}{\partial x_i \partial x_j} = \frac{\partial^2 f}{\partial x_j \partial x_i}$$

für alle $i, j \in \{1, \dots, n\}$.

Beweis: Ohne Beschränkung der Allgemeinheit können wir annehmen, dass f in allen bis auf zwei Komponenten konstant ist. Somit verschwindet die Ableitung in allen anderen Komponenten und es genügt, f in zwei Variablen zu betrachten; diese seien x und y.

Betrachten wir nun einen festen Punkt (x_0, y_0) und definieren für kleine h und k die Hilfsfunktion

$$R(h, k) = f(x_0 + h, y_0 + k) - f(x_0 + h, y_0) - (f(x_0, y_0 + k) - f(x_0, y_0)).$$

Diese Funktion betrachtet die Werte von f auf den Ecken eines Rechtecks um den Punkt (x_0, y_0). Für

$$F_h(y) = f(x_0 + h, y) - f(x_0, y)$$

können wir die Hilfsfunktion umschreiben zu

$$R(h, k) = F_h(y_0 + k) - F_h(y_0).$$

Setzen wir jetzt h fest, so kann der Mittelwertsatz auf die Funktion F_h angewendet werden, die nur noch von y abhängt. So bekommen wir

$$R(h, k) = F_h(y_0 + k) - F_h(y_0) = kF_h'(\alpha) = k \cdot \left(\frac{\partial f}{\partial y}(x_0 + h, \alpha) - \frac{\partial f}{\partial y}(x_0, \alpha) \right)$$

mit $\alpha \in [y_0, y_0 + k]$. Drehen wir das Ganze und betrachten diese Funktion für festes α als eine Funktion in h, so kann der Mittelwertsatz erneut angewendet werden und wir erhalten

$$\frac{\partial f}{\partial y}(x_0 + h, \alpha) - \frac{\partial f}{\partial y}(x_0, \alpha) = h\frac{\partial}{\partial x}\frac{\partial f}{\partial y}(\beta, \alpha) \Rightarrow R(h, k) = k \cdot h \cdot \frac{\partial^2 f}{\partial x \partial y}(\beta, \alpha).$$

Dieses Mal ist die Zwischenstelle natürlich $\beta \in [x_0, x_0 + h]$. Es gilt also

$$\frac{\partial^2 f}{\partial x \partial y}(\beta, \alpha) = \frac{R(h, k)}{h \cdot k}$$

$$= \frac{1}{k} \frac{f(x_0 + h, y_0 + k) - f(x_0 + h, y_0) - (f(x_0, y_0 + k) - f(x_0, y_0))}{h}.$$

Betrachten wir den Grenzwert $(h, k) \to (0, 0)$, so muss $(\beta, \alpha) \to (x_0, y_0)$ auch konvergieren. Die Zwischenstellen des Mittelwertsatzes nähern sich also unserem Ausgangspunkt an. Somit können wir die folgende Überlegung anstellen:

$$\frac{\partial^2 f}{\partial x \partial y}(x_0, y_0) = \lim_{(\beta, \alpha) \to (x_0, y_0)} \frac{\partial^2 f}{\partial x \partial y}(\beta, \alpha)$$

$$= \lim_{\alpha \to y_0} \left(\lim_{\beta \to x_0} \frac{\partial^2 f}{\partial x \partial y}(\beta, \alpha) \right)$$

$$= \lim_{k \to 0} \frac{1}{k} \left(\lim_{h \to 0} \frac{f(x_0 + h, y_0 + k) - f(x_0, y_0 + k)}{h} \right.$$

$$\left. - \lim_{h \to 0} \frac{f(x_0 + h, y_0) - f(x_0, y_0)}{h} \right)$$

$$= \lim_{k \to 0} \frac{1}{k} \left(\frac{\partial f}{\partial x}(x_0, y_0 + k) - \frac{\partial f}{\partial x}(x_0, y_0) \right)$$

$$= \frac{\partial^2 f}{\partial y \partial x}(x_0, y_0)$$

und der Satz ist bewiesen. ∎

Erläuterung

Eine Funktion mit stetigen zweiten partiellen Ableitungen nennen wir zweimal stetig partiell differenzierbar. Eine solche Funktion ist auch immer stetig partiell differenzierbar.

Beispiel

Für die Funktion $f(x, y) = 2x \sin y$ gilt

$$\frac{\partial f}{\partial x}(x, y) = 2 \sin y$$

$$\frac{\partial f}{\partial y}(x, y) = 2x \cos y$$

und

$$\frac{\partial^2 f}{\partial x^2}(x, y) = 0$$

$$\frac{\partial^2 f}{\partial y^2}(x, y) = -2x \sin y.$$

Tatsächlich haben wir

$$\frac{\partial^2 f}{\partial x \partial y}(x, y) = 2 \cos y = \frac{\partial^2 f}{\partial y \partial x}(x, y),$$

denn die zweiten partiellen Ableitungen sind stetige Funktionen.

Erläuterung

Nicht nur der Satz von Schwarz selbst ist bedeutungsvoll, sondern auch die nachstehend aufgeführte Konsequenz aus ihm.

■ **Satz**

Der Gradient einer zweimal stetig partiell differenzierbaren Funktion $f\colon \mathbb{R}^3 \overset{\circ}{\supseteq} U \to \mathbb{R}$ ist stets wirbelfrei.

Beweis:

$$\operatorname{rot}(\operatorname{grad} f) = \nabla \times (\nabla f) = \nabla \times \begin{pmatrix} \partial_1 f \\ \partial_2 f \\ \partial_3 f \end{pmatrix} = \begin{pmatrix} \partial_2\partial_3 f - \partial_3\partial_2 f \\ \partial_3\partial_1 f - \partial_1\partial_3 f \\ \partial_1\partial_2 f - \partial_2\partial_1 f \end{pmatrix} = 0. \qquad ■$$

Der Laplace-Operator

▶ **Definition**

Sei $f\colon \mathbb{R}^n \overset{\circ}{\supseteq} U \to \mathbb{R}$ zweimal stetig partiell differenzierbar. Dann schreiben wir

$$\triangle f := \frac{\partial^2 f}{\partial x_1^2} + \ldots + \frac{\partial^2 f}{\partial x_n^2} = \operatorname{div}(\operatorname{grad} f) = \nabla \cdot (\nabla f).$$

$\triangle$ heißt Laplace-Operator.   ◀

Erläuterung

Für $n = 1$ ist einfach $\triangle f = f''$.

Beispiel

Die Auslenkung einer schwingenden Membran kann beschrieben werden durch eine Funktion

$$u\colon I \times U \to \mathbb{R},\ (t, x) \mapsto u(t, x),$$

wobei $U \subseteq \mathbb{R}^2$ die in Ruhelage flach eingespannte Membran darstellt und $I \subseteq \mathbb{R}$ das Zeitintervall ist, in dem die Bewegung stattfindet. Für nicht zu große Auslenkungen und ohne Berücksichtigung der Dämpfung erfüllt u die sogenannte 2-dimensionale Wellengleichung

$$\frac{\partial^2 u}{\partial t^2} = c^2 \triangle_x u,$$

wobei der Laplace-Operator in diesem Fall nur bzgl. der Ortskoordinaten $x = (x_1, x_2) \in U$ zu berechnen ist, d. h. $\triangle_x u(t, x) = \frac{\partial^2 u}{\partial x_1^2}(t, x) + \frac{\partial^2 u}{\partial x_2^2}(t, x)$. Die Konstante $c > 0$ ist die Ausbreitungsgeschwindigkeit der Wellen und hängt wesentlich von der Beschaffenheit der Membran ab.

▶ **Definition**

Eine zweimal stetig partiell differenzierbare Funktion $u\colon \mathbb{R}^n \overset{\circ}{\supseteq} U \to \mathbb{R}$ heißt harmonisch, wenn sie die sogenannte Laplace-Gleichung

$$\triangle u = 0$$

erfüllt.   ◀

Beispiel

Die Funktion $u\colon \mathbb{R}^2 \setminus \{(0,0)\} \to \mathbb{R}$, $u(x,y) = \ln(x^2 + y^2)$ erfüllt die Laplace-Gleichung:

$$\triangle u(x,y) = \frac{\partial^2 u}{\partial x^2}(x,y) + \frac{\partial^2 u}{\partial y^2}(x,y)$$

$$= \frac{\partial}{\partial x}\left(\frac{2x}{x^2 + y^2}\right) + \frac{\partial}{\partial y}\left(\frac{2y}{x^2 + y^2}\right)$$

$$= \frac{2(x^2 + y^2) - 4x^2}{(x^2 + y^2)^2} + \frac{2(x^2 + y^2) - 4y^2}{(x^2 + y^2)^2}$$

$$= \frac{2x^2 + 2y^2 - 4x^2 + 2x^2 + 2y^2 - 4y^2}{(x^2 + y^2)^2}$$

$$= 0$$

Rechenregeln

■ Satz

Gradient, Divergenz, Rotation und der Laplace-Operator sind lineare Operatoren, d. h. es gilt für alle stetig partiell differenzierbaren Funktionen $f, g\colon \mathbb{R}^n \overset{\circ}{\supseteq} U \to \mathbb{R}$ bzw. Vektorfelder $v, w\colon U \to \mathbb{R}^n$ und $c \in \mathbb{R}$:

$$\operatorname{grad}(f + g) = \operatorname{grad} f + \operatorname{grad} g,$$
$$\operatorname{grad}(c \cdot f) = c \cdot \operatorname{grad} f,$$
$$\operatorname{div}(v + w) = \operatorname{div} v + \operatorname{div} w,$$
$$\operatorname{div}(c \cdot v) = c \cdot \operatorname{div} v,$$
$$\triangle(f + g) = \triangle f + \triangle g,$$
$$\triangle(c \cdot f) = c \cdot \triangle f,$$

und speziell im Fall $n = 3$:

$$\operatorname{rot}(v + w) = \operatorname{rot} v + \operatorname{rot} w,$$
$$\operatorname{rot}(c \cdot v) = c \cdot \operatorname{rot} v.$$

Beweis: Dies folgt sofort aus der Linearität der partiellen Ableitungen: $\partial_i(f + g) = \partial_i f + \partial_i g$ und $\partial_i(cf) = c\partial_i f$. ■

■ Satz

Seien $U \subseteq \mathbb{R}^n$ eine offene Menge, $f, g\colon U \to \mathbb{R}$ stetig partiell differenzierbare Funktionen, $v, w\colon U \to \mathbb{R}^n$ stetig partiell differenzierbare Vektorfelder. Sei ferner $\langle \cdot, \cdot \rangle$ das Standardskalarprodukt auf $\mathbb{R}^n$. Dann gelten die Produktregeln:

$$\operatorname{grad}(f \cdot g) = f \cdot \operatorname{grad} g + g \cdot \operatorname{grad} f,$$
$$\operatorname{div}(f \cdot v) = f \cdot \operatorname{div} v + \langle \operatorname{grad} f, v \rangle,$$
$$\triangle(f \cdot g) = f \cdot \triangle g + g \cdot \triangle f + 2 \cdot \langle \operatorname{grad} f, \operatorname{grad} g \rangle,$$

und speziell im Fall $n = 3$:

$$\mathrm{rot}(f \cdot v) = f \cdot \mathrm{rot}\, v + \mathrm{grad}\, f \times v,$$
$$\mathrm{div}(v \times w) = \langle \mathrm{rot}\, v, w \rangle - \langle v, \mathrm{rot}\, w \rangle,$$
$$\mathrm{rot}(v \times w) = (\mathrm{div}\, v) \cdot w - (\mathrm{div}\, w) \cdot v - v \times w,$$
$$\mathrm{grad}(\langle v, w \rangle) = Dv \cdot w + Dw \cdot v + v \times \mathrm{rot}\, w + w \times \mathrm{rot}\, v$$

Falls f, v zweimal stetig partiell differenzierbar sind, gilt darüber hinaus im Fall $n = 3$:

$$\mathrm{rot}(\mathrm{grad}\, f) = 0,$$
$$\mathrm{div}(\mathrm{rot}\, v) = 0,$$
$$\mathrm{grad}(\mathrm{div}\, v) = \mathrm{rot}(\mathrm{rot}\, v) + \triangle v,$$

wobei $\triangle v := (\triangle v_1, \triangle v_2, \triangle v_3)$.

Beweis: Die Formel $\mathrm{rot}(\mathrm{grad}\, f) = 0$ kennen wir bereits; wir zeigen von den übrigen beispielhaft die zweite:

$$\mathrm{div}(f \cdot v) = \sum_{k=1}^{n} \frac{\partial}{\partial x_k}(f v_k)$$
$$= \sum_{k=1}^{n} f \frac{\partial v_k}{\partial x_k} + \sum_{k=1}^{n} \frac{\partial f}{\partial x_k} v_k$$
$$= f \cdot \mathrm{div}\, v + \langle \mathrm{grad}\, f, v \rangle \qquad \blacksquare$$

Erläuterung

Im Nablakalkül und mit der Schreibweise „$\cdot$" für das Standardskalarprodukt können obige Rechenregeln wie folgt geschrieben werden:

$$\nabla(fg) = f\nabla g + g\nabla f$$
$$\nabla \cdot (fv) = f\nabla \cdot v + \nabla f \cdot v,$$
$$\triangle(fg) = f\triangle g + g\triangle f + 2\nabla f \cdot \nabla g,$$
$$\nabla \times (fv) = f\nabla \times v + \nabla f \times v,$$
$$\nabla \cdot (v \times w) = \nabla \times v \cdot w - v \cdot \nabla \times w,$$
$$\nabla \times (v \times w) = (\nabla \cdot v)w - (\nabla \cdot w)v - v \times w,$$
$$\nabla(v \cdot w) = (w \cdot \nabla)v + (v \cdot \nabla)w + v \times (\nabla \times w) + w \times (\nabla \times v),$$
$$\nabla \times (\nabla f) = 0,$$
$$\nabla \cdot (\nabla \times v) = 0,$$
$$\nabla(\nabla \cdot v) = \nabla \times (\nabla \times v) + \triangle v$$

Ausblick

Was wir behandelt haben, kommt insbesondere in den Anwendungen zum Tragen, zu nennen sind hier u. a. erneut die Maxwell'schen Gleichungen. Die betrachteten Rechenregeln sollten beherrscht werden, da diese für zahlreiche Rechnungen – theoretischer und praktischer Natur – benötigt werden.

Die höheren Ableitungen werden uns insbesondere wieder dann begegnen, wenn es um Extrema von Funktionen in der mehrdimensionalen Analysis geht.

Uns stehen nun Methoden zur Verfügung, deren Anwendung insbesondere für die Physik bedeutsam ist.

Selbsttest

I. Seien $v \colon \mathbb{R}^3 \to \mathbb{R}^3$ und $f \colon \mathbb{R}^3 \to \mathbb{R}$ zweimal stetig partiell differenzierbare Abbildungen. Welche der folgenden Ausdrücke sind definiert?

(1) rot(rot v)   (6) div(div v)

(2) grad(rot v)   (7) rot(grad f)

(3) div(rot v)   (8) grad(grad f)

(4) rot(div v)   (9) div(grad f)

(5) grad(div v)

II. Seien $v \colon \mathbb{R}^3 \to \mathbb{R}^3$ und $f \colon \mathbb{R}^3 \to \mathbb{R}$ zweimal stetig partiell differenzierbare Abbildungen. Welche der folgenden Aussagen sind stets richtig?

(1) $\nabla \times (\nabla \times v) = 0$ (4) $\nabla \times (\nabla f) = 0$

(2) $\nabla \cdot (\nabla \times v) = 0$ (5) $\nabla \cdot (\nabla f) = 0$

(3) $\nabla(\nabla \cdot v) = 0$ (6) $\triangle f = 0$

III. Sei $f \colon \mathbb{R}^3 \to \mathbb{R}$ eine zweimal partiell differenzierbare Funktion. Angenommen, es gibt einen Punkt $(x_0, y_0, z_0) \in \mathbb{R}^3$, sodass $\frac{\partial^2 f}{\partial x \partial y}(x_0, y_0, z_0) - \frac{\partial^2 f}{\partial y \partial x}(x_0, y_0, z_0) \neq 0$ gilt. Welche der folgenden Aussagen sind dann stets richtig?

(1) Wenigstens eine der partiellen Ableitungen von f ist nicht stetig partiell differenzierbar.

(2) Wenigstens eine der partiellen Ableitungen von f ist nicht stetig.

(3) Wenigstens eine der zweiten partiellen Ableitungen von f ist nicht stetig.

(4) Keine der zweiten partiellen Ableitungen von f ist stetig.

(5) Wenigstens eine der zweiten partiellen Ableitungen von f ist nicht differenzierbar.

(6) Wenigstens eine der zweiten partiellen Ableitungen von f ist nicht stetig partiell differenzierbar.

(7) Der Gradient von f ist nicht stetig partiell differenzierbar.

(8) Der Gradient von f ist nicht stetig.

6 Potenziale

Einblick

Der Begriff des Potenzials taucht in den Natur- und Ingenieurwissenschaften häufig auf. So meinen wir beispielsweise in der Elektrotechnik mit Potenzialdifferenz die Spannungsdifferenz zwischen Widerständen (oder Verbrauchern) in einem Stromkreis.

Bei der Beschreibung des Schwerefeldes z. B. der Erde sprechen wir vom Gravitationspotenzial: Je höher eine Masse im Schwerefeld gelagert ist, desto mehr potenzielle Energie besitzt diese. Diese potenzielle Energie wird im freien Fall in Bewegungsenergie umgewandelt.

Das physikalische Konzept des Potenzials lässt sich mathematisch klar fassen und ist eng verwandt mit den schon bekannten Stammfunktionen von Funktionen in der 1-dimensionalen Analysis.

Grundlegendes zu Potenzialen

▶ Definition
Sei $v \colon \mathbb{R}^n \overset{\circ}{\supseteq} U \to \mathbb{R}^n$ ein Vektorfeld. Eine stetig partiell differenzierbare Funktion $f \colon U \to \mathbb{R}$ heißt Potenzial (bzw. Stammfunktion) von v, falls $v = -\operatorname{grad} f$ (bzw. $v = \operatorname{grad} f$).
Existiert ein Potenzial von v, so nennen wir v ein Potenzialfeld. ◀

Erläuterung
Anstelle von Funktionen sprechen wir insbesondere in der Physik auch häufig von skalaren Feldern. Das Potenzial eines Vektorfelds ist also ein skalares Feld. Das Potenzial eines Vektorfelds ist bis auf eine Konstante $c \in \mathbb{R}$ eindeutig bestimmt: $\nabla(f + c) = \nabla f$.

Beispiel
Die Schwerkraft K, die auf einen Massenpunkt an einem Ort x in der Nähe der Erdoberfläche wirkt, ist annähernd konstant:

$$K(x) = -mg \begin{pmatrix} 0 \\ 0 \\ 1 \end{pmatrix}$$

© Springer-Verlag GmbH Deutschland 2019
M. Plaue und M. Scherfner, *Mathematik für das Bachelorstudium II*,
https://doi.org/10.1007/978-3-8274-2557-7_6

Hierbei ist $m > 0$ die Masse des Körpers und $g \approx 9{,}81 \, \frac{\mathrm{m}}{\mathrm{s}^2}$ die Erdbeschleunigung. Die Basis des Ortsraums ist hierbei so gewählt, dass e_3 senkrecht auf der Erdoberfläche steht und vom Erdmittelpunkt weg zeigt; der Koordinatenursprung ist ein Punkt auf der Erdoberfläche. Wir reden in diesem Zusammenhang von einem homogenen Schwerefeld. Potenziale von K lassen sich leicht angeben $(c \in \mathbb{R})$:

$$f(x) = mgx_3 + c \Rightarrow -\nabla_x f = - \begin{pmatrix} 0 \\ 0 \\ mg \end{pmatrix} = K(x)$$

Erläuterung

Wir wissen bereits, dass stetig partiell differenzierbare Potenzialfelder wirbelfrei sein müssen. Die Bedingung der Wirbelfreiheit ist leider im Allgemeinen nicht hinreichend für die Existenz eines Potenzials. Hat der Definitionsbereich eines Vektorfelds jedoch eine besondere Gestalt, so kann die Rotation auch als hinreichendes Kriterium verwendet werden:

▶ Definition

Sei U eine Teilmenge von $\mathbb{R}^n$. Wir nennen U konvex, falls für alle $x, y \in U$ die Verbindungsstrecke $\{x + t(y - x) | t \in [0, 1]\}$ in U enthalten ist.   ◄

Beispiel

Die rechte Halbebene $H = \{(x_1, x_2) \in \mathbb{R}^2 | x_1 > 0\}$ ist eine konvexe Menge. Anschaulich ist das klar: Die Verbindungsstrecke zwischen zwei Punkten $(x_1, x_2) \in H$ und $(y_1, y_2) \in H$ liegt „offensichtlich" ganz in H. Für eine strenge Begründung betrachten wir die erste Komponente eines Punktes auf einer solchen Verbindungsstrecke: $x_1 + t(y_1 - x_1) = (1 - t)x_1 + y_1$. Für $0 \le t \le 1$ ist dies die Summe einer nichtnegativen und einer positiven Zahl, also eine positive Zahl. Damit gilt $\{x + t(y - x) | t \in [0, 1]\} \subset H$.

Beispiel

(Offene oder abgeschlossene) Kreisscheiben in $\mathbb{R}^2$, Quader in $\mathbb{R}^n$, Intervalle in $\mathbb{R}$ sowie Geraden und Ebenen in $\mathbb{R}^3$ sind weitere Beispiele für konvexe Mengen.

Beispiel

Der punktierte Raum $U = \mathbb{R}^3 \setminus \{(0, 0, 0)\}$ ist nicht konvex: Beispielsweise ist die Verbindungsstrecke zwischen $(-1, 0, 0) \in U$ und $(1, 0, 0) \in U$ nicht vollständig in U enthalten (denn sie passiert den fehlenden Punkt $(0, 0, 0) \notin U$).

■ Satz

Sei $n = 3$, $U \subseteq \mathbb{R}^n$ offen und $v \colon U \to \mathbb{R}^n$ ein stetig partiell differenzierbares Vektorfeld. Wenn U konvex ist und $\operatorname{rot} v = 0$ gilt, dann besitzt v ein Potenzial bzw. eine Stammfunktion.

Beweis: Man nennt $\operatorname{rot} v = 0$ in dem Zusammenhang auch Integrabilitätsbedingung, denn wir können dann v zu einer Stammfunktion f „aufintegrieren".
Wir skizzieren das Vorgehen hier nur für den analog gültigen Fall $n = 2$, also
für ein Vektorfeld $v\colon U \to \mathbb{R}^2$ mit konvexem Definitionsbereich $U \subseteq \mathbb{R}^2$. Wie
Sie einer der nachstehenden Erläuterungen entnehmen können, ist die Integrabilitätsbedingung dann durch

$$\frac{\partial v_2}{\partial x} - \frac{\partial v_1}{\partial y} = 0$$

gegeben.

Außerdem gehen wir davon aus, dass $(0,0) \in U$ gilt, denn dies macht die Formeln im Folgenden sehr viel übersichtlicher. Sollte der Ursprung in Wahrheit
nicht in U enthalten sein, würden wir einen Punkt $(x_0, y_0) \in U$ wählen und statt
v das Vektorfeld $\tilde{v}$ mit in den Ursprung verschobenem Definitionsbereich betrachten: $\tilde{v}\colon \tilde{U} \to \mathbb{R}^2$, $\tilde{v}(x,y) = v(x-x_0, y-y_0)$ mit $\tilde{U} = \{(x-x_0, y-y_0)|(x,y) \in U\}$. Es ist nicht so schwer zu sehen, dass sich aus einer Stammfunktion für $\tilde{v}$
durch Zurückverschieben sofort auch eine Stammfunktion für v ergibt.

Wir definieren $f\colon U \to \mathbb{R}$ wie folgt, und zeigen dann, dass es sich um eine
Stammfunktion von v handelt:

$$f(x,y) = \int_0^1 \left\langle v(tx,ty), \begin{pmatrix} x \\ y \end{pmatrix} \right\rangle dt,$$

wobei $\langle \cdot, \cdot \rangle$ das Standardskalarprodukt auf $\mathbb{R}^2$ ist. Hier mag die Formel vom
Himmel fallen, doch später werden wir Integrale dieser Art als sogenannte
Kurvenintegrale kennenlernen. In diesem Fall handelt es sich um ein Integral
entlang der Verbindungsstrecke von $(0,0)$ zu (x,y). Die Konvexität von U garantiert, dass f wohldefiniert ist: Mit (x,y) ist für alle $t \in [0,1]$ stets auch
(tx, ty) in U enthalten, sodass $v(tx,ty)$ und damit auch das Integral tatsächlich erklärt ist.

Im Folgenden vertauschen wir außerdem partielle Ableitung und Integral. Es
ist nicht selbstverständlich, dass so etwas überhaupt möglich ist, Sie dürfen uns
jedoch glauben, dass dies unter den hier gegebenen Umständen einen legalen
Zug darstellt:

$$\frac{\partial f}{\partial x}(x,y) = \frac{\partial}{\partial x}\left(\int_0^1 \left\langle v(tx,ty), \begin{pmatrix} x \\ y \end{pmatrix} \right\rangle dt \right)$$

$$= \int_0^1 \frac{\partial}{\partial x}\left(\left\langle v(tx,ty), \begin{pmatrix} x \\ y \end{pmatrix} \right\rangle \right) dt$$

$$= \int_0^1 \frac{\partial}{\partial x}\left(v_1(tx,ty)x + v_2(tx,ty)y \right) dt$$

$$= \int_0^1 \left(t\frac{\partial v_1}{\partial x}(tx, tx)x + v_1(tx, ty) + t\frac{\partial v_2}{\partial x}(tx, tx)y \right) dt$$

Zusammen mit der Integrabilitätsbedingung $\frac{\partial v_2}{\partial x} = \frac{\partial v_1}{\partial y}$ und der Kettenregel folgt:

$$\frac{\partial f}{\partial x}(x, y) = \int_0^1 \left(t\frac{\partial v_1}{\partial x}(tx, tx)x + v_1(tx, ty) + t\frac{\partial v_1}{\partial y}(tx, tx)y \right) dt$$

$$= \int_0^1 \left(t\frac{d}{dt}\left(v_1(tx, ty) \right) + v_1(tx, ty) \right) dt$$

$$= \int_0^1 t\frac{d}{dt}\left(v_1(tx, ty) \right) dt + \int_0^1 v_1(tx, ty)\, dt$$

Partielle Integration des linken Terms liefert:

$$\frac{\partial f}{\partial x}(x, y) = tv_1(tx, ty)|_{t=0}^1 - \int_0^1 v_1(tx, ty)\, dt + \int_0^1 v_1(tx, ty)\, dt$$

$$= v_1(x, y)$$

Eine sehr ähnliche Rechnung ergibt

$$\frac{\partial f}{\partial y}(x, y) = v_2(x, y).$$

Folglich gilt grad $f = v$, also ist f tatsächlich eine Stammfunktion von v. ∎

Erläuterung

Sei U eine beliebige offene Teilmenge von $\mathbb{R}^3$ und v ein Vektorfeld auf U mit rot $v = 0$. Da U offen ist, gibt es um jeden Punkt eine offene konvexe Umgebung, die ganz in U enthalten ist (nämlich eine offene, hinreichend kleine Kugel K). Da die Rotation von v verschwindet, besitzt die Einschränkung von v auf K stets ein Potenzial. Allerdings muss es nicht unbedingt ein auf ganz U definiertes Potenzial geben, falls U nicht konvex ist. (Es kann allerdings im nichtkonvexen Fall dennoch eines vorhanden sein; der Satz gibt hierüber keine Auskunft.) Wir sagen für diesen Sachverhalt auch: Wirbelfreie Vektorfelder haben stets lokal ein Potenzial.

Erläuterung

Eine berechtigte Frage ist, ob der obige Satz für Vektorfelder in $\mathbb{R}^n$ verallgemeinerbar ist, wobei nicht notwendigerweise $n = 3$ gilt. Tatsächlich können wir beweisen: Ist $U \subseteq \mathbb{R}^n$ eine konvexe, offene Menge, so besitzt ein stetig partiell differenzierbares Vektorfeld $v: U \to \mathbb{R}^n$ ein Potenzial, falls alle Einträge der Matrix

$$\text{Rot}\, v = Dv - Dv^T$$

verschwinden. Hierbei bezeichnet Dv^T die Transponierte der Jacobi-Matrix Dv. Speziell im Fall $n = 3$ haben wir:

$$\text{Rot } v = \begin{pmatrix} \frac{\partial v_1}{\partial x_1} & \frac{\partial v_1}{\partial x_2} & \frac{\partial v_1}{\partial x_3} \\ \frac{\partial v_2}{\partial x_1} & \frac{\partial v_2}{\partial x_2} & \frac{\partial v_2}{\partial x_3} \\ \frac{\partial v_3}{\partial x_1} & \frac{\partial v_3}{\partial x_2} & \frac{\partial v_3}{\partial x_3} \end{pmatrix} - \begin{pmatrix} \frac{\partial v_1}{\partial x_1} & \frac{\partial v_2}{\partial x_1} & \frac{\partial v_3}{\partial x_1} \\ \frac{\partial v_1}{\partial x_2} & \frac{\partial v_2}{\partial x_2} & \frac{\partial v_3}{\partial x_2} \\ \frac{\partial v_1}{\partial x_3} & \frac{\partial v_2}{\partial x_3} & \frac{\partial v_3}{\partial x_3} \end{pmatrix}$$

$$= \begin{pmatrix} 0 & \frac{\partial v_1}{\partial x_2} - \frac{\partial v_2}{\partial x_1} & \frac{\partial v_1}{\partial x_3} - \frac{\partial v_3}{\partial x_1} \\ \frac{\partial v_2}{\partial x_1} - \frac{\partial v_1}{\partial x_2} & 0 & \frac{\partial v_2}{\partial x_3} - \frac{\partial v_3}{\partial x_2} \\ \frac{\partial v_3}{\partial x_1} - \frac{\partial v_1}{\partial x_3} & \frac{\partial v_3}{\partial x_2} - \frac{\partial v_2}{\partial x_3} & 0 \end{pmatrix}$$

$$= \begin{pmatrix} 0 & -(\text{rot } v)_3 & (\text{rot } v)_2 \\ (\text{rot } v)_3 & 0 & -(\text{rot } v)_1 \\ -(\text{rot } v)_2 & (\text{rot } v)_1 & 0 \end{pmatrix}$$

Tatsächlich gilt also $\text{Rot } v = 0 \Leftrightarrow \text{rot } v = 0$. Interessant ist auch der Fall $n = 2$ für Vektorfelder in der Ebene:

$$\text{Rot } v = \begin{pmatrix} \frac{\partial v_1}{\partial x_1} & \frac{\partial v_1}{\partial x_2} \\ \frac{\partial v_2}{\partial x_1} & \frac{\partial v_2}{\partial x_2} \end{pmatrix} - \begin{pmatrix} \frac{\partial v_1}{\partial x_1} & \frac{\partial v_2}{\partial x_1} \\ \frac{\partial v_1}{\partial x_2} & \frac{\partial v_2}{\partial x_2} \end{pmatrix}$$

$$\begin{pmatrix} 0 & \frac{\partial v_1}{\partial x_2} - \frac{\partial v_2}{\partial x_1} \\ \frac{\partial v_2}{\partial x_1} - \frac{\partial v_1}{\partial x_2} & 0 \end{pmatrix}$$

Anscheinend gilt dann $\text{Rot } v = 0 \Leftrightarrow \partial_1 v_2 - \partial_2 v_1 = 0$.

Beispiel

In Abwesenheit von Dielektrika erfüllen ein statisches (zeitunabhängiges) elektrisches Feld $E \colon U \to \mathbb{R}^3$ und das magnetische Feld $B \colon U \to \mathbb{R}^3$ im Raumbereich $U \subseteq \mathbb{R}^3$ die folgenden sogenannten Maxwell'schen Gleichungen:

$$\text{div } E = \frac{\rho}{\epsilon_0},$$

$$\text{div } B = 0,$$

$$\text{rot } E = 0,$$

$$\text{rot } B = \mu_0 j$$

Hierbei ist $\rho \colon U \to \mathbb{R}$ die elektrische Ladungsdichte und $j \colon U \to \mathbb{R}^3$ die elektrische Stromdichte. $\mu_0 = 1{,}2566 \cdot 10^{-6} \frac{\text{N}}{\text{A}^2}$ und $\epsilon_0 = 8{,}854 \cdot 10^{-12} \frac{\text{F}}{\text{m}}$ sind die magnetische bzw. elektrische Feldkonstante. Da das elektrische Feld wirbelfrei ist, können wir $E = -\text{grad } \phi$ mit einer Funktion $\phi \colon U \to \mathbb{R}$ schreiben, falls U konvex ist. Die erste Gleichung wird wegen $\triangle \phi = \text{div grad } \phi$ zu

$$\triangle \phi = -\frac{\rho}{\epsilon_0},$$

der sogenannten Poisson-Gleichung. Im ladungsfreien Raum ($\rho = 0$) ist dies die bereits bekannte Laplace-Gleichung.

Beispiel

Sei

$$v\colon \mathbb{R}^3 \to \mathbb{R}^3,\; v(x_1, x_2, x_3) = \begin{pmatrix} 2x_1 \\ x_2 + 1 \\ x_3^2 \end{pmatrix}.$$

Wie wir leicht nachrechnen können, ist v wirbelfrei. Der Definitionsbereich $\mathbb{R}^3$ ist offensichtlich konvex, sodass v ein Potenzial ϕ haben muss. Ein solches lässt sich durch Integration berechnen:

1. $2x_1 = -\frac{\partial \phi}{\partial x_1}(x) \Rightarrow \phi(x) = -\int 2x_1\, dx_1 = -x_1^2 + C(x_2, x_3)$,

2. $x_2 + 1 = -\frac{\partial \phi}{\partial x_2}(x) \Rightarrow \phi(x) = -\int (x_2 + 1)\, dx_2 = -\frac{1}{2}x_2^2 - x_2 + D(x_1, x_3)$,

3. $x_3^2 = -\frac{\partial \phi}{\partial x_3}(x) \Rightarrow \phi(x) = -\int x_3^2\, dx_3 = -\frac{1}{3}x_3^3 + E(x_1, x_2)$.

Aus den ersten beiden Gleichungen folgt

$$C(x_2, x_3) = -\frac{1}{2}x_2^2 - x_2 + x_1^2 + D(x_1, x_3).$$

Da C nicht von x_1 abhängt, gilt bis auf eine Konstante

$$D(x_1, x_3) = -x_1^2 + \tilde{D}(x_3).$$

Kombinieren von zweiter und dritter Gleichung ergibt

$$E(x_1, x_2) = \frac{1}{3}x_3^3 - \frac{1}{2}x_2^2 - x_2 - x_1^2 + \tilde{D}(x_3).$$

Da E nicht von x_3 abhängt, ergibt sich bis auf eine Konstante

$$\tilde{D}(x_3) = -\frac{1}{3}x_3^3.$$

Damit ist D bestimmt und wir haben

$$\phi(x) = -\frac{1}{2}x_2^2 - x_2 + D(x_1, x_3) = -\frac{1}{2}x_2^2 - x_2 - x_1^2 + \tilde{D}(x_3) = -\frac{1}{2}x_2^2 - x_1^2 - x_2 - \frac{1}{3}x_3^3.$$

Erläuterung

Ebenso wie jedes Potenzialfeld wirbelfrei ist, so ist aufgrund des Satzes von Schwarz die Rotation eines Vektorfelds $A\colon \mathbb{R}^3 \overset{\circ}{\supseteq} U \to \mathbb{R}^3$ mit zweimal stetig partiell differenzierbaren Komponentenfunktionen stets quellenfrei:

$$\operatorname{div} \operatorname{rot} A = \frac{\partial}{\partial x_1}\left(\frac{\partial A_3}{\partial x_2} - \frac{\partial A_2}{\partial x_3}\right) + \frac{\partial}{\partial x_2}\left(\frac{\partial A_1}{\partial x_3} - \frac{\partial A_3}{\partial x_1}\right) + \frac{\partial}{\partial x_3}\left(\frac{\partial A_2}{\partial x_1} - \frac{\partial A_1}{\partial x_2}\right)$$

$$= (\partial_1\partial_2 A_3 - \partial_2\partial_1 A_3) + (\partial_3\partial_1 A_2 - \partial_1\partial_3 A_2) + (\partial_2\partial_3 A_1 - \partial_3\partial_2 A_1)$$

$$= 0$$

Haben wir Vektorfelder $v\colon \mathbb{R}^3 \overset{\circ}{\supseteq} U \to \mathbb{R}^3$ und $A\colon U \to \mathbb{R}^3$ gegeben, sodass $v = \operatorname{rot} A$, so nennen wir A ein Vektorpotenzial von v. Ein Vektorpotenzial ist bis auf die Addition des Gradienten einer beliebigen Funktion $\phi\colon U \to \mathbb{R}$ eindeutig bestimmt: $\operatorname{rot}(A + \operatorname{grad}\phi) = \operatorname{rot} A + \operatorname{rot}\operatorname{grad}\phi = \operatorname{rot} A = v$.

Es gilt analog zur Theorie skalarer Potenziale, dass ein Vektorfeld ein Vektorpotenzial besitzt, falls der Definitionsbereich konvex ist und die Divergenz des Vektorfelds verschwindet. Für die statischen Maxwell'schen Gleichungen bedeutet dies z. B., dass die Gleichung für das Magnetfeld $\operatorname{div} B = 0$ durch $B = \operatorname{rot} A$ gelöst werden kann (zumindest lokal bzw. wenn der Definitionsbereich konvex ist).

Ausblick

Wir haben uns davon überzeugen können, dass Potenziale einen besonderen naturwissenschaftlichen Gehalt haben, was die Bedeutung der Mathematik bei der Erforschung des uns beinhaltenden Universums betont.

Potenziale werden uns später erneut begegnen, wesentlich bei der Betrachtung von sogenannten Kurvenintegralen. Hier wird ihre Existenz angenehme Konsequenzen für Berechnungen haben.

Selbsttest

I. Welche der folgenden Teilmengen von $\mathbb{R}^3$ sind konvex?

   (1) $\{(x,y,z) \in \mathbb{R}^3 | x^2 + y^2 + z^2 < 1\}$

   (2) $\{(x,y,z) \in \mathbb{R}^3 | x^2 + y^2 + z^2 \leq 1\}$

   (3) $\{(x,y,z) \in \mathbb{R}^3 | x^2 + y^2 + z^2 = 1\}$

   (4) $\{(x,y,z) \in \mathbb{R}^3 | z = 0\}$

   (5) $\{(x,y,z) \in \mathbb{R}^3 | x = 0,\ y = 0\}$

   (6) $\mathbb{R}^3 \setminus \{(x,y,z) \in \mathbb{R}^3 | x = 0,\ y = 0\}$

   (7) $\{(0,0,0)\}$

   (8) $\{(x,y,z) \in \mathbb{R}^3 | x^2 + y^2 + z^2 < 1\} \cup \{(0,0,2)\}$

   (9) $\mathbb{R}^3 \setminus \{(0,0,0)\}$

  (10) $\mathbb{R}^3$

II. Sei U eine offene Teilmenge von $\mathbb{R}^3$ und $v\colon U \to \mathbb{R}^3$ ein stetig partiell differenzierbares Vektorfeld. Aus welchen der folgenden Bedingungen können wir stets folgern, dass v ein Potenzialfeld ist?

   (1)   Das Vektorfeld v ist wirbelfrei, und U ist konvex.

   (2)   Die Rotation von v verschwindet.

   (3)   Es gibt eine stetig partiell differenzierbare Funktion $f\colon U \to \mathbb{R}$ mit $v = \operatorname{grad} f$.

   (4)   Es gibt eine stetig partiell differenzierbare Funktion $f\colon U \to \mathbb{R}$ mit $v = -\operatorname{grad} f$.

III. Sei U eine offene Teilmenge von $\mathbb{R}^3$ und $v\colon U \to \mathbb{R}^3$ ein stetig partiell differenzierbares Potenzialfeld. Welche der folgenden Aussagen sind stets wahr?

   (1)   Das Vektorfeld v ist wirbelfrei, und U ist konvex.

   (2)   Die Rotation von v verschwindet.

   (3) U ist konvex.

7 Lokale Extrema und Taylor-Polynom

Einblick

Was lokale Extrema sind, das wissen wir bereits – wie solche rechnerisch gefunden werden, wird nachfolgend behandelt.

Anschaulich geht es um tiefste und höchste Punkte eines Funktionsgraphen. Aber Achtung: Nur noch bei Graphen im $\mathbb{R}^3$ ist eine Vorstellung möglich, bei höheren Dimensionen bleibt nur noch das Vertrauen auf Berechnungen.

Wie im Fall einer Dimension ist die theoretische Grundlage für die Bestimmung von Extrema das Taylor-Polynom, das wir hier für den mehrdimensionalen Fall behandeln.

Notwendige Bedingung für lokale Extrema

Erläuterung

Zur Erinnerung: Ein globales Maximum bzw. Minimum einer Funktion $f \colon \mathbb{R}^n \supseteq U \to \mathbb{R}$ liegt an der Stelle $x \in U$ vor, wenn für alle $y \in U$ gilt, dass $f(x) \geq f(y)$ bzw. $f(x) \leq f(y)$. Bei lokalen Extrema muss dies nur in einer Umgebung des Extrempunktes gelten.

▶ Definition

Sei $f \colon \mathbb{R}^n \overset{\circ}{\supseteq} U \to \mathbb{R}$ eine Funktion. Ein Punkt $x \in U$ heißt lokales Maximum (lokales Minimum) von f, falls eine Umgebung $V \subseteq U$ von x existiert, sodass für alle $y \in V$ gilt:

$$f(x) \geq f(y) \qquad (f(x) \leq f(y))$$

Gibt es entsprechend eine Umgebung, sodass Gleichheit nur für $x = y$ auftritt, so heißt x isoliertes lokales Maximum bzw. isoliertes lokales Minimum. ◄

Erläuterung

Analog zum 1-dimensionalen Fall finden wir folgende notwendige Bedingung für lokale Extrema einer differenzierbaren Funktion:

■ Satz

Sei $f \colon \mathbb{R}^n \overset{\circ}{\supseteq} U \to \mathbb{R}$ eine stetig partiell differenzierbare Funktion, und sei $x \in U$ ein lokales Extremum (d. h. ein lokales Minimum oder Maximum) von f. Dann gilt $\operatorname{grad} f(x) = 0$.

© Springer-Verlag GmbH Deutschland 2019
M. Plaue und M. Scherfner, *Mathematik für das Bachelorstudium II*,
https://doi.org/10.1007/978-3-8274-2557-7_7

Beweis: Die Funktionen $g_i(t) := f(x + te_i)$ sind für alle $i \in \{1, \ldots, n\}$ auf einem Intervall $] - \epsilon_i, \epsilon_i[$ definiert, sodass der offene Quader $]-\epsilon_1, \epsilon_1[\times \ldots \times]-\epsilon_n, \epsilon_n[$ ganz in U enthalten ist. Die Funktionen g_i haben an der Stelle $t = 0$ sicher ein lokales Extremum, wenn x ein lokales Extremum von f ist. Dann verschwindet die Ableitung aller g_i an dieser Stelle, und es gilt für alle $i \in \{1, \ldots, n\}$:

$$0 = g_i'(0)$$
$$= \lim_{h \to 0} \frac{g_i(0 + h) - g(0)}{h}$$
$$= \lim_{h \to 0} \frac{f(x + (0 + h)e_i) - f(x)}{h}$$
$$= \lim_{h \to 0} \frac{f(x + he_i) - f(x)}{h}$$
$$= \frac{\partial f}{\partial x_i}(x)$$

Folglich ist

$$\operatorname{grad} f(x) = \begin{pmatrix} \frac{\partial f}{\partial x_1}(x) \\ \vdots \\ \frac{\partial f}{\partial x_n}(x) \end{pmatrix} = 0.$$ ∎

Erläuterung

Wir nennen Punkte, an denen der Gradient einer Funktion verschwindet, auch deren kritische Punkte. Jeder kritische Punkt ist ein möglicher Kandidat für einen Extrempunkt der Funktion. Im Allgemeinen gibt es auch kritische Punkte, die keine Extrempunkte sind.

Beispiel

Sei $f \colon \mathbb{R}^2 \to \mathbb{R}$, $f(x, y) = x^2 + y^2$. Dann gilt

$$\operatorname{grad} f(x, y) = \begin{pmatrix} 2x \\ 2y \end{pmatrix} = 0 \Leftrightarrow (x, y) = (0, 0).$$

Der Ursprung $(0, 0)$ ist also der einzige kritische Punkt von f. Dieser ist ein globales Minimum, da $x^2 + y^2 \geq 0$ für alle $(x, y) \in \mathbb{R}^2$ gilt. Da $x^2 + y^2 = 0 \Leftrightarrow (x, y) = (0, 0)$, ist das Minimum isoliert.

Das Taylor-Polynom

Erläuterung

Haben wir eine auf einem Intervall $I \subseteq \mathbb{R}$ definierte, n-mal differenzierbare Funktion $f \colon I \to \mathbb{R}$ gegeben, so ist deren Taylor-Entwicklung der n-ten Ordnung mit Entwicklungspunkt $x \in I$ an der Stelle $y \in I$ gegeben durch

$$f(y) = T_{n,x}(f)(y) + R_n(y) = \sum_{k=0}^{n} \frac{f^{(k)}(x)}{k!}(y - x)^k + R_n(y),$$

wobei $T_{n,x}(f)$ das entsprechende Taylor-Polynom und R_n das Restglied ist, für welches

$$\lim_{y \to x} \frac{R_n(y)}{(y - x)^n} = 0$$

gilt. Setzen wir in diese Formel $y = x + h$ ein, so haben wir die folgende alternative Formel, welche die Taylor-Approximation durch den (orientierten) Abstand h vom Entwicklungspunkt ausgedrückt:

$$f(x + h) = T_{n,x}(f)(x + h) + R_n(x + h) = \sum_{k=0}^{n} \frac{f^{(k)}(x)}{k!}h^k + R_n(x + h)$$

mit

$$\lim_{h \to 0} \frac{R_n(x + h)}{h^n} = 0.$$

Im mehrdimensionalen Fall wollen wir nur den Fall bis zur zweiten Ordnung betrachten. Hierzu brauchen wir eine Verallgemeinerung der zweiten Ableitung für mehrdimensionale Funktionen:

▶ **Definition**

Sei $f \colon \mathbb{R}^n \overset{\circ}{\supseteq} U \to \mathbb{R}$ eine zweimal stetig partiell differenzierbare Funktion. Dann ist

$$H_f(x) := \begin{pmatrix} \frac{\partial^2 f}{\partial x_1^2}(x) & \cdots & \frac{\partial^2 f}{\partial x_1 \partial x_n}(x) \\ \vdots & & \vdots \\ \frac{\partial^2 f}{\partial x_n \partial x_1}(x) & \cdots & \frac{\partial^2 f}{\partial x_n^2}(x) \end{pmatrix}$$

die sogenannte Hesse-Matrix von f an der Stelle $x \in U$.   ◀

Erläuterung

Der Satz von Schwarz garantiert, dass die Hesse-Matrix symmetrisch ist und für $n = 1$ besteht die Hesse-Matrix nur aus einem Eintrag, nämlich der zweiten Ableitung von f. Es gilt weiterhin Spur $H_f = \triangle f$.

■ **Satz**

Satz von Taylor bis 2. Ordnung. Sei $f \colon \mathbb{R}^n \overset{\circ}{\supseteq} U \to \mathbb{R}$ zweimal stetig partiell differenzierbar, und seien $x, h \in U$ so, dass die Verbindungsstrecke zwischen x und $x + h$ ganz in U liegt. Dann gilt

$$f(x + h) = f(x) + \langle h, \operatorname{grad} f(x) \rangle + \frac{1}{2} \langle h, H_f(x) \cdot h \rangle + R_2(x + h)$$

mit

$$\lim_{h \to 0} \frac{R_2(x+h)}{\|h\|^2} = 0.$$

Darüber hinaus gibt es ein $t \in [0,1]$, sodass

$$f(x+h) = f(x) + \langle h, \operatorname{grad} f(x) \rangle + \frac{1}{2} \langle h, H_f(x+th) \cdot h \rangle. \qquad \square$$

Erläuterung

Wir schreiben wie im 1-dimensionalen Fall für die Taylor-Polynome erster bzw. zweiter Ordnung

$$T_{1,x}(f)(x+h) = f(x) + \langle h, \operatorname{grad} f(x) \rangle$$

und

$$T_{2,x}(f)(x+h) = f(x) + \langle h, \operatorname{grad} f(x) \rangle + \frac{1}{2} \langle h, H_f(x) \cdot h \rangle.$$

Beispiel

Sei $I \subseteq \mathbb{R}$ ein Intervall und $f \colon I \to \mathbb{R}$ eine zweimal stetig differenzierbare Funktion. Da das Standardskalarprodukt auf $\mathbb{R} = \mathbb{R}^1$ die gewöhnliche Multiplikation ist, gilt für das Taylor-Polynom zweiter Ordnung von f mit Entwicklungspunkt $x \in I$:

$$T_{2,x}(f)(x+h) = f(x) + \langle h, \operatorname{grad} f(x) \rangle + \frac{1}{2} \langle h, H_f(x) \cdot h \rangle$$

$$= f(x) + \frac{df}{dx}(x) \cdot h + \frac{1}{2} \frac{d^2 f}{dx^2}(x) \cdot h^2$$

Das ist die bereits bekannte Gleichung aus der reellen Analysis für Funktionen einer Veränderlichen.

Beispiel

Sei $f \colon \mathbb{R}^2 \to \mathbb{R}$, $f(x_1, x_2) = x_1^2 + x_2^2$. Wir haben für den Gradienten und die Hesse-Matrix von f:

$$\operatorname{grad} f(x_1, x_2) = \begin{pmatrix} 2x_1 \\ 2x_2 \end{pmatrix},$$

$$H_f(x_1, x_2) = \begin{pmatrix} 2 & 0 \\ 0 & 2 \end{pmatrix}$$

Für das Taylor-Polynom zweiter Ordnung mit Entwicklungspunkt $x = (0,0)$

haben wir damit:

$$T_{2,(0,0)}(f)(h) = f(0,0) + \langle h, \operatorname{grad} f(0,0) \rangle + \frac{1}{2} \langle h, H_f(0,0) \cdot h \rangle$$

$$= 0 + \left\langle \begin{pmatrix} h_1 \\ h_2 \end{pmatrix}, \begin{pmatrix} 0 \\ 0 \end{pmatrix} \right\rangle + \frac{1}{2} \left\langle \begin{pmatrix} h_1 \\ h_2 \end{pmatrix}, \begin{pmatrix} 2 & 0 \\ 0 & 2 \end{pmatrix} \cdot \begin{pmatrix} h_1 \\ h_2 \end{pmatrix} \right\rangle$$

$$= \frac{1}{2} \left\langle \begin{pmatrix} h_1 \\ h_2 \end{pmatrix}, \begin{pmatrix} 2h_1 \\ 2h_2 \end{pmatrix} \right\rangle$$

$$= h_1^2 + h_2^2$$

$$= f(h)$$

Das Taylor-Polynom stimmt in diesem Fall also mit der Funktion überein; das Restglied verschwindet.

Hinreichende Bedingung für lokale Extrema

Erläuterung
Die kritischen Punkte einer Funktion sind Kandidaten für Extremalpunkte, d. h. an der Stelle eines lokalen Maximums oder Minimums muss der Gradient verschwinden. Wie im 1-dimensionalen Fall kann der Term zweiter Ordnung des Taylor-Polynoms betrachtet werden, um eine Entscheidung darüber zu treffen, ob ein kritischer Punkt ein lokales Extremum ist. Es ist also der Ausdruck $\langle h, H_f(x)h \rangle$ zu untersuchen.

▶ Definition
Sei $A \in M(n \times n, \mathbb{R})$ eine symmetrische Matrix.

1. A heißt positiv definit (positiv semidefinit), wenn $\langle x, Ax \rangle > 0$ ($\langle x, Ax \rangle \geq 0$) für alle $x \in \mathbb{R}^n \setminus \{0\}$ gilt.

2. A heißt negativ definit (negativ semidefinit), wenn $-A$ positiv definit (positiv semidefinit) ist.

3. Wenn es $x, y \in \mathbb{R}^n$ mit $\langle x, Ax \rangle > 0$ und $\langle y, Ay \rangle < 0$ gibt, so nennen wir A indefinit.   ◀

Erläuterung
Die Eigenwerte einer symmetrischen Matrix charakterisieren deren Definitheit vollständig, wie der folgende Satz zeigt.

■ Satz
Eine symmetrische Matrix ist genau dann positiv definit (negativ definit), wenn alle Eigenwerte positiv (negativ) sind.

Beweis: Wir zeigen nur den positiven Fall; der andere funktioniert analog.

„⇒" Sei A eine symmetrische, positiv definite Matrix und λ ein Eigenwert von A. Sei ferner v ein zu λ gehöriger Eigenvektor. Dann gilt

$$\langle v, Av \rangle = \langle v, \lambda v \rangle = \lambda \langle v, v \rangle \Rightarrow \lambda = \frac{\langle v, Av \rangle}{\langle v, v \rangle} > 0.$$

„⇐" Sei $A \in M(n \times n, \mathbb{R})$ eine symmetrische Matrix mit positiven Eigenwerten. Dann existiert eine Orthonormalbasis von $\mathbb{R}^n$, bestehend aus Eigenvektoren $v_1, \ldots, v_n$ von A. Seien die zugehörigen Eigenwerte $\lambda_1, \ldots, \lambda_n$ sowie $x = x_1 v_1 + \ldots + x_n v_n$ ein beliebiger Vektor. Dann gilt:

$$\begin{aligned}
\langle x, Ax \rangle &= \left\langle \sum_{k=1}^{n} x_k v_k, A \left(\sum_{l=1}^{n} x_l v_l \right) \right\rangle \\
&= \left\langle \sum_{k=1}^{n} x_k v_k, \sum_{l=1}^{n} x_l \lambda_l v_l \right\rangle \\
&= \sum_{k=1}^{n} \sum_{l=1}^{n} x_k x_l \lambda_l \langle v_k, v_l \rangle \\
&= \sum_{k=1}^{n} \sum_{l=1}^{n} x_k x_l \lambda_l \delta_{kl} \\
&= \sum_{k=1}^{n} x_k^2 \lambda_k > 0
\end{aligned}$$

Hierbei ist δ_{kl} das bekannte Kronecker-Symbol.   ∎

■ **Satz**

Hurwitz-Kriterium. Eine symmetrische Matrix $A = (a_{ij})_{i,j=1,\ldots,n}$ ist genau dann positiv definit, wenn die Determinanten der n Matrizen

$$\left(a_{11} \right), \begin{pmatrix} a_{11} & a_{12} \\ a_{21} & a_{22} \end{pmatrix}, \ldots, \begin{pmatrix} a_{11} & a_{12} & \cdots & a_{1,n-1} \\ a_{21} & a_{22} & \cdots & a_{2,n-1} \\ \vdots & \vdots & & \vdots \\ a_{n-1,1} & a_{n-1,2} & \cdots & a_{n-1,n-1} \end{pmatrix}, A$$

alle positiv sind.   □

■ **Satz**

Sei $f \colon \mathbb{R}^n \overset{\circ}{\supseteq} U \to \mathbb{R}$ zweimal stetig differenzierbar und $x \in U$ ein kritischer Punkt von f. Dann gilt:

1. Ist $H_f(x)$ positiv definit, so ist x ein isoliertes lokales Minimum von f.

2. Ist $H_f(x)$ negativ definit, so ist x ein isoliertes lokales Maximum von f.

3. Ist $H_f(x)$ indefinit, so besitzt f im Punkt x kein Extremum.

Beweis: In der Nähe eines kritischen Punktes x einer Funktion f gibt die Definitheit der Hesse-Matrix an, welches Vorzeichen die Differenz von Funktionswerten benachbarter Punkte hat:

$$f(x + h) - f(x) \approx \frac{1}{2}\langle h, H_f(x)h \rangle \qquad \blacksquare$$

Erläuterung

Ist die Hesse-Matrix an einem kritischen Punkt positiv oder negativ semidefinit, liefert das Kriterium keine Auskunft.

Beispiel

Sei $f \colon \mathbb{R}^2 \to \mathbb{R}$, $f(x, y) = x^2 + y^2$. Dann gilt

$$\operatorname{grad} f(x, y) = \begin{pmatrix} 2x \\ 2y \end{pmatrix} = 0 \Leftrightarrow (x, y) = (0, 0).$$

Der Ursprung $(0, 0)$ ist also der einzige kritische Punkt von f. Dieser ist ein isoliertes lokales Minimum, denn die Hesse-Matrix

$$H_f(0, 0) = \begin{pmatrix} 2 & 0 \\ 0 & 2 \end{pmatrix}$$

ist offensichtlich positiv definit. (Tatsächlich ist das Minimum sogar global.)

Ausblick

Es kann kein Zweifel daran bestehen, dass das Berechnen von Extrema von großer Bedeutung im Anwendungsbereich ist, denn Funktionen beschreiben beispielsweise Vorgänge in den Ingenieurwissenschaften, wie den Stromverbrauch eines Elektrofahrzeugs. Dabei ist es wichtig, bei welchen Eingangsgrößen (denkbar sind u. a. Temperatur und innere Widerstände) der Verbrauch am geringsten ist, um entsprechende Optimierungen vornehmen zu können.

Später werden wir sehen, dass Extrema gleichfalls im Rahmen der sogenannten Variationsrechnung bedeutungsvoll sind. Diese spielt z. B. im Rahmen vieler mathematischer Theorien eine Rolle. In gewisser Weise lässt sich sagen, dass wesentliche Teile der Natur selbst so sind wie sie sind, weil das Universum an der Erreichung eines Extremums interessiert ist. So hat die Kugel bei gegebenem Volumen die kleinste Oberfläche aller möglichen Körper.

Das Taylor-Polynom selbst dient der Approximation von mitunter komplizierten Funktionen durch (einfachere) Polynome. Dies resultiert z. B. in einem geringeren Rechenaufwand und macht einige Problemlösungen sogar erst greifbar. Bereits im 1-dimensionalen Fall hatten wir eindrucksvoll gesehen, was das Taylor-Polynom zu leisten vermag.

Selbsttest

I. Sei $f\colon \mathbb{R}^2 \to \mathbb{R}$ eine zweimal stetig partiell differenzierbare Funktion. Aus welchen der folgenden Aussagen folgt stets, dass f an der Stelle $(0,0)$ ein lokales Minimum annimmt?

(1) Der Gradient von f verschwindet an der Stelle $(0,0)$.

(2) Die Hesse-Matrix von f an der Stelle $(0,0)$ ist positiv definit, und $(0,0)$ ist ein kritischer Punkt von f.

(3) Die Hesse-Matrix von f an der Stelle $(0,0)$ ist nicht negativ definit, und $(0,0)$ ist ein kritischer Punkt von f.

(4) Die Hesse-Matrix von f an der Stelle $(0,0)$ ist weder negativ definit noch indefinit, und $(0,0)$ ist ein kritischer Punkt von f.

(5) Die Hesse-Matrix von f an der Stelle $(0,0)$ besitzt keine negativen Eigenwerte, und $(0,0)$ ist ein kritischer Punkt von f.

(6) Die Hesse-Matrix von f an der Stelle $(0,0)$ besitzt nur positive Eigenwerte, und $(0,0)$ ist ein kritischer Punkt von f.

(7) Die Determinante von $H_f(0,0)$ ist positiv, und es gilt $\operatorname{grad} f(0,0) = 0$.

(8) Der Gradient von f verschwindet an der Stelle $(0,0)$, und es gilt $\langle h, H_f(0,0) \cdot h \rangle > 0$ für alle $h \in \mathbb{R}^2$.

(9) Der Gradient von f verschwindet an der Stelle $(0,0)$, und es gilt $\langle h, H_f(0,0) \cdot h \rangle > 0$ für wenigstens ein $h \in \mathbb{R}^2$.

(10) Das Taylor-Polynom zweiter Ordnung von f mit Entwicklungspunkt $(0,0)$ ist gegeben durch $T_{2,(0,0)}(h_1, h_2) = h_1^2 + h_2^2$.

(11) Die Hesse-Matrix von f ist symmetrisch.

(12) Die Funktion f ist gegeben durch $f(x_1, x_2) = x_1^2 + x_2^2$.

(13) Die Funktion f ist konstant.

(14) Für alle $x \in \mathbb{R}^2$ gilt $f(x) \geq f(0,0)$.

(15) Es gibt eine Umgebung U von $(0,0)$, sodass für alle $y \in U$ gilt: $f(y) \geq f(0,0)$.

(16) Es gilt $\operatorname{grad} f(0,0) = 0$, $\frac{\partial^2 f}{\partial x^2}(0,0) > 0$ und $\frac{\partial^2 f}{\partial y^2}(0,0) > 0$.

(17) Es gilt $\operatorname{grad} f(0,0) = 0$, $\det(H_f(0,0)) > 0$ und $\frac{\partial^2 f}{\partial x^2}(0,0) > 0$.

8 Lokale Extrema unter Nebenbedingungen

Einblick

Auf den ersten Blick ist alles getan, wenn wir die lokalen Extrema einer Funktion berechnen können. Es kann jedoch passieren, dass mehr gewünscht ist. Stellen wir uns vor, dass wir ein Kraftfahrzeug mit Wasserstoffantrieb konstruiert haben und alles soweit fertig ist, bis auf die Form des Tanks für den Wasserstoff. Die Lage ist klar, jedoch hängt die Form sehr stark davon ab, welcher Raum in welcher Form zur Verfügung steht.

Die komplexe Konstruktion eines Fahrzeugs muss beispielsweise Rücksicht nehmen auf Platz und Sicherheit für die Insassen. Als Resultat bleibt unter Umständen ein recht zerklüfteter Bereich übrig, in dem dann der Tank seinen Platz finden muss, der wiederum eine einfach produzierbare Form haben soll – vielleicht die eines Quaders. Dessen Seitenlängen müssen dann so gewählt werden, dass er ein maximales Volumen hat und gleichzeitig in den vorgegebenen Raum passt – es ist also ein Maximum unter sogenannten Nebenbedingungen zu finden.

Ähnliche Probleme kommen häufig vor und werden daher in diesem Abschnitt behandelt.

Grundlegendes zu lokalen Extrema unter Nebenbedingungen

Erläuterung

Betrachten wir das folgende Problem: In eine kugelförmige Tauchglocke mit dem Radius Eins soll ein möglichst großer, quaderförmiger Lebensraum mit den Kantenlängen x, y und z eingebaut werden. Mathematisch formuliert soll also die Volumenfunktion

$$f \colon K \to \mathbb{R}, \; f(x, y, z) = xyz$$

© Springer-Verlag GmbH Deutschland 2019
M. Plaue und M. Scherfner, *Mathematik für das Bachelorstudium II*,
https://doi.org/10.1007/978-3-8274-2557-7_8

auf dem Definitionsbereich

$$K = \left\{ \begin{pmatrix} x \\ y \\ z \end{pmatrix} \in \mathbb{R}^3 \,\middle|\, x^2 + y^2 + z^2 \leq 1 \right\}$$

maximiert werden. Da f stetig und K kompakt ist, wissen wir bereits, dass f auf K tatsächlich ein Maximum annimmt.

Der Definitionsbereich ist jedoch keine offene Menge, sodass wir nicht ohne weitere Vorüberlegungen die bereits bekannten Rechentechniken verwenden können. (Nullstellen des Gradienten auffinden und Definitheit der Hesse-Matrix untersuchen.)

Die Menge aller inneren Punkte von K,

$$\mathring{K} = \left\{ \begin{pmatrix} x \\ y \\ z \end{pmatrix} \in \mathbb{R}^3 \,\middle|\, x^2 + y^2 + z^2 < 1 \right\},$$

ist jedoch offen und wir können dort Kandidaten für lokale Maxima auffinden, indem wir die Nullstellen des Gradienten untersuchen:

$$\operatorname{grad} f(x, y, z) = \begin{pmatrix} yz \\ xz \\ xy \end{pmatrix}$$

Genau an den Punkten, an denen jeweils zwei der Koordinaten Null sind, verschwindet auch der Gradient von f. An den so gefundenen kritischen Punkten verschwindet allerdings auch f, daher kann dort kein globales Maximum vorliegen, da z. B. der Funktionswert $f(\frac{1}{2}, \frac{1}{2}, \frac{1}{2}) = \frac{1}{8}$ bereits größer als Null ist. Folglich wird das Maximum auf dem Rand

$$\partial K = \left\{ \begin{pmatrix} x \\ y \\ z \end{pmatrix} \in \mathbb{R}^3 \,\middle|\, x^2 + y^2 + z^2 = 1 \right\}$$

angenommen.

Es sind also noch die lokalen Extrema von f auf der Menge ∂K zu bestimmen, unter denen sich auch die globalen Maxima befinden. In diesem Fall ist ∂K die Nullniveaumenge einer Funktion g, nämlich $g \colon \mathbb{R}^3 \to \mathbb{R}$, $g(x, y, z) = x^2 + y^2 + z^2 - 1$. Wir können diese Aufgabe daher als sogenanntes Extremwertproblem unter der Nebenbedingung $g(x, y, z) = 0$ formulieren, d. h. wir suchen die Extrema der Funktion f mit eingeschränktem Definitionsbereich $N_g(0) = g^{-1}(\{0\})$.

Ähnliche Probleme treten in Theorie und Praxis häufig auf.

▶ **Definition**

Seien $f, g \colon \mathbb{R}^n \overset{\circ}{\supseteq} U \to \mathbb{R}$ Funktionen. Ein Punkt $p \in U$ heißt lokales Maximum (lokales Minimum) von f unter der Nebenbedingung $g(x) = 0$, falls gilt:

1. $g(p) = 0$,

2. es existiert eine Umgebung $V \subseteq U$ von p, sodass für alle $y \in V \cap N_g(0)$ gilt:

$$f(p) \geq f(y) \qquad (f(p) \leq f(y)) \qquad \blacktriangleleft$$

Lokale Extrema unter Nebenbedingungen

■ **Satz**

Seien $f, g \colon \mathbb{R}^n \overset{\circ}{\supseteq} U \to \mathbb{R}$ Funktionen mit stetigen partiellen Ableitungen, $N_g(0) = \{a \in U \mid g(a) = 0\}$ und $p \in N_g(0)$. Wenn f in p ein lokales Extremum unter der Nebenbedingung $g(x) = 0$ hat, dann gilt:

1. Es gibt ein $\lambda \in \mathbb{R}$ mit $\operatorname{grad} f(p) = \lambda \cdot \operatorname{grad} g(p)$, oder

2. es gilt $\operatorname{grad} g(p) = 0$.

Wir nennen λ in diesem Zusammenhang Lagrange-Multiplikator. □

Beweis: Wir liefern eine grobe Beweisidee. Der Satz ergibt sich aus den folgenden Überlegungen: Sei $U \subseteq \mathbb{R}^n$ eine offene Menge, und $f, g \colon U \to \mathbb{R}$ seien stetig partiell differenzierbare Funktionen. Liegt ein lokales Extremum von f im Punkt $p \in U$ vor, so verschwinden für alle $h \in \mathbb{R}^3$ mit $\|h\| = 1$ die Richtungsableitungen $\frac{df}{dh}(p) = \langle h, \operatorname{grad} f(p) \rangle$. Schränken wir den Definitionsbereich von f auf die Niveaumenge $N_g(0)$ ein, so verschwinden an einem lokalen Extremum zumindest alle Ableitungen in Richtungen, die tangential zu $N_g(0)$ sind.

Falls nicht gerade $\operatorname{grad} g(p) = 0$ gilt, sind diese Richtungen all jene, welche orthogonal zu $\operatorname{grad} g(p)$ sind. Folglich müssen $\operatorname{grad} f(p)$ und $\operatorname{grad} g(p)$ parallel sein, d. h. es gibt ein $\lambda \in \mathbb{R}$ mit $\operatorname{grad} f(p) = \lambda \cdot \operatorname{grad} g(p)$. ■

Erläuterung

Haben wir mehrere Nebenbedingungen $g_1(x) = 0, \ldots, g_m(x) = 0$, so gilt an einer Extremalstelle p von f unter diesen Nebenbedingungen:

1. Es gibt $\lambda_1, \ldots, \lambda_m \in \mathbb{R}$ mit $\operatorname{grad} f(p) = \lambda_1 \operatorname{grad} g_1(p) + \ldots + \lambda_m \operatorname{grad} g_m(p)$, oder

2. $\operatorname{grad} g_1(p), \ldots, \operatorname{grad} g_m(p)$ sind linear abhängig.

Beispiel

Welches Rechteck mit festem Umfang U ist dasjenige mit dem größten Flächeninhalt? Es gilt also, den Flächeninhalt $f(x, y) = xy$ unter der Nebenbedingung $g(x, y) = 2(x + y) - U = 0$ zu maximieren. Es gilt einerseits grad $g(x, y) = (2, 2)^T \neq 0$, sodass kritische Punkte von g als Kandidaten für Extremstellen von f ausgeschlossen sind. Weiterhin gilt

$$\operatorname{grad} f(x, y) = \lambda \cdot \operatorname{grad} g(x, y) \Leftrightarrow \begin{pmatrix} y \\ x \end{pmatrix} = \lambda \cdot \begin{pmatrix} 2 \\ 2 \end{pmatrix} \Leftrightarrow x = y = 2\lambda,$$

womit wir durch Einsetzen in die Nebenbedingung erhalten: $2(2\lambda + 2\lambda) - U = 0 \Leftrightarrow \lambda = \frac{U}{8}$, sodass $(x, y) = (\frac{U}{4}, \frac{U}{4})$ der einzige Kandidat für ein Extremum ist. Das gesuchte Rechteck ist also ein Quadrat.

Ausblick

Mit den zuvor gemachten Überlegungen haben wir die ersten Schritte in das Reich der mathematischen Optimierung gemacht. In diesem geht es darum, optimale Parameter für ein Problem zu finden. Betrachten wir beispielsweise in der Wirtschaft ein Unternehmen und seinen Jahresgewinn. Dann sind Parameter beispielsweise die zur Verfügung stehenden Rohstoffe für die Produkte des Unternehmens, aber auch der Personaleinsatz und die Preise für die Produkte. Ziel ist also die Gewinnoptimierung für das Unternehmen unter den Nebenbedingungen, welche die aktuelle Wirtschaftslage bietet.

Die Anwendungen der mathematischen Optimierung finden sich in so unterschiedlichen Gebieten wie Klimaforschung und Spieltheorie. Unsere hier erarbeiteten Kenntnisse sind die Grundlage für tiefere Analysen. Teils sind die Ergebnisse jedoch nicht mehr durch konkrete Rechnung mit Stift und Papier zu ermitteln, sondern es werden sogenannte numerische Methoden verwendet, die in heutiger Zeit intensive Computerunterstützung nötig machen.

Selbsttest

I. Seien $f, g \colon \mathbb{R}^2 \to \mathbb{R}$ zweimal stetig partiell differenzierbare Funktionen, sodass f an der Stelle $(0,0)$ ein lokales Maximum unter der Nebenbedingung $g(x) = 0$ annimmt. Welche der folgenden Aussagen sind dann stets richtig?

(1) Die Gradienten von f und g sind an der Stelle $(0,0)$ linear abhängig.

(2) Der Gradient von f verschwindet an der Stelle $(0,0)$.

(3) Der Gradient von g verschwindet an der Stelle $(0,0)$.

(4) Die Funktion f verschwindet an der Stelle $(0,0)$.

(5) Die Funktion g verschwindet an der Stelle $(0,0)$.

(6) Die Hesse-Matrix von f ist an der Stelle $(0,0)$ negativ definit.

(7) Für alle $y \in \mathbb{R}^2$ mit $g(y) = 0$ gilt $\operatorname{grad} f(y) = 0$.

(8) Für alle $y \in \mathbb{R}^2$ mit $g(y) = 0$ gilt, dass $H_f(y)$ negativ definit ist.

(9) Für alle $y \in \mathbb{R}^2$ mit $g(y) = 0$ gilt: $\operatorname{grad} g(y) = 0$, oder es existiert ein $\lambda \in \mathbb{R}$ mit $\operatorname{grad} f(y) = \lambda \operatorname{grad} g(y)$.

(10) Es gilt $\operatorname{grad} f(0,0) = 0$, oder es existiert ein $\lambda \in \mathbb{R}$ mit $\operatorname{grad} f(0,0) = \lambda \operatorname{grad} g(0,0)$.

(11) Für alle $y \in \mathbb{R}^2$ mit $g(y) = 0$ gilt: $f(y) \leq f(0,0)$.

(12) Für alle Umgebungen U von $(0,0)$ gilt: $f(y) \leq f(0,0)$, falls $y \in U \cap N_g(0)$.

(13) Es gibt eine Umgebung U von $(0,0)$, sodass gilt: $f(y) \leq f(0,0)$, falls $y \in U \cap N_g(0)$.

(14) Es gibt eine Umgebung U von $(0,0)$, sodass gilt: $f(y) \leq f(0,0)$, falls $y \in U$ und $g(y) = 0$.

(15) Es gibt eine Umgebung U von $(0,0)$, sodass gilt: $f(y) \leq f(0,0)$, falls $y \in U$ oder $g(y) = 0$.

(16) Es gibt eine Umgebung U von $(0,0)$, sodass gilt: $f(y) \leq f(0,0)$, falls $y \in U$.

(17) Es gibt eine Umgebung U von $(0,0)$, sodass gilt: $f(y) \leq f(0,0)$, falls $y \in N_g(0)$.

(18) Es gibt eine Umgebung U von $(0,0)$, sodass gilt: $f(y) < f(0,0)$, falls $y \in U \cap N_g(0)$ und $y \neq (0,0)$.

(19) Die Menge $N_g(0)$ ist kompakt.

9 Kurven und Integrale

Einblick

Welche Freude muss es sein, mit einem Fahrrad die spiralförmige Abfahrt eines Parkhauses zu bezwingen. Aufgrund der zunehmenden Geschwindigkeit scheint die Strecke immer enger zu werden und die Fahrt erzeugt mehr und mehr Adrenalin. Können wir aber vorher wissen, wie schnell die Fahrt wird? Ob wir eine Chance haben, ohne starkes Bremsen überhaupt unbeschadet am Ende der Bahn anzukommen? Um solche Fragen zu beantworten müssen wir ein Modell für die Parkhaus-Abfahrt haben (um ehrlich zu sein benötigt der Architekt ein solches bereits vor dem Bau), genau genommen ein mathematisches Modell. Eine grobe Annäherung ist eine Spirale, also eine spezielle Kurve im $\mathbb{R}^3$, die dann durch eine Abbildung realisiert wird.

Auch die Flugbahn eines geworfenen Balls kann als Beispiel für eine Kurve dienen, welche nur noch mathematisch dargestellt werden muss – die Mathematik dazu liefern allgemein (wir müssen uns ja nicht auf den reellen Raum mit drei Dimensionen beschränken) stetige Abbildungen $\gamma\colon I \to \mathbb{R}^n$, wie wir sie sogleich behandeln.

Wir können uns für die Länge eine Kurve interessieren oder aus physikalischer Sicht dafür, wie viel Arbeit ein Punktteilchen auf seiner Bahn verrichten muss, um sich durch ein Gravitationsfeld zu bewegen – hier kommen dann sogenannte Kurvenintegrale ins Spiel. Kurvenintegrale erweitern den Integralbegriff, den wir bereits für eine Dimension kennen, nur der Intergrationsbereich ist hier eine Kurve (und nicht nur ein Intervall).

Parametrisierung von Kurven

▶ Definition
Eine Kurvenparametrisierung in $\mathbb{R}^n$ ist eine stetige Abbildung $\gamma\colon I \to \mathbb{R}^n$, wobei $I \subseteq \mathbb{R}$ ein Intervall ist.

Wenn γ differenzierbar ist, so heißt für $\tau \in I$ der Vektor $\gamma'(\tau)$ Tangentialvektor von γ zum Parameterwert τ bzw. im Punkt $\gamma(\tau)$.

© Springer-Verlag GmbH Deutschland 2019
M. Plaue und M. Scherfner, *Mathematik für das Bachelorstudium II*,
https://doi.org/10.1007/978-3-8274-2557-7_9

Erläuterung

Das Bild einer Kurvenparametrisierung, also $\gamma(I)$, wollen wir schlicht Kurve nennen. Wenn keine Verwechslungsgefahr besteht, nennen wir auch die Abbildung γ einfach Kurve.

Beispiel

Eine Kreislinie in $\mathbb{R}^2$ mit Radius $r > 0$ und dem Ursprung als Mittelpunkt ist eine Kurve, welche durch die folgende Abbildung parametrisiert werden kann:

$$\gamma_1\colon [0, 2\pi] \to \mathbb{R}^2,\ \gamma(t) = \begin{pmatrix} r\cos t \\ r\sin t \end{pmatrix}$$

Hierbei wird der Kreis gegen den Uhrzeigersinn durchlaufen. Eine Parametrisierung mit Laufrichtung im Uhrzeigersinn wäre

$$\gamma_2\colon [0, 2\pi] \to \mathbb{R}^2,\ \gamma(t) = \begin{pmatrix} r\cos t \\ -r\sin t \end{pmatrix}.$$

Beispiel

Eine (orientierte) Strecke in $\mathbb{R}^n$ mit Anfangspunkt a und Endpunkt b kann parametrisiert werden durch:

$$\gamma\colon [0, 1] \to \mathbb{R}^n,\ \gamma(t) = a + t(b - a)$$

Beispiel

Der Graph einer stetigen Funktion $f\colon I \to \mathbb{R}$ kann parametrisiert werden durch

$$\gamma\colon I \to \mathbb{R}^2,\ \gamma(t) = \begin{pmatrix} t \\ f(t) \end{pmatrix}.$$

Erläuterung

Die Parametrisierung einer Kurve $\gamma\colon I \to \mathbb{R}^n$ ist nicht eindeutig. Ist $\phi\colon I \to \tilde{I}$ eine streng monoton steigende, stetige Abbildung auf das Intervall $\tilde{I}$, so ist $\tilde{\gamma} = \gamma \circ \phi\colon \tilde{I} \to \mathbb{R}^n$ auch eine gültige Parametrisierung derselben orientierten Kurve.

Bogenlänge

Erläuterung

Die Länge einer Kurve $\gamma\colon [a, b] \to \mathbb{R}^n$ kann berechnet werden, indem wir diese durch einen Polygonzug approximieren: Betrachten wir eine Unterteilung von $[a, b]$ in N Teilintervalle $[t_{i-1}, t_i]$ gleicher Länge mit $a = t_0 < t_1 < \cdots < t_N = b$, dann ist die Länge des Polygonzugs mit den Ecken $\gamma(t_0), \ldots, \gamma(t_N)$ für große

N eine gute Näherung für die Länge $L_{a,b}(\gamma)$ der Kurve γ:

$$L_{a,b}(\gamma) = \lim_{N\to\infty} \sum_{i=1}^{N} \|\gamma(t_i) - \gamma(t_{i-1})\|$$

$$= \lim_{N\to\infty} \sum_{i=1}^{N} \left\|\frac{\gamma(t_i) - \gamma(t_{i-1})}{t_i - t_{i-1}}\right\| (t_i - t_{i-1})$$

$$= \int_a^b \|\gamma'(t)\| \, dt$$

Dadurch wird die folgende Definition motiviert.

▶ **Definition**

Sei $\gamma\colon [a,b] \to \mathbb{R}^n$ eine stetig differenzierbare Kurve. Dann heißt

$$L_{a,b}(\gamma) := \int_a^b \|\gamma'(t)\| \, dt$$

die Bogenlänge von γ. ◀

Erläuterung

Die Bogenlänge hängt tatsächlich nicht von der Parametrisierung ab; haben wir eine stetig differenzierbare Umparametrisierung $\phi\colon [\tilde{a}, \tilde{b}] \to [a,b]$ der Kurve ($\phi'(t) > 0$ für alle $t \in [\tilde{a}, \tilde{b}]$), dann gilt für die resultierende Parametrisierung $\tilde{\gamma} = \gamma \circ \phi$:

$$L_{\tilde{a},\tilde{b}}(\tilde{\gamma}) = \int_{\tilde{a}}^{\tilde{b}} \|\tilde{\gamma}'(t)\| \, dt$$

$$= \int_{\tilde{a}}^{\tilde{b}} \|(\gamma \circ \phi)'(t)\| \, dt$$

$$= \int_{\tilde{a}}^{\tilde{b}} \left\|\frac{d\phi}{dt}(t) \cdot \gamma'(\phi(t))\right\| \, dt$$

$$= \int_{\tilde{a}}^{\tilde{b}} \|\gamma'(\phi(t))\| \frac{d\phi}{dt}(t) \, dt$$

$$= \int_{\phi(\tilde{a})}^{\phi(\tilde{b})} \|\gamma'(\phi)\| \, d\phi$$

$$= \int_a^b \|\gamma'(\phi)\| \, d\phi$$

$$= L_{a,b}(\gamma)$$

Beispiel

Die Bogenlänge einer Kreislinie

$$\gamma \colon [0, 2\pi] \to \mathbb{R}^2, \ \gamma(t) = \begin{pmatrix} r \cos t \\ r \sin t \end{pmatrix}$$

mit $r > 0$ ist gegeben durch

$$
\begin{aligned}
L_{a,b}(\gamma) &= \int_0^{2\pi} \|\gamma'(t)\| \, dt \\
&= \int_0^{2\pi} \left\| \begin{pmatrix} -r \sin t \\ r \cos t \end{pmatrix} \right\| \, dt \\
&= \int_0^{2\pi} \sqrt{r^2 \sin^2 t + r^2 \cos^2 t} \, dt \\
&= \int_0^{2\pi} r \sqrt{\sin^2 t + \cos^2 t} \, dt \\
&= r \int_0^{2\pi} dt \\
&= 2\pi r.
\end{aligned}
$$

Beispiel

Die Bogenlänge des Graphen einer stetig differenzierbaren Funktion $f \colon [a, b] \to \mathbb{R}$ ist gegeben durch

$$L_{a,b}(G_f) = \int_a^b \left\| \frac{d}{dt} \begin{pmatrix} t \\ f(t) \end{pmatrix} \right\| \, dt = \int_a^b \sqrt{1 + (f'(t))^2} \, dt.$$

Grundlegendes zu Kurvenintegralen

Erläuterung

Wenn ein Massenpunkt in einem homogenen (d. h. konstanten) Kraftfeld $F \colon \mathbb{R}^3 \to \mathbb{R}^3$ von $p_1 \in \mathbb{R}^3$ nach $p_2 \in \mathbb{R}^3$ transportiert wird, so ist hierfür die Arbeit $A = -\langle F, p_2 - p_1 \rangle$ zu verrichten, denn es gilt der bekannte Merksatz „Arbeit = Kraft · Weg". Das Minuszeichen berücksichtigt, dass positive Arbeit verrichtet werden muss, wenn der Körper entgegen der Richtung des Kraftfelds transportiert wird.

Erläuterung

Ist das Kraftfeld nicht homogen, so teilen wir den Transportweg $x \colon [a, b] \to \mathbb{R}^3$ in N Teilkurven $x_i \colon [t_{i-1}, t_i] \to \mathbb{R}^3$ mit $i \in \{1, \dots, N\}$ und $a = t_0 < t_1 < \cdots < t_N = b$. Im Grenzwert einer sehr feinen Unterteilung des Intervalls $[a, b]$ haben wir

$$A = -\lim_{N\to\infty} \sum_{i=1}^{N} \langle F(x(t_i)), x(t_i) - x(t_{i-1})\rangle$$

$$= -\lim_{N\to\infty} \sum_{i=1}^{N} \langle F(x(t_i)), \frac{x(t_i) - x(t_{i-1})}{t_i - t_{i-1}}(t_i - t_{i-1})\rangle$$

$$= -\int_a^b \langle F(x(t)), x'(t)\rangle \, dt,$$

was die folgende Definition motiviert.

▶ **Definition**

Sei $v \colon \mathbb{R}^n \supseteq U \to \mathbb{R}^n$ ein stetiges Vektorfeld und $\gamma \colon [a,b] \to \mathbb{R}^n$ eine stetig differenzierbare Kurve mit $\gamma([a,b]) \subseteq U$. Dann heißt

$$\int_\gamma v \cdot ds := \int_a^b \langle v(\gamma(t)), \gamma'(t)\rangle \, dt$$

das Kurvenintegral von v entlang γ.   ◀

Erläuterung

Ist die Kurve geschlossen, d. h. $\gamma(a) = \gamma(b)$, so sprechen wir auch von der Zirkulation von v entlang γ.

Erläuterung

So wie die Bogenlänge hängt auch das Kurvenintegral nicht von der Parametrisierung ab. Kehren wir allerdings die Laufrichtung um, so ergibt sich für $\tilde{\gamma} \colon [a,b] \to \mathbb{R}^n$, $\tilde{\gamma}(t) := \gamma(a + b - t)$:

$$\int_{\tilde{\gamma}} v \cdot ds = \int_a^b \langle v(\tilde{\gamma}(t)), \tilde{\gamma}'(t)\rangle \, dt$$

$$= \int_a^b \langle v(\gamma(a + b - t)), -\gamma'(a + b - t)\rangle \, dt$$

$$= \int_b^a \langle v(\gamma(u)), \gamma'(u)\rangle \, du$$

$$= -\int_a^b \langle v(\gamma(u)), \gamma'(u)\rangle \, du$$

$$= -\int_\gamma v \cdot ds$$

Beispiel

Wir berechnen die Zirkulation des Vektorfelds $v_1 \colon \mathbb{R}^2 \to \mathbb{R}^2$, $(x,y) \mapsto (y,x)$ entlang der gegen den Uhrzeigersinn durchlaufenen Kreislinie K mit Radius

$r > 0$ und Mittelpunkt $(0,0)$:

$$\int_K v_1 \cdot ds = \int_0^{2\pi} \left\langle v_1 \begin{pmatrix} r\cos t \\ r\sin t \end{pmatrix}, \frac{d}{dt} \begin{pmatrix} r\cos t \\ r\sin t \end{pmatrix} \right\rangle dt$$

$$= \int_0^{2\pi} \left\langle \begin{pmatrix} r\sin t \\ r\cos t \end{pmatrix}, \begin{pmatrix} -r\sin t \\ r\cos t \end{pmatrix} \right\rangle dt$$

$$= \int_0^{2\pi} (-r^2 \sin^2 t + r^2 \cos^2 t)\, dt$$

$$= r^2 \int_0^{2\pi} \cos(2t)\, dt$$

$$= r^2 \frac{1}{2}(\sin(4\pi) - \sin(0))$$

$$= 0$$

Beispiel

Nun berechnen wir die Zirkulation von $v_2\colon \mathbb{R}^2 \to \mathbb{R}^2$, $(x,y) \mapsto (-y,x)$ entlang derselben Kurve:

$$\int_K v_2 \cdot ds = \int_0^{2\pi} \left\langle v_2 \begin{pmatrix} r\cos t \\ r\sin t \end{pmatrix}, \frac{d}{dt} \begin{pmatrix} r\cos t \\ r\sin t \end{pmatrix} \right\rangle dt$$

$$= \int_0^{2\pi} \left\langle \begin{pmatrix} -r\sin t \\ r\cos t \end{pmatrix}, \begin{pmatrix} -r\sin t \\ r\cos t \end{pmatrix} \right\rangle dt$$

$$= \int_0^{2\pi} (r^2 \sin^2 t + r^2 \cos^2 t)\, dt$$

$$= r^2 \int_0^{2\pi} dt$$

$$= 2\pi r^2$$

Wegunabhängige Kurvenintegrale

Erläuterung

Ist eine Kurve $\gamma\colon [a,b] \to U \subseteq \mathbb{R}^n$ zwar nicht stetig differenzierbar, besteht aber immerhin aus einer endlichen Anzahl (sagen wir N) stetig differenzierbarer Teilkurven $\gamma_i\colon [t_{i-1}, t_i] \to U$ mit $a = t_0 < t_1 < \cdots < t_N = b$, so können wir die Bogenlänge bzw. das Kurvenintegral über ein stetiges Vektorfeld $v\colon U \to \mathbb{R}^n$ definieren durch die Summe über die Teilkurven

$$L_{a,b}(\gamma) = \sum_{i=1}^N \int_{t_{i-1}}^{t_i} \|\gamma_i'(t)\|\, dt \text{ bzw. } \int_\gamma v \cdot ds = \sum_{i=1}^N \int_{t_{i-1}}^{t_i} \langle v(\gamma_i(t)), \gamma_i'(t) \rangle\, dt.$$

■ **Satz**

Sei $v\colon \mathbb{R}^n \overset{\circ}{\supseteq} U \to \mathbb{R}^n$ ein stetiges Vektorfeld mit Potenzial $u\colon U \to \mathbb{R}$, und $\gamma\colon [a,b] \to U$ sei eine stetig differenzierbare Kurve. Dann gilt

$$\int_\gamma v \cdot ds = u(\gamma(a)) - u(\gamma(b)).$$

Beweis:

$$\int_\gamma v \cdot ds = \int_a^b \langle v(\gamma(t)), \gamma'(t) \rangle \, dt$$

$$= \int_a^b \sum_{k=1}^n v_k(\gamma(t)) \gamma_k'(t) \, dt$$

$$= \int_a^b \sum_{k=1}^n -\frac{\partial u}{\partial x_k}(\gamma(t)) \gamma_k'(t) \, dt$$

$$= -\int_a^b u'(\gamma(t)) \cdot \gamma'(t) \, dt$$

$$= \int_b^a \frac{d(u \circ \gamma)}{dt}(t) \, dt$$

$$= u(\gamma(a)) - u(\gamma(b)).$$

■

■ **Satz**

1. Das Kurvenintegral eines Potenzialfeldes entlang einer stetig differenzierbaren geschlossenen Kurve hängt nur von Anfangs- und Endpunkt der Kurve ab.

2. Die Zirkulation eines Potenzialfeldes entlang einer stetig differenzierbaren geschlossenen Kurve ist Null.

Beweis: Dies sind direkte Folgerungen aus dem vorigen Satz. ■

Erläuterung

Obige Sätze gelten auch für stückweise stetig differenzierbare Kurven, denn

$$\int_\gamma v \cdot ds = \sum_{i=1}^N \int_{t_{i-1}}^{t_i} \langle v(\gamma_i(t)), \gamma_i'(t) \rangle \, dt$$

$$= \sum_{i=1}^N (u(\gamma(t_{i-1})) - u(\gamma(t_i)))$$

$$= u(\gamma(t_0)) - u(\gamma(t_1)) + u(\gamma(t_1)) - u(\gamma(t_2)) + \dots$$

$$+ u(\gamma(t_{N-2})) - u(\gamma(t_{N-1})) + u(\gamma(t_{N-1})) - u(\gamma(t_N))$$
$$= u(\gamma(t_0)) - u(\gamma(t_N))$$
$$= u(\gamma(a)) - u(\gamma(b)).$$

Beispiel

Für die Beschleunigung $g\colon \mathbb{R}^3 \setminus B \to \mathbb{R}^3$, die ein punktförmiger Testkörper im Newton'schen Schwerefeld eines kugelförmigen homogenen Zentralkörpers $B = \{x \in \mathbb{R}^3 \mid \|x\| \le R\}$ erfährt, gilt

$$g(x) = -\frac{GM}{\|x\|^3}x.$$

Hierbei ist $G = 6{,}67 \cdot 10^{-11}\,\frac{\text{m}^3}{\text{kg} \cdot \text{s}^2}$ die Newton'sche Gravitationskonstante, und $M, R > 0$ sind die Masse bzw. der Radius des Zentralkörpers. Für die Erde können wir z. B. $M = 5{,}97 \cdot 10^{24}\,\text{kg}$ und $R = 6.300\,\text{km}$ annehmen.

Die Gesamtarbeit A, die aufgewandt werden muss, um einen Testkörper der Masse $m > 0$ entlang des Weges $\gamma\colon [a, b] \to \mathbb{R}^3 \setminus B$ zu transportieren, beträgt

$$A = -m \int_\gamma g \cdot ds.$$

Diese Arbeit hängt nur von Anfangs- und Endpunkt des Weges ab, denn g ist ein Vektorfeld mit Potenzial $u(x) = -\frac{GM}{\|x\|}$:

$$-\nabla_x u = GM \nabla_x \left(\frac{1}{\sqrt{x_1^2 + x_2^2 + x_3^2}} \right)$$

$$= GM \begin{pmatrix} \frac{\partial}{\partial x_1}(x_1^2 + x_2^2 + x_3^2)^{-\frac{1}{2}} \\ \frac{\partial}{\partial x_2}(x_1^2 + x_2^2 + x_3^2)^{-\frac{1}{2}} \\ \frac{\partial}{\partial x_3}(x_1^2 + x_2^2 + x_3^2)^{-\frac{1}{2}} \end{pmatrix}$$

$$= GM \begin{pmatrix} 2x_1 \cdot \left(-\frac{1}{2}\right) \cdot (x_1^2 + x_2^2 + x_3^2)^{-\frac{3}{2}} \\ 2x_2 \cdot \left(-\frac{1}{2}\right) \cdot (x_1^2 + x_2^2 + x_3^2)^{-\frac{3}{2}} \\ 2x_3 \cdot \left(-\frac{1}{2}\right) \cdot (x_1^2 + x_2^2 + x_3^2)^{-\frac{3}{2}} \end{pmatrix}$$

$$= -\frac{GM}{\left(\sqrt{x_1^2 + x_2^2 + x_3^2}\right)^3} \begin{pmatrix} x_1 \\ x_2 \\ x_3 \end{pmatrix}$$

$$= -\frac{GM}{\|x\|^3}x$$

$$= g(x)$$

Wenn also beispielsweise Superman ($m \approx 80\,\text{kg}$) von einem Punkt x_1 auf der Erdoberfläche ($\|x_1\| = R = 6{,}3 \cdot 10^6\,\text{m}$) zu einem Punkt x_2 in einer erdnahen

Umlaufbahn der Höhe $h = \|x_2\| - \|x_1\| = 1.000\,\mathrm{km} = 10^6\,\mathrm{m}$ fliegen möchte, muss er hierfür die Arbeit

$$-m(u(x_1) - u(x_2)) = mGM \left(\frac{1}{R} - \frac{1}{R+h} \right) \approx 640 \cdot 10^6\,\mathrm{J}$$

verrichten. Dies entspricht ca. 153.000 Kilokalorien. Er müsste also vorher das Äquivalent von etwa 100 kg gekochten Spaghetti verstoffwechseln, um für die Reise fit zu sein. (Manchen Theorien zufolge bezieht Superman allerdings seine Kraft aus Sonnenenergie. In diesem Fall müsste er vorher für wenigstens 70 Stunden ins Solarium.)

Ausblick

Nachdem die Berechnung von Kurvenintegralen klar ist, geht es zukünftig primär um die Anwendungen. Wir sahen bereits Beispiele für ihren Einsatz. Jedoch gibt es insbesondere in Physik und Elektrotechnik weitere Verwendungsmöglichkeiten – hier seien erneut die Maxwell'schen Gleichungen erwähnt.

Die theoretische Bedeutung von Kurvenintegralen zeigt sich wiederum beim Satz von Stokes, der einen Zusammenhang zwischen einem sogenannten Flächenintegral und dem Integral über die Randkurve der betrachteten Fläche herstellt (und auch selbst weitere bemerkenswerte Resultate abwirft).

Selbsttest

I.   Sei $\gamma\colon [0,1] \to \mathbb{R}^3$ eine stetig differenzierbare Kurve und $v\colon \mathbb{R}^3 \to \mathbb{R}^3$ ein stetig partiell differenzierbares Vektorfeld. Welche der folgenden Ausdrücke sind stets definiert, d. h., können prinzipiell berechnet werden?

(1) $v(1) - v(0)$

(2) $v(\gamma(1)) - v(\gamma(0))$

(3) $\langle \gamma'(\tfrac{1}{2}), v(\gamma(\tfrac{1}{2})) \rangle$

(4) $\int_0^1 \langle \gamma'(t), \gamma'(t) \rangle \, dt$

(5) $\int_0^1 \langle \gamma'(t), \operatorname{rot} v(\gamma(t)) \rangle \, dt$

(6) $\int_0^1 \langle \gamma'(t), \operatorname{rot}(\operatorname{rot} v)(\gamma(t)) \rangle \, dt$

(7) $\int_0^1 \langle \gamma'(t), v(t) \rangle \, dt$

(8) $\int_0^2 \langle \gamma'(t), v(\gamma(t)) \rangle \, dt$

II.   Sei $\gamma\colon [0,1] \to \mathbb{R}^3$ eine stetig differenzierbare Kurve und $f\colon \mathbb{R}^3 \to \mathbb{R}$ eine stetig partiell differenzierbare Funktion. Welche der folgenden Aussagen sind stets wahr?

(1) $\int_0^1 \|\gamma'(t)\| \, dt = L_{0,1}(\gamma)$

(2) $\int_0^1 \|\gamma'(t)\| \, dt \geq 0$

(3) $\int_0^1 \|\gamma'(t)\| \, dt > 0$

(4) $\int_\gamma \operatorname{grad} f \cdot ds = \int_0^1 \|\operatorname{grad} f(\gamma(t))\| \, dt$

(5) $\int_\gamma \operatorname{grad} f \cdot ds = 0$

(6) $\int_\gamma \operatorname{rot}(\operatorname{grad} f) \cdot ds = 0$

(7) $f(\gamma(1)) - f(\gamma(0)) = \int_\gamma \operatorname{grad} f \cdot ds$

(8) $\gamma(1) = \gamma(0) \Rightarrow \int_\gamma \operatorname{grad} f \cdot ds = 0$

(9) $2 \cdot \int_0^{\frac{1}{2}} \|\gamma'(t)\| \, dt = \int_0^1 \|\gamma'(t)\| \, dt$

(10) $\int_0^1 \|\gamma'(t)\| \, dt = - \int_1^0 \|\gamma'(t)\| \, dt$

(11) $L_{0,\frac{1}{2}}(\gamma) = \int_0^{\frac{1}{2}} (\langle \gamma'(t), \gamma'(t) \rangle)^{\frac{1}{2}} \, dt$

III.   Sei $\gamma\colon [0,1] \to \mathbb{R}^3$, $t \mapsto (\cos(\pi t), \sin(\pi t), 0)$. Welchen Wert hat die Bogenlänge $L_{0,1}(\gamma)$?

(1) $\frac{\pi}{4}$

(2) $\frac{\pi}{2}$

(3) π

(4) 2π

10 Mehrfachintegration

Einblick

Wir haben entlang der x-Achse integriert, um z. B. die Fläche unter dem Graphen einer Funktion zu berechnen. Die Ideen dazu lassen sich auf den Fall von zwei Dimensionen verallgemeinern: An die Stelle von Intervallen treten dann beispielsweise Rechtecke, die dann aus einem Intervall auf der x-Achse und einem solchen auf der y-Achse gebildet werden – diese Rechtecke liegen dann in der $x - y$-Ebene.

Die Grundidee lässt sich auf weitere Dimensionen erweitern, zusätzlich auf Gebiete, die keine simplen Rechtecke mehr sind.

Mehrfachintegration in $\mathbb{R}^2$

Erläuterung

Haben wir ein Rechteck $B = [a, b] \times [c, d] \subset \mathbb{R}^2$ vorliegen, so kann die Integration einer Funktion $f : B \to \mathbb{R}$ durch Riemann'sche Summen vom 1-dimensionalen Fall verallgemeinert werden, indem das Rechteck in Teilrechtecke gleichen Flächeninhalts mit den Eckpunkten $(x_j, y_k) = (a + j\Delta x, c + k\Delta y)$ unterteilt wird, wobei $\Delta x = \frac{b-a}{n}$, $\Delta y = \frac{d-c}{n}$ und $j, k \in \{0, \ldots, n\}$. Das Volumen der Quader unter dem Graphen von f beträgt jeweils $\Delta x \Delta y f(x_j, y_k)$; das Gesamtvolumen ist

$$F(n) := \sum_{j,k=0}^{n} \Delta x \Delta y f(x_j, y_k),$$

was die Basisüberlegung für den folgenden Satz darstellt.

■ Satz

Für stetige Funktionen (oder Funktionen mit höchstens endlich vielen Unstetigkeitsstellen) $f : [a, b] \times [c, d] \to \mathbb{R}$ ist die oben definierte Folge Riemann'scher Summen $(F(n))_{n \in \mathbb{N}}$ konvergent. Wir nennen den Grenzwert das Integral von f über $B = [a, b] \times [c, d]$ und schreiben

$$\iint_B f(x, y)\, dx dy = \lim_{n \to \infty} F(n).$$

$\square$

© Springer-Verlag GmbH Deutschland 2019
M. Plaue und M. Scherfner, *Mathematik für das Bachelorstudium II*,
https://doi.org/10.1007/978-3-8274-2557-7_10

Erläuterung

Wir erkennen, dass die Ideen für den Fall einer Dimension einfach übernommen wurden. Passend dazu können Integrale über Quader in höheren Dimensionen analog definiert werden.

■ **Satz**

Satz von Fubini. Für ein Rechteck $B = [a, b] \times [c, d] \subset \mathbb{R}^2$ und eine stetige Funktion $f \colon B \to \mathbb{R}$ gilt:

$$\iint_B f(x, y)\, dxdy = \int_a^b \left(\int_c^d f(x, y)\, dy \right) dx = \int_c^d \left(\int_a^b f(x, y)\, dx \right) dy$$

Für Integrale über Quader in höheren Dimensionen gilt die Aussage analog.   □

Beispiel

Für $R = [0, 2] \times [0, 1]$ und $f(x, y) = xy + 1$ haben wir

$$\iint_R f(x, y)\, dxdy = \int_0^2 \left(\int_0^1 (xy + 1)\, dy \right) dx$$

$$= \int_0^2 \left(x\frac{y^2}{2} + y \right) \Big|_{y=0}^{1} dx$$

$$= \int_0^2 \left(\frac{x}{2} + 1 \right) dx$$

$$= \left(\frac{x^2}{4} + x \right) \Big|_{x=0}^{2}$$

$$= 3.$$

Erläuterung

Ist der Definitionsbereich kein Rechteck, sondern die Fläche zwischen dem Graphen zweier Funktionen, so gilt die Integrationsformel im nun kommenden Satz.

■ **Satz**

Seien $\alpha, \beta \colon [a, b] \to \mathbb{R}$ stetig differenzierbare Funktionen mit $\alpha(x) \leq \beta(x)$ für alle $x \in [a, b]$, $B = \{ (x, y) \in \mathbb{R}^2 \,|\, a \leq x \leq b,\ \alpha(x) \leq y \leq \beta(x) \}$ und $f \colon B \to \mathbb{R}$ eine stetige Funktion. Dann konvergiert die Folge Riemann'scher Summen von f über B, und es gilt:

$$\iint_B f(x, y)\, dxdy = \int_a^b \left(\int_{\alpha(x)}^{\beta(x)} f(x, y)\, dy \right) dx$$ □

Beispiel

Der Schnitt der (abgeschlossenen) Kreisscheibe mit Radius 1 und Mittelpunkt $(0,0)$ in der Ebene mit dem ersten Quadranten ist gegeben durch die Viertelkreisscheibe

$$B = \left\{ \begin{pmatrix} x \\ y \end{pmatrix} \in \mathbb{R}^2 \,\middle|\, 0 \le x \le 1,\, 0 \le y \le \sqrt{1-x^2} \right\}.$$

Das Integral der Funktion $f(x,y) = xy + 1$ über B berechnet sich dementsprechend zu:

$$\iint_B f(x,y)\,dxdy = \int_0^1 \left(\int_0^{\sqrt{1-x^2}} (xy+1)dy \right) dx$$

$$= \int_0^1 \left(\frac{xy^2}{2} + y \right) \Bigg|_{y=0}^{\sqrt{1-x^2}} dx$$

$$= \int_0^1 \left(\frac{x}{2}(1-x^2) + \sqrt{1-x^2} \right) dx$$

$$= \frac{1}{2} \int_0^1 (x - x^3)dx + \int_0^1 \sqrt{1-x^2}\,dx$$

$$= \frac{1}{2} \left(\frac{1}{2}x^2 - \frac{1}{4}x^4 \right) \Bigg|_{x=0}^{1} + \frac{\pi}{4}$$

$$= \frac{1}{2} \left(\frac{1}{2} - \frac{1}{4} \right) + \frac{\pi}{4}$$

$$= \frac{1 + 2\pi}{8}$$

Ein Flächenstück $B \subset \mathbb{R}^2$, welches kompakt und durch eine endliche Anzahl von stetig differenzierbaren Kurven berandet ist, wollen wir Integrationsbereich nennen.

Mehrfachintegration in $\mathbb{R}^3$

■ **Satz**

Seien $\alpha, \beta \colon \mathbb{R}^2 \overset{\circ}{\supseteq} U \to \mathbb{R}$ stetig differenzierbare Funktionen, und $B^* \subset U$ sei ein Integrationsbereich mit $\alpha(x,y) \le \beta(x,y)$ für alle $(x,y) \in B^*$. Sei außerdem $B = \{ (x,y,z) \in \mathbb{R}^3 \,|\, (x,y) \in B^*,\, \alpha(x,y) \le z \le \beta(x,y) \}$, und $f \colon B \to \mathbb{R}$ sei eine stetige Funktion. Dann konvergiert die Folge Riemann'scher Summen von f über B, und es gilt:

$$\iiint_B f(x,y,z)\,dxdydz = \iint_{B^*} \left(\int_{\alpha(x,y)}^{\beta(x,y)} f(x,y,z)\,dz \right) dxdy$$

$\square$

Beispiel

Sei

$$B^* = \left\{ \begin{pmatrix} x \\ y \end{pmatrix} \in \mathbb{R}^2 \;\middle|\; -1 \leq x \leq 1,\, 0 \leq y \leq 1 - x^2 \right\},$$

d. h. B^* ist die Fläche zwischen den Graphen von $\alpha^*(x) = 0$ und $\beta^*(x) = 1 - x^2$. Die Funktion $\beta(x, y) = \frac{1}{2}(1 - y)$ ist nicht negativ auf B^* und wir können das Volumenstück

$$B = \left\{ \begin{pmatrix} x \\ y \\ z \end{pmatrix} \in \mathbb{R}^3 \;\middle|\; -1 \leq x \leq 1,\, 0 \leq y \leq 1 - x^2,\, 0 \leq z \leq \frac{1}{2}(1 - y) \right\}$$

betrachten. Integrieren wir die Funktion $f(x, y, z) = 8yz$ über B, ergibt sich:

$$\iiint_B f(x, y, z)\, dx dy dz =$$

$$\iint_{B^*} \left(\int_0^{\frac{1}{2}(1-y)} 8yz\, dz \right) dx dy =$$

$$\iint_{B^*} 4yz^2 \Big|_{z=0}^{\frac{1}{2}(1-y)} dx dy =$$

$$\iint_{B^*} y(1 - y)^2\, dx dy =$$

$$\int_{-1}^{1} \left(\int_0^{1-x^2} (y - 2y^2 + y^3)\, dy \right) dx =$$

$$\int_{-1}^{1} \left(\frac{1}{2}y^2 - \frac{2}{3}y^3 + \frac{1}{4}y^4 \right) \Bigg|_{y=0}^{1-x^2} dx =$$

$$\int_{-1}^{1} \left(\frac{1}{2}(1 - x^2)^2 - \frac{2}{3}(1 - x^2)^3 + \frac{1}{4}(1 - x^2)^4 \right) dx =$$

$$\int_{-1}^{1} \left(\frac{1}{12} - \frac{1}{3}x^6 + \frac{1}{4}x^8 \right) dx =$$

$$\left(\frac{1}{12}x - \frac{1}{21}x^7 + \frac{1}{36}x^9 \right) \Bigg|_{x=-1}^{1} = \frac{8}{63}$$

Beispiel

Der Schwerpunkt $S \in \mathbb{R}^3$ eines Körpers $K \subset \mathbb{R}^3$ mit konstanter Massendichte kann über die Formel

$$S = \frac{1}{\iiint_K dx dy dz} \begin{pmatrix} \iiint_K x\, dx dy dz \\ \iiint_K y\, dx dy dz \\ \iiint_K z\, dx dy dz \end{pmatrix}$$

berechnet werden.

Ausblick

Wir werden der Mehrfachintegration wieder begegnen, wenn es um die sogenannten Integralsätze geht, zu denen der schon erwähnte Satz von Stokes gehört, gleichfalls der bedeutende Satz von Gauß. Beide Sätze sind wieder für die
Mathematik selbst, aber auch für physikalische Anwendungen wichtig – immer
wieder lässt sich so die Nähe der beiden Fachgebiete erkennen; sie bereichern
sich gegenseitig massiv.

Durch ein Doppelintegral lässt sich u. a. der Schwerpunkt einer Fläche berechnen. Dies ist (im Rahmen der sogenannten Unscharfen Logik) sogar einer der
Schlüssel zur Künstlichen Intelligenz, die autonomes Fahren möglich macht,
oder hinter dem Autofokus von Kameras steckt – tatsächlich ist es aber bis
dahin noch ein Stück des Wegs, der zu wirklich neuen Ufern führt.

Selbsttest

I. Sei $B = [a_1, b_1] \times [a_2, b_2] \subset \mathbb{R}^2$, und sei $f \colon \mathbb{R}^2 \to \mathbb{R}$ eine stetige Funktion. Welche der folgenden Aussagen sind stets wahr?

(1) $\quad \iint_B f(x, y)\, dxdy = \int_{a_2}^{b_2} \left(\int_{a_1}^{b_1} f(x, y)\, dx \right) dy$

(2) $\quad \iint_B f(x, y)\, dxdy = \int_{a_2}^{b_2} \left(\int_{a_1}^{b_1} f(x_1, x_2)\, dx_1 \right) dx_2$

(3) $\quad \iint_B f(x, y)\, dxdy = \int_{a_2}^{b_2} \left(\int_{a_1}^{b_1} f(y, x)\, dy \right) dx$

(4) $\quad \iint_B f(x, y)\, dxdy = -\int_{a_2}^{b_2} \left(\int_{a_1}^{b_1} f(y, x)\, dx \right) dy$

(5) $\quad \iint_B f(x, y)\, dxdy = \int_{a_1}^{a_2} \left(\int_{b_1}^{b_2} f(x, y)\, dy \right) dx$

(6) $\quad \iint_B f(x, y)\, dxdy = \int_{a_1}^{b_1} \left(\int_{a_2}^{b_2} f(x, y)\, dy \right) dx$

(7) $\quad \iint_B f(x, y)\, dxdy = \int_{a_2}^{b_2} \left(\int_{a_1}^{b_1} f(x, y)\, dy \right) dx$

(8) $\quad \iint_B f(x, y)\, dxdy = \int_{a_1}^{b_1} \left(\int_{a_2}^{b_2} f(x, y)\, dx \right) dy$

(9) $\quad \iint_B f(x, y)\, dxdy = \int_{a_1}^{b_1} \left(\int_{a_2}^{b_2} f(y, x)\, dx \right) dy$

(10) $\quad \iint_B f(x, y)\, dxdy = \left(\int_{a_1}^{b_1} f(x, x)\, dx \right) \cdot \left(\int_{a_2}^{b_2} f(y, y)\, dy \right)$

(11) $\quad \iint_B f(x, y)\, dxdy = -\int_{b_2}^{a_2} \left(\int_{a_1}^{b_1} f(x, y)\, dx \right) dy$

(12) $\quad \iint_B f(x, y)\, dxdy = -\int_{a_2}^{b_2} \left(\int_{b_1}^{a_1} f(x, y)\, dx \right) dy$

(13) $\quad \iint_B f(x, y)\, dxdy = -\int_{b_2}^{a_2} \left(\int_{b_1}^{a_1} f(x, y)\, dx \right) dy$

II. Seien $D = \left\{ (x, y) \in \mathbb{R}^2 \,\middle|\, x^2 + y^2 \leq 1 \right\}$ und

$$K = \left\{ (x, y, z) \in \mathbb{R}^3 \,\middle|\, (x, y) \in D,\ 0 \leq z \leq \sqrt{1 - x^2 - y^2} \right\}.$$

Welche der folgenden Aussagen sind wahr? Hinweis: Das Volumen einer Kugel mit Radius $R > 0$ ist gegeben durch $\frac{4\pi}{3} R^3$.

(1) $\quad \iiint_K z^2\, dxdydz = \iint_D \left(\int_0^{\sqrt{1-x^2-y^2}} z^2\, dz \right) dxdy$

(2) $\quad \iiint_K dxdydz = \iint_D \sqrt{1 - x^2 - y^2}\, dxdy$

(3) $\quad \iiint_K dxdydz = \frac{4\pi}{6}$

11 Flächen und Integrale

Einblick

Wir erinnern uns daran, dass für den Fall einer Dimension Integrale u. a. dazu verwendet wurden, um die Fläche zwischen der x-Achse und dem Graphen einer Funktion zu berechnen. Auch im mehrdimensionalen Fall spielt der Zusammenhang zwischen Flächen und Integralen eine Rolle, der sogar über die reine Flächenberechnung hinausgeht.

Der Integrationsbereich war zuvor stets ein reelles Intervall. Nun ist es bedeutungsvoll, dies auf Flächen als Integrationsbereich zu erweitern. Dabei ist es egal, welches Koordinatensystem dafür verwendet wird, was einen Teil unserer Betrachtungen ausmacht.

Integrale helfen u. a. bei der Ermittlung der Menge an Flüssigkeit, die in einer bestimmten Zeit durch eine gekrümmte Fläche fließt, weiterhin bei der Berechnung einer Gesamtladung auf einer Fläche, die mit einer Ladungsdichte versehen ist.

Grundlegendes zu Flächen und Integralen

Erläuterung

Der Transformationssatz (auch Transformationsformel genannt) beschreibt in der Analysis das Verhalten von Integralen unter sogenannten Koordinatentransformationen. Er ist somit die Verallgemeinerung der Integration durch Substitution auf Funktionen höherer Dimensionen. Der Transformationssatz wird als Hilfsmittel bei der Berechnung von Integralen verwendet, wenn sich das Integral nach Überführung in ein anderes Koordinatensystem leichter berechnen lässt.

■ Satz

Seien $B, B^* \subset \mathbb{R}^2$ Integrationsbereiche, und sei $f \colon B \to \mathbb{R}$ stetig. Sei darüber hinaus $\psi \colon \mathbb{R}^2 \supseteq U \to \mathbb{R}^2$ eine stetig partiell differenzierbare Abbildung mit $B^* \subset U$ und $B \subset \psi(U)$, welche B^* bijektiv auf B abbildet. Dann gilt

$$\iint_B f(x,y)\,dxdy = \iint_{B^*} (f \circ \psi)(u,v)\,|\det(\psi'(u,v))|\,dudv. \qquad \square$$

© Springer-Verlag GmbH Deutschland 2019
M. Plaue und M. Scherfner, *Mathematik für das Bachelorstudium II*,
https://doi.org/10.1007/978-3-8274-2557-7_11

Erläuterung

Wir erinnern daran, dass ein Integrationsbereich (kurz: Bereich) $B \subset \mathbb{R}^2$ per Definition eine kompakte Menge ist, deren Rand durch eine endliche Anzahl stetig differenzierbarer Kurven gegeben ist.

Es genügt, wenn ψ die Bereiche B^* und B bis auf endlich viele Punkte oder mit Ausnahme von Randpunkten bijektiv überführt. Wir nennen ψ in diesem Zusammenhang auch Koordinatentransformation, siehe Abbildung:

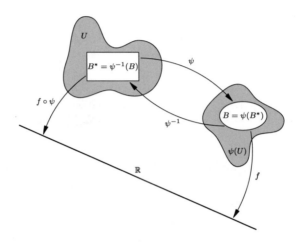

Beispiel

Sei $B_R = \{z \in \mathbb{R}^2 \,|\, \|z\| \leq R\}$ die Kreisscheibe in der Ebene um den Ursprung mit Radius $R > 0$. Wir möchten das Integral der Funktion $f(x, y) = e^{-x^2 - y^2}$ über B_R berechnen. Hierzu bemerken wir, dass die sogenannte Polarkoordinatenabbildung $\psi \colon (r, \phi) \mapsto (r \cos \phi, r \sin \phi)$ das Rechteck $B_R^* = [0, R] \times [0, 2\pi]$ mit Ausnahme der Punkte mit $r = 0$ bijektiv auf B_R abbildet. Über Rechtecke können wir jedoch mit dem Satz von Fubini leicht integrieren. Hierzu benötigen wir noch die Funktionaldeterminante der Transformation ψ:

$$\det \psi'(r, \phi) = \det \begin{pmatrix} \cos \phi & -r \sin \phi \\ \sin \phi & r \cos \phi \end{pmatrix} \Rightarrow$$

$$|\det \psi'(r, \phi)| = |r \cos^2 \phi + r \sin^2 \phi| = r$$

Insgesamt haben wir also

$$\iint_{B_R} f(x, y)\, dxdy = \iint_{B_R^*} (f \circ \psi)(r, \phi)\, |\det(\psi'(r, \phi))|\ drd\phi$$

$$= \iint_{B_R^*} e^{-(r \cos \phi)^2 - (r \sin \phi)^2} r\, drd\phi$$

$$= \int_0^R \left(\int_0^{2\pi} e^{-r^2} r\, d\phi \right) dr$$

$$= 2\pi \int_0^R e^{-r^2} r\, dr \qquad \text{(Substitution } u = r^2\text{)}$$

$$= 2\pi \int_0^{R^2} \frac{1}{2r} e^{-u} r\, du$$

$$= \pi \int_0^{R^2} e^{-u}\, du$$

$$= \pi \left(1 - e^{-R^2}\right).$$

Erläuterung

Auch wenn wir hier keine Theorie der uneigentlichen Integrale im Mehrdimensionalen behandeln, sei angemerkt, dass (zumindest formal) gilt:

$$\iint_{\mathbb{R}^2} e^{-x^2-y^2}\, dxdy = \lim_{R\to\infty} \iint_{B_R} e^{-x^2-y^2}\, dxdy$$

$$= \lim_{R\to\infty} \pi \left(1 - e^{-R^2}\right)$$

$$= \pi$$

Insbesondere würde mit dem inzwischen bekannten Satz von Fubini folgen, dass

$$\pi = \iint_{\mathbb{R}^2} e^{-x^2-y^2}\, dxdy$$

$$= \int_{-\infty}^{\infty} e^{-x^2} \left(\int_{-\infty}^{\infty} e^{-y^2}\, dy\right) dx$$

$$= \left(\int_{-\infty}^{\infty} e^{-x^2}\, dx\right) \cdot \left(\int_{-\infty}^{\infty} e^{-y^2}\, dy\right)$$

$$= \left(\int_{-\infty}^{\infty} e^{-x^2}\, dx\right)^2,$$

bzw.

$$\int_{-\infty}^{\infty} e^{-x^2}\, dx = \sqrt{\pi},$$

da e^{-x^2} immer positiv ist. Das ist auch tatsächlich der korrekte Wert für dieses Integral, welches u. a. in der Wahrscheinlichkeitstheorie oft benötigt wird.

Erläuterung

Für eine beliebige Menge $B \subseteq \mathbb{R}^m$ heiße eine Abbildung $\psi\colon B \to \mathbb{R}^n$ stetig partiell differenzierbar, wenn ψ die Einschränkung einer auf einer offenen Menge $U \supseteq B$ definierten, stetig partiell differenzierbaren Abbildung ist. Insbesondere ist ψ auf der offenen Menge $B \setminus \partial B$ im herkömmlichen Sinne stetig differenzierbar.

Parametrisierung von Flächen in $\mathbb{R}^3$

▶ **Definition**

Sei $B \subset \mathbb{R}^2$ ein Bereich. Eine Flächenparametrisierung in $\mathbb{R}^3$ ist eine (wenigstens einmal) stetig partiell differenzierbare Abbildung $\psi\colon B \to \mathbb{R}^3$, wobei gilt:

1. ψ ist auf $B \setminus \partial B$ injektiv.

2. $\partial_u \psi(u,v)$ und $\partial_v \psi(u,v)$ sind für alle $(u,v) \in B \setminus \partial B$ linear unabhängig.

Die Menge $M = \psi(B)$ nennen wir Fläche oder Flächenstück. Wenn keine Verwechslungsgefahr besteht, nennen wir auch die Abbildung ψ einfach Fläche oder Flächenstück.   ◀

Erläuterung

Die partiellen Ableitungen sind komponentenweise zu verstehen, also

$$\partial_u \psi(u,v) = \begin{pmatrix} \partial_u \psi_1(u,v) \\ \partial_u \psi_2(u,v) \\ \partial_u \psi_3(u,v) \end{pmatrix}.$$

▶ **Definition**

Die Vektoren $\partial_u \psi(u,v)$ und $\partial_v \psi(u,v)$ heißen Tangentialvektoren, der Vektor $(\partial_u \psi \times \partial_v \psi)(u,v)$ heißt Normalenvektor der Fläche im Punkt $\psi(u,v)$.   ◀

Erläuterung

Die Tangentialvektoren spannen die Tangentialebene an die Fläche auf und der Normalenvektor steht senkrecht auf dieser. Die Variablen u und v nennen wir Parameter oder auch Koordinaten. Für festes $u = u_0$ ($v = v_0$) nennen wir die Kurve $\gamma\colon v \mapsto \psi(u_0,v)$ ($\gamma\colon u \mapsto \psi(u,v_0)$) eine v-Koordinatenlinie (u-Koordinatenlinie).

Beispiel

Der Graph einer stetig partiell differenzierbaren Funktion $f\colon \mathbb{R}^2 \supseteq U \to \mathbb{R}$ kann, eingeschränkt auf einen Bereich $B \subset U$, durch

$$\psi(u,v) = \begin{pmatrix} u \\ v \\ f(u,v) \end{pmatrix}$$

parametrisiert werden. Die Tangentialvektoren sind auch tatsächlich überall linear unabhängig:

$$\frac{\partial \psi}{\partial u}(u,v) = \begin{pmatrix} 1 \\ 0 \\ \frac{\partial f}{\partial u}(u,v) \end{pmatrix}, \quad \frac{\partial \psi}{\partial v}(u,v) = \begin{pmatrix} 0 \\ 1 \\ \frac{\partial f}{\partial v}(u,v) \end{pmatrix}$$

Beispiel

Sei $f \colon [a, b] \to \mathbb{R}$ eine stetig differenzierbare Funktion mit $f(z) > 0$ für alle $z \in [a, b]$. Die Fläche, die durch Rotation des Graphen von f um die z-Achse im Raum entsteht (also $\{(x, y, z) \in \mathbb{R}^3 | x^2 + y^2 = f(z)^2\}$), kann z. B. durch

$$\psi \colon [a, b] \times [0, 2\pi] \to \mathbb{R}^3, \ \psi(z, \phi) = \begin{pmatrix} f(z) \cos \phi \\ f(z) \sin \phi \\ z \end{pmatrix}$$

parametrisiert werden. Die Tangentialvektoren sind bei dieser Parametrisierung orthogonal:

$$\frac{\partial \psi}{\partial z}(z, \phi) = \begin{pmatrix} f'(z) \cos \phi \\ f'(z) \sin \phi \\ 1 \end{pmatrix}, \quad \frac{\partial \psi}{\partial \phi}(z, \phi) = \begin{pmatrix} -f(z) \sin \phi \\ f(z) \cos \phi \\ 0 \end{pmatrix}$$

Beispiel

Die Sphäre $S^2(R) = \{(x, y, z) \in \mathbb{R}^3 | x^2 + y^2 + z^2 = R^2\}$ mit Radius $R > 0$ kann z. B. durch

$$\psi \colon [0, 2\pi] \times [-\tfrac{\pi}{2}, \tfrac{\pi}{2}] \to \mathbb{R}^3, \ \psi(\phi, \theta) = R \begin{pmatrix} \cos \theta \cos \phi \\ \cos \theta \sin \phi \\ \sin \theta \end{pmatrix}$$

parametrisiert werden. Die Tangentialvektoren sind bei dieser Parametrisierung orthogonal:

$$\frac{\partial \psi}{\partial \phi}(\phi, \theta) = R \begin{pmatrix} -\cos \theta \sin \phi \\ \cos \theta \cos \phi \\ 0 \end{pmatrix}, \quad \frac{\partial \psi}{\partial \theta}(\phi, \theta) = R \begin{pmatrix} -\sin \theta \cos \phi \\ -\sin \theta \sin \phi \\ \cos \theta \end{pmatrix}$$

Beispiel

Stellen wir uns die Oberfläche der Erdkugel als parametrisierte Sphäre vor, so entspricht θ der geografischen Breite und ϕ der geografischen Länge. Die Tangentialvektoren $\partial_\phi \psi$ und $\partial_\theta \psi$ zeigen immer nach Osten bzw. Norden.

Die ϕ-Koordinatenlinien sind Kreise parallel zur x-y-Ebene (Breitengrade), die θ-Koordinatenlinien sind halbe Großkreise, welche die Punkte $(0, 0, 1)$ und $(0, 0, -1)$, also Nord- und Südpol, verbinden (Längengrade). Die ϕ-Koordinatenlinie mit $\theta = 0$ entspricht dem Äquator in der x-y-Ebene.

Berlin hätte in Radiant etwa die Koordinaten $(0{,}17; 0{,}94)$.

Oberflächenintegrale

▶ **Definition**

Sei $f\colon \mathbb{R}^3 \supseteq U \to \mathbb{R}$ eine stetige Funktion und $\psi\colon B \to \mathbb{R}^3$ eine Fläche mit $\psi(B) \subseteq U$. Dann heißt

$$\iint_\psi f\,dO := \iint_B (f \circ \psi)(u,v)\|\partial_u \psi(u,v) \times \partial_v \psi(u,v)\|\,dudv$$

das Oberflächenintegral von f über ψ.   ◀

Erläuterung

Tatsächlich hängt der Wert des Integrals nicht von der Parametrisierung der „eigentlichen" Fläche $M = \psi(B)$ ab. Deshalb können wir auch schreiben

$$\iint_M f\,dO := \iint_\psi f\,dO.$$

Erläuterung

Für $f = 1$ erhalten wir durch das Integral die Oberfläche von $\psi(B)$.

Erläuterung

Den formalen Ausdruck „$dO = \|\partial_u \psi \times \partial_v \psi\|dudv$" nennen wir auch infinitesimales Oberflächenelement.

Erläuterung

Das Integral über die Vereinigung $M = \bigcup_{i=1}^N M_i = \bigcup_{i=1}^N \psi_i(B_i)$ einer Anzahl von Flächenstücken $\psi_i\colon B_i \to \mathbb{R}^3$, welche bis auf Punkte aus $\psi_i(\partial B_i)$ disjunkt sind, wird wie üblich über die Summe definiert:

$$\iint_M f\,dO = \sum_{i=1}^N \iint_{M_i} f\,dO$$

Auf diese Weise können wir z. B. das Integral über einen Würfel ausrechnen, welcher aus sechs parametrisierbaren Seitenflächen besteht, jedoch selbst nicht „am Stück" differenzierbar parametrisiert werden kann.

Beispiel

Wir wollen die Oberfläche einer Kugel mit Radius $R > 0$ berechnen. Das infinitesimale Oberflächenelement ist bei der Parametrisierung der Sphäre aus obigem Beispiel gegeben durch

$$dO = \left\| R \begin{pmatrix} -\cos\theta\sin\phi \\ \cos\theta\cos\phi \\ 0 \end{pmatrix} \times R \begin{pmatrix} -\sin\theta\cos\phi \\ -\sin\theta\sin\phi \\ \cos\theta \end{pmatrix} \right\| d\phi d\theta$$

$$= R^2 \left\| \begin{pmatrix} \cos^2\theta\cos\phi \\ \cos^2\theta\sin\phi \\ \cos\theta\sin\theta\sin^2\phi + \cos\theta\sin\theta\cos^2\phi \end{pmatrix} \right\| d\phi d\theta$$

$$= R^2 \left\| \begin{pmatrix} \cos^2\theta\cos\phi \\ \cos^2\theta\sin\phi \\ \cos\theta\sin\theta \end{pmatrix} \right\| d\phi d\theta$$

$$= R^2 \left\| \cos\theta \begin{pmatrix} \cos\theta\cos\phi \\ \cos\theta\sin\phi \\ \sin\theta \end{pmatrix} \right\| d\phi d\theta$$

$$= R^2 \, |\cos\theta| \left\| \begin{pmatrix} \cos\theta\cos\phi \\ \cos\theta\sin\phi \\ \sin\theta \end{pmatrix} \right\| d\phi d\theta$$

$$= R^2 \, |\cos\theta| \, d\phi d\theta.$$

Damit ergibt sich

$$\iint_{S^2(R)} dO = \iint_{[0,2\pi]\times[-\frac{\pi}{2},\frac{\pi}{2}]} R^2 \, |\cos\theta| \, d\phi d\theta$$

$$= R^2 \int_{-\frac{\pi}{2}}^{\frac{\pi}{2}} \left(\int_0^{2\pi} |\cos\theta| \, d\phi \right) d\theta$$

$$= 2\pi R^2 \int_{-\frac{\pi}{2}}^{\frac{\pi}{2}} |\cos\theta| \, d\theta$$

$$= 2\pi R^2 \left(2 \int_0^{\frac{\pi}{2}} \cos\theta d\theta \right)$$

$$= 4\pi R^2.$$

Flussintegrale

▶ **Definition**

Sei $X\colon \mathbb{R}^3 \supseteq U \to \mathbb{R}^3$ ein stetiges Vektorfeld und $\psi\colon B \to \mathbb{R}^3$ eine Fläche mit $\psi(B) \subseteq U$. Dann heißt

$$\iint_\psi X \cdot dO := \iint_B \langle (X \circ \psi)(u,v), \partial_u\psi(u,v) \times \partial_v\psi(u,v) \rangle \, dudv$$

das Flussintegral von X über ψ. ◀

Erläuterung

Wir können ein Flussintegral auch wie folgt berechnen:

$$\iint_\psi X \cdot dO = \iint_B \det\left((X \circ \psi)(u,v), \partial_u\psi(u,v), \partial_v\psi(u,v) \right) dudv$$

Erläuterung

Das Flussintegral hängt im Allgemeinen von der Parametrisierung der Fläche ab. Für sogenannte orientierbare Flächen, bei denen jedem Punkt auf der Fläche in stetiger Weise ein Normalenvektor zugeordnet werden kann, ist das Integral jedoch betragsmäßig unabhängig von der Parametrisierung. Das Vorzeichen hängt dann noch von der Richtung des Normalenvektors ab, welcher auf eine der beiden „Seiten" der Fläche zeigen kann. Eine Wahl dieser Richtung nennen wir Orientierung.

Für orientierbare Flächen $M = \psi(B)$ mit fest gewählter Orientierung können wir dann auch wie beim skalaren Oberflächenintegral schreiben: $\iint_M X \cdot dO :=$ $\iint_\psi X \cdot dO$.

Beispiel

Das sogenannte Möbius-Band

$$\psi \colon [0, 4\pi] \times [0, \tfrac{1}{2}] \to \mathbb{R}^3,\ \psi(u,v) = \begin{pmatrix} \cos u + v \cos \tfrac{u}{2} \cos u \\ \sin u + v \cos \tfrac{u}{2} \sin u \\ v \sin \tfrac{u}{2} \end{pmatrix}$$

ist nicht orientierbar. Es gilt $\psi(2\pi, 0) = \psi(0,0)$, jedoch berechnen wir für den Normalenvektor $N = \partial_u \psi \times \partial_v \psi$:

$$\lim_{(u,v) \to (0,0)} N(u,v) = (0,0,1), \quad \lim_{(u,v) \to (2\pi,0)} N(u,v) = (0,0,-1)$$

Es gibt auch keine andere Parametrisierung, mit der dieser Missstand behoben werden könnte. In diesem Sinne besitzt das Möbius-Band keine zwei Seiten:

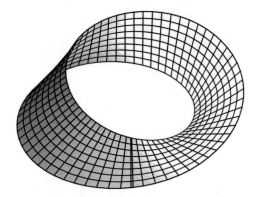

Beispiel

Nach dem Coulomb'schen Gesetz gilt für das elektrische Feld E, das von einer punktförmigen Ladung $Q \in \mathbb{R}$ im Ursprung erzeugt wird:

$$E \colon \mathbb{R}^3 \setminus \{0\} \to \mathbb{R}^3,\ E(x) = \frac{1}{4\pi\epsilon_0} \frac{Q}{\|x\|^2} \frac{x}{\|x\|}$$

(Hierbei ist $\epsilon_0 = 8{,}854 \cdot 10^{-12} \frac{\text{A}^2\text{s}^4}{\text{kg} \cdot \text{m}^3}$ die elektrische Feldkonstante.)

Der Normalenvektor einer Sphäre um die Punktladung mit Radius $R > 0$ zeigt in dieselbe Richtung wie E. Für den elektrischen Fluss durch die Sphäre ergibt sich damit

$$
\begin{aligned}
\iint_{S^2(R)} E \cdot dO &= \iint_{S^2(R)} \|E\| dO \\
&= \iint_{S^2(R)} \frac{1}{4\pi\epsilon_0} \frac{Q}{R^2} dO \\
&= \frac{1}{4\pi\epsilon_0} \frac{Q}{R^2} \iint_{S^2(R)} dO \\
&= \frac{1}{4\pi\epsilon_0} \frac{Q}{R^2} 4\pi R^2 \\
&= \frac{Q}{\epsilon_0}.
\end{aligned}
$$

Das ist gerade ein Spezialfall des allgemeinen Gauß'schen Gesetzes: Der elektrische Fluss durch eine Fläche ist proportional zu der von der Fläche eingeschlossenen Ladung.

Ausblick

Nun endlich haben wir alle Zutaten parat, um zu den bedeutenden Integralsätzen von Gauß und Stokes zu kommen, die bisherige Gedanken für neue Resultate verwenden – mit weitreichenden Folgen.

Neben den theoretischen Aussagen geht es um Anwendungen in Physik und Ingenieurwissenschaften.

Selbsttest

I. Sei $B = [0, a] \times [0, a] \subset \mathbb{R}^2$, und sei $f \colon B \to B$ eine bijektive und stetig partiell differenzierbare Funktion. Welche der folgenden Aussagen sind stets wahr? Hinweis: $\| \cdot \|$ bezeichnet die Standardnorm von $\mathbb{R}^2$.

(1) $\iint_B dx dy = \int_0^a \left(\int_0^a dx \right) dy$

(2) $\iint_B dx dy = a^2$

(3) $\iint_B |\det(f'(x,y))| \, dx dy = \iint_B dx dy$

(4) $\iint_B |\det(f'(u,v))| \, du dv = a^2$

(5) $\iint_B \|f(x,y)\| \, dx dy = \iint_B dx dy$

(6) $\iint_B |\det(f'(x,y))| \, dx dy = \iint_B \|f(x,y)\| \, dx dy$

(7) $\iint_B \|f(x,y)\| \, dx dy = \iint_B \|f(u,v)\| |\det(f'(u,v))| \, du dv$

(8) $\iint_B \|f(x,y)\| \, dx dy = \iint_B \|f(f(u,v))\| |\det(f'(u,v))| \, du dv$

II. Sei $f \colon \mathbb{R}^3 \to \mathbb{R}$ eine stetige Funktion, $X \colon \mathbb{R}^3 \to \mathbb{R}$ ein stetiges Vektorfeld, $B \subset \mathbb{R}^2$ ein Bereich und $\psi \colon B \to \mathbb{R}^3$ eine Flächenparametrisierung. Welche der folgenden Formeln sind definiert und korrekt?

(1) $\iint_\psi f \, dO = \iint_B f(u,v) \|\partial_u \psi(u,v) \times \partial_v \psi(u,v)\| du dv$

(2) $\iint_\psi f \, dO = \iint_B f(x,y,z) \|\partial_u \psi(u,v) \times \partial_v \psi(u,v)\| du dv$

(3) $\iint_\psi f \, dO = \iint_B f(\psi(u,v)) \langle \partial_u \psi(u,v), \partial_v \psi(u,v) \rangle du dv$

(4) $\iint_\psi f \, dO = \iint_B f(\psi(x,y)) \, dx dy$

(5) $\iint_\psi f \, dO = \iint_B (f \circ \psi)(u,v) |\det(\psi'(u,v))| du dv$

(6) $\iint_\psi X \cdot dO = \iint_B \|(X \circ \psi)(u,v)\| \cdot \|\partial_u \psi(u,v) \times \partial_v \psi(u,v)\| du dv$

(7) $\iint_\psi X \cdot dO = \iint_B \langle X(u,v), \partial_u \psi(u,v) \times \partial_v \psi(u,v) \rangle du dv$

(8) $\iint_\psi X \cdot dO = \int_0^u \left(\int_0^v \langle X(u,v), \psi(u,v) \rangle dv \right) du$

12 Die Sätze von Gauß und Stokes

Einblick

Der Gauß'sche Integralsatz liefert einen Zusammenhang zwischen der Divergenz eines Vektorfeldes und dem durch das Feld vorgegebenen Fluss durch eine geschlossene Oberfläche.

Beim Stokes'schen Integralsatz wird das Integral einer Rotation eines Vektorfelds über eine Fläche in ein Integral des Vektorfelds selbst über den Rand dieser Fläche überführt.

Der Satz von Gauß

Erläuterung

Analog zum 2-dimensionalen Fall nennen wir eine kompakte Menge $G \subset \mathbb{R}^3$ einen Integrationsbereich, wenn diese durch endlich viele stetig partiell differenzierbare Flächenstücke berandet ist. Diese Flächenstücke sind dann notwendigerweise orientierbar, und wir wählen die Orientierung stets so, dass der Normalenvektor (wo definiert) überall aus dem Bereich G heraus weist. Genauer heißt das: Für alle Randpunkte $x \in \partial G$, in denen der Normalenvektor $N(x)$ definiert ist, gibt es ein $\epsilon > 0$, sodass $x + tN(x) \notin G$ für alle $0 < t < \epsilon$.

Die Gesamtheit der so orientierten Flächenstücke nennen wir dann den orientierten Rand von G.

Das gewöhnliche Integral über eine stetige Funktion $f\colon G \to \mathbb{R}$ nennen wir auch Volumenintegral, und schreiben:

$$\iiint_G f \, dV := \iiint_G f(x_1, x_2, x_3) \, dx_1 dx_2 dx_3$$

■ Satz

Satz von Gauß. Sei $n = 3$ und $X\colon \mathbb{R}^n \overset{\circ}{\supseteq} U \to \mathbb{R}^n$ ein stetig partiell differenzierbares Vektorfeld, und sei $G \subset U$ ein Integrationsbereich mit orientiertem Rand ∂G. Dann gilt:

$$\iiint_G \operatorname{div} X \, dV = \iint_{\partial G} X \cdot dO$$

© Springer-Verlag GmbH Deutschland 2019
M. Plaue und M. Scherfner, *Mathematik für das Bachelorstudium II*,
https://doi.org/10.1007/978-3-8274-2557-7_12

Beweis: Wir beweisen nur den Fall, in dem der Integrationsbereich ein Würfel ist: $G = [-R, R]^3$ mit $R > 0$. Seien $w_{\pm}^{(j)} = \{(x_1, x_2, x_3) \in \partial G | x_j = \pm R\}$ die Seitenflächen des Würfels. Für die linke Seite des Gauß'schen Satzes haben wir

$$
\iiint_G \operatorname{div} v \, dV = \iiint_G \operatorname{div} v(x_1, x_2, x_3) \, dx_1 dx_2 dx_3
$$

$$
= \sum_{i=1}^{3} \int_{-R}^{R} \int_{-R}^{R} \int_{-R}^{R} \frac{\partial v_i}{\partial x_i}(x_1, x_2, x_3) \, dx_1 dx_2 dx_3
$$

$$
= \int_{-R}^{R} \int_{-R}^{R} (v_1(R, x_2, x_3) - v_1(-R, x_2, x_3)) \, dx_2 dx_3
$$

$$
+ \int_{-R}^{R} \int_{-R}^{R} (v_2(x_1, R, x_3) - v_2(x_1, -R, x_3)) \, dx_1 dx_3
$$

$$
+ \int_{-R}^{R} \int_{-R}^{R} (v_3(x_1, x_2, R) - v_3(x_1, x_2, -R)) \, dx_1 dx_2.
$$

Die Seitenflächen des Würfels werden parametrisiert durch

$$
\phi_+^{(1)}(u, v) = (R, u, v),
$$
$$
\phi_-^{(1)}(u, v) = (-R, v, u),
$$
$$
\phi_+^{(2)}(u, v) = (v, R, u),
$$
$$
\phi_-^{(2)}(u, v) = (u, -R, v),
$$
$$
\phi_+^{(3)}(u, v) = (u, v, R),
$$
$$
\phi_-^{(3)}(u, v) = (v, u, -R)
$$

mit $u, v \in [-R, R]$. Die Orientierung ist hierbei so gewählt, dass die Normalenvektoren $N_{\pm}^{(j)} := \frac{\partial \phi_{\pm}^{(j)}}{\partial u} \times \frac{\partial \phi_{\pm}^{(j)}}{\partial v}$ aus dem Würfel heraus weisen:

$$
N_+^{(1)}(u, v) = (1, 0, 0),
$$
$$
N_-^{(1)}(u, v) = (-1, 0, 0),
$$
$$
N_+^{(2)}(u, v) = (0, 1, 0),
$$
$$
N_-^{(2)}(u, v) = (0, -1, 0),
$$
$$
N_+^{(3)}(u, v) = (0, 0, 1),
$$
$$
N_-^{(3)}(u, v) = (0, 0, -1)
$$

An den Kanten des Würfels sind keine Normalenvektoren definiert; das tut der Gültigkeit des Satzes jedoch keinen Abbruch.

Für die rechte Seite des Gauß'schen Satzes haben wir

$$\iint_{\partial G} v \cdot dO = \sum_{j=1}^{3} \left(\iint_{w_+^{(j)}} v \cdot dO + \iint_{w_-^{(j)}} v \cdot dO \right)$$

$$= \sum_{j=1}^{3} \int_{-R}^{R} \int_{-R}^{R} \left(\langle v(\phi_+^{(j)}(u,v)), N_+^{(j)} \rangle + \langle v(\phi_-^{(j)}(u,v)), N_-^{(j)} \rangle \right) du\, dv$$

$$= \sum_{j=1}^{3} \int_{-R}^{R} \int_{-R}^{R} \left(v_j(\phi_+^{(j)}(u,v)) - v_j(\phi_-^{(j)}(u,v)) \right) du\, dv$$

$$= \int_{-R}^{R} \int_{-R}^{R} \left(v_1(R,u,v) - v_1(-R,v,u) \right) du\, dv$$

$$+ \int_{-R}^{R} \int_{-R}^{R} \left(v_2(v,R,u) - v_2(u,-R,v) \right) du\, dv$$

$$+ \int_{-R}^{R} \int_{-R}^{R} \left(v_3(u,v,R) - v_3(v,u,-R) \right) du\, dv$$

$$= \int_{-R}^{R} \int_{-R}^{R} \left(v_1(R,u,v) - v_1(-R,u,v) \right) du\, dv$$

$$+ \int_{-R}^{R} \int_{-R}^{R} \left(v_2(u,R,v) - v_2(u,-R,v) \right) du\, dv$$

$$+ \int_{-R}^{R} \int_{-R}^{R} \left(v_3(u,v,R) - v_3(u,v,-R) \right) du\, dv.$$

Das ist gerade nach Umbenennung der Integrationsvariablen die linke Seite des Gauß'schen Satzes. Das letzte Gleichheitszeichen folgt dadurch, dass wir die Differenzen auseinanderziehen und die Integrationsreihenfolge vertauschen können. ∎

Der Satz von Stokes

Erläuterung

Wir erinnern: Ein (Integrations-)bereich $B \subset \mathbb{R}^2$ ist eine kompakte Menge, deren Rand aus stetig differenzierbaren Kurven zusammengesetzt ist, d. h. es existieren N stetig differenzierbare Kurven $\gamma^{(i)} \colon [a_i, b_i] \to \mathbb{R}^2$, sodass $\partial B = \bigcup_{i=1}^{N} \gamma^{(i)}([a_i, b_i])$. Wir vereinbaren, dass die Kurven so gewählt seien, dass ihr Schnitt mit Ausnahme von Endpunkten leer ist.

Darüber hinaus fordern wir, dass der Normalenvektor einer Randkurve von B stets aus B hinaus weist. Der Normalenvektor $N(t)$ der Randkurve $\gamma^{(i)} \colon [a, b] \to \mathbb{R}^2$ sei hierbei definiert als der um $-\frac{\pi}{2}$ gedrehte Tangentialvektor, d. h. $N(t) = (\gamma_2^{(i)}(t), -\gamma_1^{(i)}(t))$. Anders ausgedrückt soll das Gebiet stets auf der linken Seite der Randkurve liegen, siehe die folgende Abbildung:

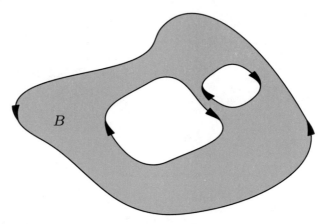

Erläuterung

Haben wir nun eine Flächenparametrisierung $\psi\colon B \to \mathbb{R}^3$ gegeben, so wird durch die Gesamtheit der Kurven $\psi \circ \gamma^{(i)}$ die Menge $\psi(\partial B)$ beschrieben, welche wir den orientierten Rand der Fläche nennen. (Vorsicht: Hiermit ist nicht der Rand von $M = \psi(B)$ als Teilmenge des metrischen Raums $\mathbb{R}^3$ gemeint.)

■ Satz

Satz von Stokes. Sei $n = 3$ und $X\colon \mathbb{R}^n \overset{\circ}{\supseteq} U \to \mathbb{R}^n$ ein stetig partiell differenzierbares Vektorfeld, $M \subset U$ eine zweimal stetig partiell differenzierbar parametrisierte orientierte Fläche und ∂M ihr orientierter Rand. Dann gilt:

$$\iint_M \operatorname{rot} X \cdot dO = \int_{\partial M} X \cdot ds$$

Beweis: Wir beweisen den Satz unter den folgenden Bedingungen, wodurch jedoch bereits wesentliche Beispiele abgedeckt sind: Für die Fläche M kann eine Parametrisierung $\psi\colon B \to \mathbb{R}^3$, $\psi(x,y) = (x,y,h(x,y))$ mit

$$B = \{(x,y)|a \leq x \leq b, f(x) \leq y \leq g(x)\}$$

gefunden werden. Dabei sind $f, g\colon [a,b] \to \mathbb{R}$ stetig partiell differenzierbare Funktionen mit $f(x) \leq g(x)$ für alle $x \in [a,b]$, und $h\colon B \to \mathbb{R}$ ist eine zweimal stetig partiell differenzierbare Funktion. Schließlich setzen wir voraus, dass der Bereich B auch in der y-Richtung als Fläche zwischen zwei Graphen gegeben ist: Es gibt also stetig partiell differenzierbare Funktionen $f^*, g^*\colon [a^*, b^*] \to \mathbb{R}$ mit $f^*(y) \leq g^*(y)$ für alle $y \in [a^*, b^*]$, sodass

$$B = \{(x,y)|a^* \leq y \leq b^*, f^*(y) \leq x \leq g^*(y)\}.$$

Es gilt

$$\frac{\partial \psi}{\partial x} = \begin{pmatrix} 1 \\ 0 \\ \frac{\partial h}{\partial x} \end{pmatrix},\ \frac{\partial \psi}{\partial y} = \begin{pmatrix} 0 \\ 1 \\ \frac{\partial h}{\partial x} \end{pmatrix},$$

also

$$\frac{\partial \psi}{\partial x} \times \frac{\partial \psi}{\partial y} = \begin{pmatrix} -\frac{\partial h}{\partial x} \\ -\frac{\partial h}{\partial y} \\ 1 \end{pmatrix}.$$

Die linke Seite des Satzes von Stokes nimmt damit die folgende Form an:

$$\iint_M \text{rot}\, X \cdot dO = \iint_B \left\langle \text{rot}\, X(\psi(x,y)), \frac{\partial \psi}{\partial x}(x,y) \times \frac{\partial \psi}{\partial y}(x,y) \right\rangle dxdy$$

$$= \iint_B \left\langle \text{rot}\, X(\psi(x,y)), \begin{pmatrix} -\frac{\partial h}{\partial x}(x,y) \\ -\frac{\partial h}{\partial y}(x,y) \\ 1 \end{pmatrix} \right\rangle dxdy$$

Der Integrand lautet ausgeschrieben:

$$-\left(\frac{\partial X_3}{\partial y} - \frac{\partial X_2}{\partial z} \right)(x,y,h(x,y)) \cdot \frac{\partial h}{\partial x}(x,y)$$

$$-\left(\frac{\partial X_1}{\partial z} - \frac{\partial X_3}{\partial x} \right)(x,y,h(x,y)) \cdot \frac{\partial h}{\partial y}(x,y)$$

$$+\left(\frac{\partial X_2}{\partial x} - \frac{\partial X_1}{\partial y} \right)(x,y,h(x,y))$$

Durch die folgende Substitution kann er drastisch vereinfacht werden:

$$F_1(x,y) := X_1(x,y,h(x,y)) + X_3(x,y,h(x,y)) \cdot \frac{\partial h}{\partial x}(x,y),$$

$$F_2(x,y) := X_2(x,y,h(x,y)) + X_3(x,y,h(x,y)) \cdot \frac{\partial h}{\partial y}(x,y)$$

Es gilt nämlich (wir lassen die Funktionsargumente der Übersichtlichkeit halber fort):

$$\frac{\partial F_2}{\partial x} = \frac{\partial X_2}{\partial x} + \frac{\partial X_2}{\partial z} \cdot \frac{\partial h}{\partial x} + \frac{\partial X_3}{\partial x} \cdot \frac{\partial h}{\partial y} + \frac{\partial X_3}{\partial z} \cdot \frac{\partial h}{\partial x} \cdot \frac{\partial h}{\partial y} + X_3 \frac{\partial^2 h}{\partial x \partial y},$$

$$\frac{\partial F_1}{\partial y} = \frac{\partial X_1}{\partial y} + \frac{\partial X_1}{\partial z} \cdot \frac{\partial h}{\partial y} + \frac{\partial X_3}{\partial y} \cdot \frac{\partial h}{\partial x} + \frac{\partial X_3}{\partial z} \cdot \frac{\partial h}{\partial y} \cdot \frac{\partial h}{\partial x} + X_3 \frac{\partial^2 h}{\partial y \partial x},$$

und nach kurzer Rechnung, bei der sich einige Terme praktischerweise aufheben, zeigt sich, dass die linke Seite des Satzes von Stokes sehr übersichtlich dargestellt werden kann:

$$\iint_M \text{rot}\, X \cdot dO = \iint_B \left(\frac{\partial F_2}{\partial x}(x,y) - \frac{\partial F_1}{\partial y}(x,y) \right) dxdy$$

Neben Ketten- und Produktregel wurde hier auch der Satz von Schwarz verwendet, denn wir müssen

$$\frac{\partial^2 h}{\partial y \partial x} = \frac{\partial^2 h}{\partial x \partial y}$$

voraussetzen dürfen.

Befassen wir uns nun mit der rechten Seite des Satzes von Stokes. Die Randkurve von M kann durch $\kappa := \psi \circ \phi$ parametrisiert werden, wobei ϕ eine Parametrisierung von ∂B ist. Folglich gilt für den Tangentialvektor an ∂M:

$$\kappa'(t) = \begin{pmatrix} \kappa_1'(t) \\ \kappa_2'(t) \\ \kappa_3'(t) \end{pmatrix} = \begin{pmatrix} \phi_1'(t) \\ \phi_2'(t) \\ \frac{\partial h}{\partial x}(\phi(t)) \cdot \phi_1'(t) + \frac{\partial h}{\partial y}(\phi(t)) \cdot \phi_2'(t) \end{pmatrix}$$

Somit ergibt sich für die rechte Seite des Satzes von Stokes:

$$\int_{\partial M} X \cdot ds = \int \langle X(\kappa(t)), \kappa'(t) \rangle \, dt$$

$$= \int \left(X_1(\kappa(t))\kappa_1'(t) + X_2(\kappa(t))\kappa_2'(t) + X_3(\kappa(t)) \cdot \kappa_3'(t) \right) dt$$

$$= \int \left(X_1(\kappa(t))\phi_1'(t) + X_2(\kappa(t))\phi_2'(t) \right) dt$$

$$+ \int X_3(\kappa(t)) \left(\frac{\partial h}{\partial x}(\phi(t)) \cdot \phi_1'(t) + \frac{\partial h}{\partial y}(\phi(t)) \cdot \phi_2'(t) \right) dt$$

$$= \int \left((X_1 \circ \psi)(\phi(t)) + (X_3 \circ \psi)(\phi(t)) \cdot \frac{\partial h}{\partial x}(\phi(t)) \right) \cdot \phi_1'(t) \, dt$$

$$+ \int \left((X_2 \circ \psi)(\phi(t)) + (X_3 \circ \psi)(\phi(t)) \cdot \frac{\partial h}{\partial y}(\phi(t)) \right) \cdot \phi_2'(t) \, dt$$

$$= \int \left(F_1(\phi(t)) \cdot \phi_1'(t) + F_2(\phi(t)) \cdot \phi_2'(t) \right) dt$$

$$= \int_{\partial B} F \cdot ds$$

Wir haben damit gezeigt, dass das Problem auf eine Behauptung über das Vektorfeld $F \colon B \to \mathbb{R}^2$ zurückgeführt werden kann, deren Gültigkeit auch als Satz von Green bekannt ist:

$$\iint_B \left(\frac{\partial F_2}{\partial x}(x, y) - \frac{\partial F_1}{\partial y}(x, y) \right) dx dy = \int_{\partial B} F \cdot ds$$

Wir begeben uns nun auf die Zielgerade. Zunächst halten wir fest, dass der Satz von Green und damit auch der Satz von Stokes (unter den hier gegebenen zusätzlichen Voraussetzungen) gezeigt ist, wenn sowohl

$$\iint_B -\frac{\partial F_1}{\partial y}(x, y) dx dy = \int F_1(\phi(t))\phi_1'(t) \, dt$$

als auch

$$\iint_B \frac{\partial F_2}{\partial x}(x, y) dx dy = \int F_2(\phi(t))\phi_2'(t) \, dt$$

gelten. Befassen wir uns zunächst mit der ersten Formel. Das Doppelintegral auf der linken Seite kann in ein einfaches Integral aufgelöst werden:

$$\iint_B -\frac{\partial F_1}{\partial y}(x,y)dxdy = -\int_a^b \left(\int_{f(x)}^{g(x)} \frac{\partial F_1}{\partial y}(x,y)\,dy \right) dx$$

$$= -\int_a^b \left(F_1(x,g(x)) - F_1(x,f(x)) \right) dx$$

$$= \int_a^b \left(F_1(x,f(x)) - F_1(x,g(x)) \right) dx$$

Der Rand von B ist nicht durch eine einzelne differenzierbare Parametrisierung ϕ gegeben, sondern setzt sich aus den folgenden Teilstücken zusammen:

$$\alpha\colon [a,b] \to \mathbb{R}^2, \alpha(t) = \begin{pmatrix} t \\ f(t) \end{pmatrix},$$

$$\beta\colon [f(b),g(b)] \to \mathbb{R}^2, \beta(t) = \begin{pmatrix} b \\ t \end{pmatrix},$$

$$\gamma\colon [a,b] \to \mathbb{R}^2, \gamma(t) = \begin{pmatrix} a+b-t \\ g(a+b-t) \end{pmatrix},$$

$$\delta\colon [f(a),g(a)] \to \mathbb{R}^2, \delta(t) = \begin{pmatrix} a \\ f(a)+g(a)-t \end{pmatrix}$$

Es gilt $\beta_1'(t) = \delta_1'(t) = 0$ für alle gültigen Parameter t, sodass diese Teilstücke keinen Beitrag zur rechten Seite der zu zeigenden Formel leisten. Damit ergibt sich:

$$\int F_1(\phi(t))\phi_1'(t)\,dt = \int_a^b F_1(\alpha(t))\alpha_1'(t)\,dt + \int_a^b F_1(\gamma(t))\gamma_1'(t)\,dt$$

$$= \int_a^b F_1(t,f(t))\,dt - \int_a^b F_1(a+b-t,g(a+b-t))\,dt$$

$$= \int_a^b F_1(t,f(t))\,dt + \int_b^a F_1(u,g(u))\,du$$

$$= \int_a^b \left(F_1(x,f(x)) - F_1(x,g(x)) \right) dx$$

Das ist nach der Rechnung weiter oben aber gerade die linke Seite.

Die zweite Teil des Satzes von Green kann ähnlich gezeigt werden, indem wir über B mittels der alternativen Darstellung vermöge f^*, g^* integrieren. Für die linke Seite haben wir:

$$\iint_B \frac{\partial F_2}{\partial x}(x,y)dxdy = \int_{a^*}^{b^*} \left(\int_{f^*(y)}^{g^*(y)} \frac{\partial F_2}{\partial y}(x,y)\,dx \right) dy$$

$$= \int_{a^*}^{b^*} \left(F_2(g^*(y),y) - F_2(f^*(y),y) \right) dy$$

Die Parametrisierung ϕ der Randkurve ∂B setzt sich nun aus den folgenden Teilstücken zusammen:

$$\alpha^* : [f^*(a^*), g^*(a^*)] \to \mathbb{R}^2, \alpha^*(t) = \begin{pmatrix} t \\ a^* \end{pmatrix},$$

$$\beta^* : [a^*, b^*] \to \mathbb{R}^2, \beta^*(t) = \begin{pmatrix} g^*(t) \\ t \end{pmatrix},$$

$$\gamma^* : [f^*(b^*), g^*(b^*)] \to \mathbb{R}^2, \gamma^*(t) = \begin{pmatrix} f^*(b^*) + g^*(b^*) - t \\ b^* \end{pmatrix},$$

$$\delta^* : [a^*, b^*] \to \mathbb{R}^2, \delta^*(t) = \begin{pmatrix} f^*(a^* + b^* - t) \\ a^* + b^* - t \end{pmatrix}$$

Es gilt $(\alpha^*)'_2(t) = (\gamma^*)'_2(t) = 0$ für alle gültigen Parameter t, sodass diese Teilstücke keinen Beitrag zum Integral auf der rechten Seite leisten:

$$\int F_2(\phi(t))\phi'_2(t)\,dt = \int_{a^*}^{b^*} F_2(\beta^*(t))(\beta^*)'_2(t)\,dt + \int_{a^*}^{b^*} F_2(\delta^*(t))(\delta^*)'_2(t)\,dt$$

$$= \int_{a^*}^{b^*} F_2(g^*(t),t)\,dt$$

$$- \int_{a^*}^{b^*} F_2(f^*(a^* + b^* - t), a^* + b^* - t)\,dt$$

$$= \int_{a^*}^{b^*} F_2(g^*(t),t)\,dt + \int_{b^*}^{a^*} F_2(f^*(u),u)\,du$$

$$= \int_{a^*}^{b^*} \left(F_2(g^*(x),x) - F_2(f^*(x),x) \right) dx$$

Das ist auch das Ergebnis der Rechnung weiter oben. Damit sind beide Teile des Satzes von Green gezeigt, und wir haben den Beweis abgeschlossen. ∎

Erläuterung

Es kann vorkommen, dass zwei der Randkurven eines Flächenstücks in $\mathbb{R}^3$ zusammenfallen. Hier gibt es zwei Möglichkeiten:

1. Die Randkurven sind gleich orientiert. Dann „springt" der Normalenvektor der Fläche an dieser „Klebestelle", und sie ist nicht orientierbar. Der

Satz von Stokes ist zwar auch in diesem Fall im Prinzip gültig, der Wert der Integrale (und nicht nur das Vorzeichen) hängt jedoch von der Parametrisierung ab.

2. Die Randkurven sind entgegengesetzt orientiert. Dann brauchen diese für den Satz von Stokes (und auch generell) nicht weiter berücksichtigt werden, da bei Berechnen des Kurvenintegrals diese Anteile keine Rolle spielen.

Beispiel

Die Parametrisierung

$$\psi\colon [-\tfrac{h}{2}, \tfrac{h}{2}] \times [0, 2\pi] \to \mathbb{R}^3, \ \psi(z, \phi) = \begin{pmatrix} R\cos\phi \\ R\sin\phi \\ z \end{pmatrix}$$

stellt einen Zylindermantel der Höhe $h > 0$ mit Radius $R > 0$ dar.

Der orientierte Rand des Parameterbereichs setzt sich zusammen aus den vier Teilkurven

$$\gamma^{(1)}(t) = \begin{pmatrix} -\tfrac{h}{2} \\ 2\pi t \end{pmatrix},$$

$$\gamma^{(2)}(t) = \begin{pmatrix} -\tfrac{h}{2} + ht \\ 2\pi \end{pmatrix},$$

$$\gamma^{(3)}(t) = \begin{pmatrix} \tfrac{h}{2} \\ 2\pi - 2\pi t \end{pmatrix},$$

$$\gamma^{(4)}(t) = \begin{pmatrix} \tfrac{h}{2} - ht \\ 0 \end{pmatrix},$$

wobei jeweils $0 \le t \le 1$.

Der orientierte Rand des parametrisierten Zylindermantels setzt sich also zusammen aus den Kurven

$$\psi^{(1)}(t) = (\psi \circ \gamma^{(1)})(t) = \begin{pmatrix} R\cos(2\pi t) \\ R\sin(2\pi t) \\ -\tfrac{h}{2} \end{pmatrix},$$

$$\psi^{(2)}(t) = (\psi \circ \gamma^{(2)})(t) = \begin{pmatrix} R \\ 0 \\ -\tfrac{h}{2} + ht \end{pmatrix},$$

$$\psi^{(3)}(t) = (\psi \circ \gamma^{(3)})(t) = \begin{pmatrix} R\cos(2\pi t) \\ -R\sin(2\pi t) \\ \tfrac{h}{2} \end{pmatrix},$$

$$\psi^{(4)}(t) = (\psi \circ \gamma^{(4)})(t) = \begin{pmatrix} R \\ 0 \\ \tfrac{h}{2} - ht \end{pmatrix}.$$

Die Kurven $\psi^{(1)}$ und $\psi^{(3)}$ beschreiben die Kreislinien, die Ober- und Unterkante des Zylindermantels begrenzen. Die Kurven $\psi^{(2)}(t)$ und $\psi^{(4)}(t)$ sind bis auf die Orientierung identisch und brauchen nicht berücksichtigt werden.

Erläuterung

Wir können uns einen Zylindermantel vorstellen als ein Rechteck, bei dem zwei gegenüberliegende Seiten ($\gamma^{(2)}$ und $\gamma^{(4)}$ aus dem letzten Beispiel) verklebt wurden. Ein Möbius-Band entsteht genauso, jedoch wird vorher eine Seite um 180° gedreht, wodurch die Kanten an der Klebestelle gleich orientiert sind und sich sozusagen nicht mehr gegenseitig aufheben.

Beispiel

Ein elektrisches Feld $E\colon I \times U \to \mathbb{R}^3$, $(t,x) \mapsto E(t,x)$ und ein magnetisches Feld $B\colon I \times U \to \mathbb{R}^3$, $(t,x) \mapsto B(t,x)$ hängen im Allgemeinen vom Ort $x \in U \overset{\circ}{\subseteq} \mathbb{R}^3$ und der Zeit $t \in I \overset{\circ}{\subseteq} \mathbb{R}$ ab und erfüllen die sogenannten Maxwell'schen Gleichungen:

$$\operatorname{div} B = 0,$$

$$\operatorname{rot} E = -\frac{\partial B}{\partial t},$$

$$\operatorname{div} E = \frac{\rho}{\epsilon_r \epsilon_0},$$

$$\operatorname{rot} B = \mu_r \mu_0 \epsilon_r \epsilon_0 \frac{\partial E}{\partial t} + \mu_r \mu_0 j$$

Die ersten beiden Gleichungen nennen wir die homogenen Maxwell'schen Gleichungen, während wir die letzten beiden inhomogen nennen. Die Divergenz und Rotation sind hierbei nur bzgl. der Ortskoordinaten $x = (x_1, x_2, x_3)$ zu berechnen.

Das skalare Feld $\rho(t,x)$ ist die elektrische Ladungsdichte, während das Vektorfeld $j(t,x)$ die elektrische Stromdichte angibt.

Hierbei sind μ_0 und ϵ_0 wieder die magnetische respektive elektrische Feldkonstante. Die Größen $\mu_r > 0$ und $\epsilon_r > 0$ heißen Permeabilitäts- bzw. Dielektrizitätszahl und hängen von dem Medium ab, in dem sich das elektrische und magnetische Feld befinden. In vielen Materialien (den sogenannten linearen, homogenen Medien) können diese Größen bei sich zeitlich nicht zu schnell ändernden Feldern als gewöhnliche Konstanten angenommen werden. Bei sich zeitlich schnell ändernden Feldern hängen μ_r und ϵ_r noch von der Frequenz ab. Im Vakuum gilt jedoch immer $\mu_r = \epsilon_r = 1$.

Erläuterung

Offensichtlich können magnetische und elektrische Phänomene nicht getrennt betrachtet werden, da die entsprechenden Felder durch die obigen Gleichungen miteinander gekoppelt sind. Deswegen sprechen wir heute auch meist vom elektromagnetischen Feld (E, B).

Erläuterung

Empirisch finden wir nicht die obigen differenziellen Gleichungen, sondern vielmehr die im Folgenden erläuterten Maxwell'schen Gleichungen in Integralform. Der Einfachheit halber betrachten wir nur den Fall $\epsilon_r = \mu_r = 1$. Ansonsten müssten Überlegungen zu den dielektrischen und magnetischen Eigenschaften der Materie angestellt werden, was wir hier nicht tun möchten.

1. Nach heutigem Kenntnisstand gibt es keine magnetischen Monopole. Selbst wenn wir einen Stabmagneten entzwei schneiden, so ist das magnetische Feld beider Magneten wieder ein Dipolfeld. Die Flusslinien eines solchen Dipols verlassen einen Volumenbereich V stets so oft wie sie in ihn eintreten. Anders ausgedrückt hat das Magnetfeld keine Quellen, denn es gibt keine magnetischen Ladungen. Dies führt auf das Gesetz, dass der gesamte magnetische Fluss durch eine geschlossene Fläche verschwinden muss:

$$\iint_{\partial V} B \cdot dO = 0$$

2. Experimentell lässt sich nachweisen, dass in einer Leiterschleife eine gesamte Umlaufspannung

$$U = \int_{\partial A} E \cdot ds$$

induziert wird, die der zeitlichen Änderung des magnetischen Flusses durch die von der Schleife berandeten Fläche A entspricht. Dies können wir z. B. anhand einer Leiterschleife messen, welche in einem homogenen Magnetfeld rotiert. Hierbei ist zu bedenken, dass der induzierte Strom wiederum ein Magnetfeld erzeugt, welches erneut zu einer Induktionsspannung führt. Die induzierte Spannung muss also so gepolt sein, dass das von ihr erzeugte Magnetfeld dem induzierenden entgegenwirkt, sonst käme es zur Katastrophe. Zusammen mit dieser sogenannten Lenz'schen Regel haben wir schließlich das Faraday'sche Induktionsgesetz mit richtigem Vorzeichen:

$$\int_{\partial A} E \cdot ds = -\frac{d}{dt}\left(\iint_A B \cdot dO\right)$$

Jedem elektrischen Generator liegt dieses Prinzip zugrunde.

3. Im Gegensatz zum magnetischen Feld besitzt das elektrische Feld sehr wohl Quellen, nämlich elektrische Ladungen. Das Gauß'sche Gesetz besagt, dass der gesamte elektrische Fluss durch eine geschlossene Fläche

der von dieser Fläche umschlossenen Ladung Q proportional ist:

$$\iint_{\partial V} E \cdot dO = \frac{Q}{\epsilon_0}$$

Die Gesamtladung ist wiederum die Ladungsdichte („Ladung pro Volumen") ρ über das Volumen integriert, sodass wir schließlich haben:

$$\iint_{\partial V} E \cdot dO = \iiint_V \frac{\rho}{\epsilon_0} \, dV$$

4. Wie Ørsted bereits 1820 erkannte, erzeugt elektrischer Strom ein magnetisches Feld. Das Ampère'sche Gesetz besagt, dass die Stärke des Magnetfelds entlang einer geschlossenen Kurve dem durch die berandete Fläche fließenden Strom I proportional ist:

$$\int_{\partial A} B \cdot ds = \mu_0 I$$

Ausgedrückt über die Stromdichte („Strom pro Fläche") j haben wir dann

$$\int_{\partial A} B \cdot ds = \mu_0 \iint_A j \cdot dO$$

Es war James Clerk Maxwell, der erkannte, dass das Ampère'sche Gesetz unvollständig ist: Wird der Stromkreis z. B. durch einen Plattenkondensator unterbrochen, so wird auch um diesen Kondensator herum ein Magnetfeld erzeugt, wenn eine Wechselspannung angelegt wird. Dies brachte ihn auf die Idee, einen Verschiebungsstrom einzuführen, welcher postuliert, dass ein sich ändernder elektrischer Fluss ein Magnetfeld erzeugt:

$$\int_{\partial A} B \cdot ds = \mu_0 \epsilon_0 \frac{d}{dt} \left(\iint_A E \cdot dO \right) + \mu_0 \iint_A j \cdot dO$$

Erläuterung

Wenden wir auf die obigen vier physikalischen Gesetze den Satz von Gauß

$$\iiint_V \operatorname{div} v \, dV = \iint_{\partial V} v \cdot dO$$

und den Satz von Stokes

$$\iint_A \operatorname{rot} v \cdot dO = \int_{\partial A} v \cdot ds$$

an, erhalten wir

$$\iiint_V \operatorname{div} B \, dV = 0,$$

$$\iint_A \operatorname{rot} E \cdot dO = -\frac{d}{dt}\left(\iint_A B \cdot dO\right),$$

$$\iiint_V \operatorname{div} E \, dV = \iiint_V \frac{\rho}{\epsilon_0} \, dV,$$

$$\iint_A \operatorname{rot} B \cdot dO = \mu_0 \epsilon_0 \frac{d}{dt}\left(\iint_A E \cdot dO\right) + \mu_0 \iint_A j \cdot dO.$$

Da diese Gleichungen für beliebige Flächen A und Volumina V gelten, müssen die Integranden jeweils gleich sein. Das sind aber gerade die Maxwell'schen Gleichungen in differenzieller Form:

$$\operatorname{div} B = 0,$$

$$\operatorname{rot} E = -\frac{\partial B}{\partial t},$$

$$\operatorname{div} E = \frac{\rho}{\epsilon_0},$$

$$\operatorname{rot} B = \mu_0 \epsilon_0 \frac{\partial E}{\partial t} + \mu_0 j$$

Erläuterung

Abschließend bemerken wir, dass das Gauß'sche Gesetz zwar auch für eine Punktladung (z. B. im Ursprung 0) gilt – jedoch kann der Gauß'sche Integralsatz hier eigentlich nicht angewandt werden, da $V \setminus \{0\}$ nicht kompakt ist. Für solche Fälle brauchen wir feinere mathematische Hilfsmittel, um die Gültigkeit der differenziellen Maxwell-Gleichungen nachzuweisen.

Ausblick

Wir haben zuvor immer wieder von Anwendungen geredet und dafür auch Beispiele geliefert. Zusätzlich sind die behandelten Sätze von Interesse, da Volumenintegrale mit Flächenintegralen verknüpft werden (Satz von Gauß) und Flächenintegrale mit Kurvenintegralen (Satz von Stokes).

Die gerade benannten Verknüpfungen haben aber auch oft einen rein praktischen Aspekt: Wir können uns aussuchen, welche der beiden Seiten der Gleichungen in den Integralsätzen von uns ausgerechnet werden: Interessieren wir uns beispielsweise für den Fluss eines Vektorfelds durch eine Oberfläche, haben jedoch schon das zugehörige Volumen berechnet und die Divergenz berechnet, so brauchen wir seit den Überlegungen von Gauß keine Gedanken mehr an die rechte Seite des Integralsatzes verschwenden, sondern lediglich die linke zu berechnen.

Selbsttest

I. Sei $v\colon \mathbb{R}^3 \to \mathbb{R}^3$ eine stetig partiell differenzierbares Vektorfeld, $f\colon \mathbb{R}^3 \to \mathbb{R}$ eine harmonische Funktion und $G \subset \mathbb{R}^3$ ein Integrationsbereich mit orientiertem Rand ∂G. Ferner sei ∂G durch eine zweimal stetig partiell differenzierbare Abbildung parametrisierbar. Welche der folgenden Formeln sind dann stets korrekt? Hinweis: Gewinnen Sie eine Vorstellung davon, wie der orientierte Rand $\partial(\partial G)$ von ∂G hier aussehen muss.

(1) $\iint_{\partial G} v \cdot dO = \iiint_G \operatorname{div} v \, dV$

(2) $\iint_{\partial G} \operatorname{rot} v \cdot dO = \iiint_G \operatorname{div} v \, dV$

(3) $\iint_{\partial G} v \cdot dO = 0$

(4) $\iint_{\partial G} \operatorname{rot} v \cdot dO = \int_{\partial(\partial G)} v \cdot ds$

(5) $\iint_{\partial G} \operatorname{rot} v \cdot dO = 0$

(6) $\iint_{\partial G} \operatorname{rot} v \cdot dO = \iiint_G \operatorname{div}(\operatorname{rot} v) \, dV$

(7) $\iint_{\partial G} \operatorname{grad} f \cdot dO = \iiint_G \operatorname{div}(\operatorname{grad} f) \, dV$

(8) $\iint_{\partial G} \operatorname{grad} f \cdot dO = 0$

(9) $\iiint_G \operatorname{div}(\operatorname{grad} f) \, dV = 0$

(10) $\iint_{\partial G} \operatorname{rot}(\operatorname{grad} f) \, dV = 0$

(11) $\iint_{\partial G} \operatorname{rot}(f v) \, dV = 0$

(12) $\iint_{\partial G} \operatorname{rot}(f \operatorname{rot} v) \, dV = 0$

II. Welche der folgenden Aussagen sind korrekt?

(1) Das Flussintegral eines wirbelfreien Vektorfelds über ein beliebiges Flächenstück verschwindet stets.

(2) Das Flussintegral eines quellenfreien Vektorfelds über ein beliebiges Flächenstück verschwindet stets.

(3) Das Kurvenintegral eines wirbelfreien Vektorfelds entlang einer beliebigen geschlossenen Kurve verschwindet stets.

(4) Das Kurvenintegral eines wirbelfreien Vektorfelds entlang einer beliebigen Kurve verschwindet stets.

Aufgaben zur mehrdimensionalen Analysis

I. Sei (X, d) ein metrischer Raum und (x_k) eine konvergente Folge mit Werten in X und dem Grenzwert $a \in X$. Beweisen Sie, dass die Menge $K = \{x_k | k \in \mathbb{N}\} \cup \{a\}$ kompakt ist.

II. Bestimmen Sie alle Punkte, an denen die folgenden Funktionen stetig sind:

$$f \colon \mathbb{R}^2 \to \mathbb{R}, \ (x, y) \mapsto \begin{cases} x^2 \sin\left(\frac{1}{y}\right) + y^2 \sin\left(\frac{1}{x}\right) & \text{für } x \neq 0 \text{ und } y \neq 0, \\ 0 & \text{für } x = 0 \text{ oder } y = 0, \end{cases}$$

$$g \colon \mathbb{R}^2 \to \mathbb{R}, \ (x, y) \mapsto \begin{cases} \frac{xy^2}{x^2 + y^4} & \text{für } (x, y) \neq (0, 0), \\ 0 & \text{für } (x, y) = (0, 0) \end{cases}$$

III. Wieso nimmt die Funktion

$$f \colon D \to \mathbb{R}, \ f(x, y) = y^2 - xy + x^2,$$

wobei $D = \{(x, y) \in \mathbb{R}^2 | x^2 + y^2 \leq 1\}$ ist, ein globales Minimum und Maximum an? Berechnen Sie die globalen Minima und Maxima von f. (Hinweis: Hier ist $(x, y) \mapsto \operatorname{grad} f(x, y)$ eine lineare Abbildung; Sie können zur Lösung dieser Aufgabe Methoden aus der linearen Algebra verwenden.)

IV. Geben Sie den maximalen Definitionsbereich D des Vektorfelds

$$v \colon \mathbb{R}^3 \supseteq D \to \mathbb{R}^3, \ v(x, y, z) = \frac{1}{x^2 + y^2} \begin{pmatrix} -y \\ x \\ 0 \end{pmatrix}$$

an. Begründen Sie, wieso D nicht konvex ist. Berechnen Sie die Rotation von v. Sei $R \in \mathbb{R}$ mit $R > 0$; berechnen Sie das Kurvenintegral von v entlang der Kreislinie γ in der x-y-Ebene mit Mittelpunkt $(0, 0, 0)$ und Radius R. Warum besitzt v kein Potenzial?

Sei nun $Q = \{(x, y, z) \in \mathbb{R}^3 | x > 0, y > 0\} \subset D$. Warum besitzt die Einschränkung von v auf Q ein Potenzial? Berechnen Sie ein solches Potenzial u. (Hinweis: $\int \frac{d\xi}{1+\xi^2} = \arctan \xi + \text{konst.}$)

Sei schließlich $\alpha\colon [0,1] \to \mathbb{R}^3$, $t \mapsto (\alpha_1(t), \alpha_2(t), \alpha_3(t))$ eine stetig differenzierbare Kurve mit $\alpha(0) = \alpha(1)$ und $\alpha_1(t) > 0$ für alle $t \in [0,1]$. Begründen Sie (ohne direkte Rechnung), welchen Wert $\int_\alpha v \cdot ds$ hat.

V. Bestimmen Sie die Bogenlänge eines Parabelstücks:

$$\gamma\colon [0,1] \mapsto \mathbb{R}^2,\, t \mapsto \begin{pmatrix} t \\ \frac{1}{2}t^2 \end{pmatrix}$$

Für die Berechnung des entsprechenden Integrals benötigen Sie die Funktionen Sinus Hyperbolicus und Kosinus Hyperbolicus, welche wie folgt definiert sind:

$$\sinh\colon \mathbb{R} \to \mathbb{R},\, \sinh x = \frac{1}{2}(e^x - e^{-x}),$$

$$\cosh\colon \mathbb{R} \to \mathbb{R},\, \cosh x = \frac{1}{2}(e^x + e^{-x})$$

Es gilt $\frac{d}{dx}(\sinh x) = \cosh x$, $\frac{d}{dx}(\cosh x) = \sinh x$ und $(\cosh x)^2 - (\sinh x)^2 = 1$.

VI. Berechnen Sie den Volumeninhalt des Bereichs

$$B = \{(x,y,z) \in \mathbb{R}^3 \mid -\frac{\pi}{2} \le x \le \frac{\pi}{2},\, 0 \le y \le \cos x,\, 0 \le z \le 1 - y\}.$$

VII. Berechnen Sie durch Transformation in Polarkoordinaten das Integral der Funktion

$$f\colon B \to \mathbb{R},\, f(x,y) = xy,$$

wobei $B = \{(x,y) \in \mathbb{R}^2 \mid x^2 + y^2 \le 1,\, x \ge 0,\, y \ge 0\}$. (Hinweis: Es gilt $2\sin(\phi) \cdot \cos(\phi) = \sin(2\phi)$) für alle $\phi \in \mathbb{R}$.)

VIII. Bestätigen Sie durch explizite Rechnung am Beispiel des Vektorfelds

$$X\colon \mathbb{R}^3 \to \mathbb{R}^3,\, X(x,y,z) = \begin{pmatrix} -y \\ x \\ 0 \end{pmatrix}$$

auf der oberen Halbsphäre $H = \{(x,y,z) \in \mathbb{R}^3 \mid x^2 + y^2 + z^2 = 1,\, z \ge 0\}$ die Gültigkeit des Satzes von Stokes.

IX. Seien $f, g\colon \mathbb{R}^3 \supseteq\!\!\!\!{}^{\circ}\, U \to \mathbb{R}$ zweimal stetig partiell differenzierbare Funktionen und $G \subset U$ ein Integrationsbereich. Beweisen Sie die Green'schen Formeln:

$$\iint_{\partial G} f\,\mathrm{grad}\,g \cdot dO = \iiint_G (f\triangle g + \langle \mathrm{grad}\,f, \mathrm{grad}\,g\rangle)\,dV,$$

$$\iint_{\partial G} (f\,\mathrm{grad}\,g - g\,\mathrm{grad}\,f) \cdot dO = \iiint_G (f\triangle g - g\triangle f)\,dV$$

Teil II

Differenzialgleichungen

13 Grundlegendes zu Differenzialgleichungen

Einblick

Differenzialgleichungen sind von großer Bedeutung, um die verschiedensten Vorgänge in Natur und Technik zu beschreiben, wie beispielsweise Schwingungen, Diffusionsprozesse und Strömungsphänomene.

Diese besonderen Gleichungen zeichnen sich allgemein dadurch aus, dass neben einer Funktion selbst auch ihre Ableitungen auftreten.

Viele Teile der Mathematik fließen bei der theoretischen Behandlung der Differenzialgleichungen zusammen, denn sie repräsentieren unwegsames Gelände, für dessen Durchquerung teils schwerstes Gerät verwendet werden muss.

Vor dem Behandeln der Grundlagen wollen wir allerdings dennoch andeutend klären, woher der Zusammenhang zur Natur (aber auch Technik) kommt. Es zeugt wohl nicht von einem Hang zur Übertreibung, wenn wir die Zeit als zentrale Größe betrachten, deren Fortschreiten die wesentlichen Phänomene überhaupt erst erfahrbar macht. Haben wir eine Funktion $y(t)$, die von der Zeit abhängt und einen Vorgang in der Natur beschreibt, können wir für alle Zeiten t voraussagen bzw. zurückrechnen, was passiert (ist), sofern $y(t)$ für diese t definiert ist.

Die Natur liefert uns nur in seltenen Fällen direkt Informationen über die Abläufe in ihr. Das Meiste teilt sie uns über Änderungen in der Zeit mit. So zerfällt radioaktives Material im Laufe der Zeit und ein Fadenpendel ändert seine Lage und Geschwindigkeit. Änderungen werden nun aber gerade durch die Ableitung einer Funktion ausgedrückt. Hier müssen wir also nach der Variable t ableiten, was mit $\frac{dy}{dt}(t)$ bezeichnet wird, wofür dann meist kurz $\dot{y}(t)$ geschrieben wird, sofern t wirklich als Zeit verstanden wird.

Auch höhere Ableitungen können auftreten. So ist für eine den Ort in Abhängigkeit von der Zeit beschreibende Funktion $x(t)$ der Ausdruck $\dot{x}(t)$ die Änderung des Ortes, also die Geschwindigkeit; $\ddot{x}(t)$ ist die Änderung der Änderung des Ortes, also die Änderung der Geschwindigkeit – die Beschleunigung. Newton wusste bereits, dass für die Kraft F und die Masse m eines Probeteilchens die Gleichung $F(t) = m\ddot{x}(t)$ gilt; eine einfache Differenzialgleichung.

© Springer-Verlag GmbH Deutschland 2019
M. Plaue und M. Scherfner, *Mathematik für das Bachelorstudium II*,
https://doi.org/10.1007/978-3-8274-2557-7_13

Allgemeine Gedanken zu Differenzialgleichungen

Erläuterung

Eine Differenzialgleichung unterscheidet sich von einer algebraischen Gleichung
(wie beispielsweise $x^2 - 1 = 0$) zunächst einmal dadurch, dass keine Zahlen,
sondern Funktionen als Lösungen gesucht sind. Ein weiteres Merkmal einer Differenzialgleichung ist, dass in ihr die gesuchte Funktion und deren Ableitungen
vorkommen. Ein einfaches Beispiel einer Differenzialgleichung ist

$$x'(t) = x(t).$$

Gesucht ist eine Funktion $x\colon I \to \mathbb{R}$ mit geeigneter Definitionsmenge $I \subseteq \mathbb{R}$,
sodass die Gleichung für alle $t \in I$ gilt. Darüber hinaus muss x auf ganz I differenzierbar sein, damit wir $x'(t)$ hinschreiben dürfen. Wenn wir die Gleichung
in Worten als Frage formulieren, bedeutet sie etwa: „Welche differenzierbare
Funktion ist mit ihrer Ableitung identisch?". Sicher ist die Exponentialfunktion $x(t) = e^t$ eine Lösung, aber ist dies auch die einzige Lösung? Sicher nicht,
denn jede Funktion der Form $x(t) = \lambda e^t$ mit einer Konstanten $\lambda \in \mathbb{R}$ löst diese
Differenzialgleichung. Sind dies jetzt auch wirklich alle Lösungen? Und was ist
mit komplizierteren Gleichungen, bei der eine Lösung nicht so einfach zu raten
ist, wie etwa

$$x''(t) + \sin\left(x(t)\right) = \exp(-2t)\ ?$$

Erläuterung

Die obigen Beispiele sind Differenzialgleichungen mit Funktionen in einer Variablen. Diese nennen wir gewöhnliche Differenzialgleichungen. Es gibt aber auch
Differenzialgleichungen, in denen eine Funktion mit mehreren Variablen gesucht
ist, und in der die partiellen Ableitungen der gesuchten Funktion vorkommen.
Solche Gleichungen heißen partielle Differenzialgleichungen. Diese können z. B.
wie folgt aussehen:

$$u(x,y) \cdot \frac{\partial^2 u}{\partial x \partial y}(x,y) - \frac{\partial u}{\partial x}(x,y) \cdot \frac{\partial u}{\partial y}(x,y) = 0$$

In diesem Beispiel ist eine Funktion u in zwei Variablen gesucht.

Erläuterung

Die Lösungstheorie partieller Differenzialgleichungen ist deutlich schwieriger
und unterscheidet sich sehr von der Theorie gewöhnlicher Differenzialgleichungen. Das übliche Vorgehen, Differenzialgleichungen allgemein mit k Variablen
zu betrachten und Gleichungen mit $k = 1$ als Spezialfall abzuhaken, funktioniert in diesem Falle nicht besonders gut.

Schließlich werden wir auch Differenzialgleichungssysteme betrachten, also einen
Satz von Gleichungen, durch die mehrere Funktionen bestimmt werden sollen.
Wie bei algebraischen Gleichungen sind hier die linearen Gleichungssysteme
von besonderer Bedeutung.

Erläuterung

Differenzialgleichungen kommen in den Natur- und Ingenieurwissenschaften sehr häufig vor. Wir dürfen vermutlich sogar behaupten, dass wesentliche Teile der Natur und Technik durch Differenzialgleichungen modelliert und beschrieben werden können. Um dies zu unterstreichen und die Theorie für den Anwender zu motivieren, möchten wir im Folgenden einige Beispiele vorstellen.

Beispiel

Ein großer Teil der klassischen Mechanik befasst sich mit der Bewegung von sogenannten „Körpern". Ein solcher Körper kann z. B. eine fallende Feder oder Bleikugel oder ein fahrendes (oder fallendes) Auto sein. Der Einfachheit halber möchten wir zunächst nur die Bewegung von Körpern beschreiben, die sich auf einer geraden Linie bewegen. Mit „beschreiben" ist hierbei gemeint: Geben Sie eine Funktion x an, die jedem Zeitpunkt t den Ort des Körpers $x(t)$ zuordnet. Gemäß des 2. Newton'sches Gesetz erfüllt diese Funktion die folgende Gleichung:

$$F(x(t), x'(t)) = mx''(t). \tag{13.1}$$

Wie gesagt ist $x(t)$ der Ort des Körpers zur Zeit t, und $m > 0$ ist seine träge Masse. F bezeichnet die Kraft, die auf den Körper wirkt und welche auch vom Ort und der Geschwindigkeit x' abhängen kann. Die zeitliche Änderung der Geschwindigkeit, $(x')' = x''$ ist die Beschleunigung. Also kurz gefasst: Kraft ist gleich Masse mal Beschleunigung!

Übrigens kann im Allgemeinen auch die Masse eine Funktion der Zeit sein – bei einer Treibstoffrakete ist dies zum Beispiel eine vernünftige Annahme, da diese bei eingeschaltetem Triebwerk sehr schnell an Masse verlieren kann.

Beispiel

Ein wichtiger Spezialfall ist gegeben, wenn auf den Körper keine Kräfte wirken, also $F = 0$ gilt. In diesem Fall lautet das 2. Newton'sche Gesetz $0 = mx''(t)$. Da $m \neq 0$ gilt, bedeutet dies einfach, dass die Beschleunigung zu jedem Zeitpunkt verschwindet: $x''(t) = 0$. Diese Differenzialgleichung kann einfach durch Integrieren gelöst werden:

$$x''(t) = 0 \iff$$
$$x'(t) = v_0 \iff$$
$$x(t) = v_0 t + x_0$$

Jede Zeile entsteht durch das Berechnen einer Stammfunktion, und diese ist bis auf eine Integrationskonstante eindeutig bestimmt – welche hier v_0 bzw. x_0 genannt wurde. Ein Körper, der sich mit konstanter Geschwindigkeit $x'(t) = v_0$ bewegt, bewegt sich „gleichförmig geradlinig". Also haben wir aus dem 2. Newton'schen Gesetz das 1. Newton'sche Gesetz abgeleitet: „Jeder Körper verharrt im Zustand der Ruhe oder gleichförmig geradliniger Bewegung, solange keine Kraft auf ihn wirkt."

Beispiel

Ein weiterer interessanter Spezialfall ist das (geschwindigkeitsunabhängige) Kraftgesetz

$$F(x(t)) = -Dx(t)$$

mit $D > 0$. Die resultierende Gleichung wird auch Schwingungsgleichung genannt:

$$-Dx(t) = mx''(t) \iff x''(t) + \omega^2 x(t) = 0, \; \omega := \sqrt{\frac{D}{m}}$$

Diese Differenzialgleichung ist ein Beispiel für eine sogenannte lineare Differenzialgleichung.

Beispiel

Nun betrachten wir ein sogenanntes Differenzialgleichungssystem. Es handelt sich dabei beispielsweise um drei Gleichungen mit drei unbekannten Funktionen x, y, z und das Folgende wird benötigt, um Konvektionsvorgänge zu beschreiben:

$$\begin{aligned} x'(t) &= \sigma(y(t) - x(t)), \\ y'(t) &= x(t)(\tau - z(t)) - y(t), \\ z'(t) &= x(t)y(t) - \beta z(t) \end{aligned}$$

Diese Gleichungen für beliebige Parameterwerte σ, τ und β geschlossen zu lösen, erscheint einigermaßen aussichtslos. Tatsächlich müssen wir sagen, dass die meisten Differenzialgleichungen und -gleichungssysteme in der Praxis nur numerisch, also näherungsweise mithilfe eines Computers, gelöst werden können. Im Fall der hier vorliegenden Lorenz-Gleichungen können wir die Lösungen veranschaulichen, indem wir sie zu einem Vektor zusammenfassen: $(x(t), y(t), z(t)) \in \mathbb{R}^3$. Dies stellt aber einfach eine Kurve in $\mathbb{R}^3$ dar.

Wie Sie sehen, können die Lösungen gewöhnlicher Differenzialgleichungssysteme eine „verwickelte" Struktur aufweisen. So eine Struktur ist typisch für Differenzialgleichungssysteme, die nicht linear und gekoppelt sind.

Gekoppelte Differenzialgleichungssysteme sind solche, die sich nicht auf eine Form bringen lassen, bei der in jeder Gleichung des Systems nur eine gesuchte Funktion vorkommt. In dem Fall hätten wir eine Anzahl von separaten Gleichungen, die jede für sich gelöst werden könnte. Nachstehend eine Lösungskurve der Lorenz-Gleichungen ($\sigma = 10$, $\beta = \frac{8}{3}$, $\tau = 28$):

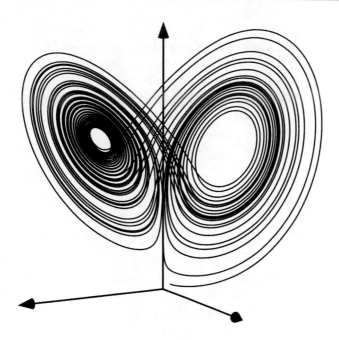

Beispiel

Unter Verwendung von Differenzialgleichungen lässt sich die Ausbreitung einer Welle beschreiben. Die sogenannte 1-dimensionale Wellengleichung mit Ausbreitungsgeschwindigkeit $c > 0$ lautet:

$$\frac{\partial^2 u}{\partial x^2}(t, x) - \frac{1}{c^2} \frac{\partial^2 u}{\partial t^2}(t, x) = 0$$

1-dimensional deshalb, weil sie auf eine Raumdimension mit Koordinate x ausgelegt ist; wir können durch sie also z. B. Schallwellen in einem dünnen Hohlstab beschreiben – u gibt in diesem Fall die Dichte oder den Druck an. Möchten wir die Auslenkungen einer Trommelmembran untersuchen, eignet sich hierfür die 2-dimensionale Wellengleichung:

$$\frac{\partial^2 u}{\partial x^2}(t, x, y) + \frac{\partial^2 u}{\partial y^2}(t, x, y) - \frac{1}{c^2} \frac{\partial^2 u}{\partial t^2}(t, x, y) = 0$$

Wie üblich steht die Variable t für die Zeit. Jede Funktion der Form $u(t, x) = f(x - ct)$ mit einer beliebigen zweimal differenzierbaren Funktion $f \colon \mathbb{R} \to \mathbb{R}$ löst die 1-dimensionale Wellengleichung. Das lässt sich mithilfe der Kettenregel leicht überprüfen:

$$\frac{\partial^2 u}{\partial x^2}(t, x) - \frac{1}{c^2} \frac{\partial^2 u}{\partial t^2}(t, x) = f''(x - ct) - \frac{1}{c^2}(-c)^2 f''(x - ct) = 0$$

Nun ist anschaulich der Graph der Funktion f mit $x \mapsto f(x - ct)$ aber einfach der Graph von $x \mapsto f(x)$, bloß um ct nach rechts verschoben. Dies bedeutet, dass das Wellenprofil, das durch die Funktion f beschrieben wird, sich mit konstanter Geschwindigkeit c entlang der x-Achse nach rechts bewegt.

Erläuterung

Wie wir nachrechnen können, ist $f(x + ct)$ ebenfalls eine Lösung – diese beschreibt eine Welle, welche sich nach links fortpflanzt. Es ist sogar die Kombination $f_1(x - ct) + f_2(x + ct)$ möglich, und allgemein ist jede Linearkombination von Lösungen der Wellengleichung wieder eine Lösung. Diese Eigenschaft ist insbesondere in der Physik auch als Superpositionsprinzip bekannt und ist ein Merkmal linearer Differenzialgleichungen.

Beispiel

In der Strömungslehre (Hydrodynamik) wird das Geschwindigkeitsfeld einer inkompressiblen Flüssigkeit durch die Navier-Stokes-Gleichungen beschrieben. Dieses Geschwindigkeitsfeld ordnet jedem Zeitpunkt $t \in \mathbb{R}$ und jedem Ort $x \in \mathbb{R}^3$ eine Raumrichtung $v(t, x) \in \mathbb{R}^3$ zu, in die sich ein Flüssigkeitsteilchen bewegt.

Gegeben sind der im Allgemeinen ebenfalls von Zeit und Ort abhängige Druck $p(t, x) \geq 0$ und eine gegebenenfalls auf die Flüssigkeit einwirkende Beschleunigung $g(t, x) \in \mathbb{R}^3$, die von äußeren Kräften herrührt. Darüber hinaus sei die Dichte $\rho > 0$ und die Viskosität $\mu \geq 0$ der Flüssigkeit gegeben. Dann lauten die Navier-Stokes-Gleichungen in den einzelnen Komponenten von $v(t, x) = (v_1(t, x), v_2(t, x), v_3(t, x))$:

$$\frac{\partial v_i}{\partial t} + \sum_{k=1}^{3} v_k \frac{\partial v_i}{\partial x_k} - \frac{\mu}{\rho} \sum_{k=1}^{3} \frac{\partial^2 v_i}{\partial x_k^2} = -\frac{1}{\rho} \frac{\partial p}{\partial x_i} + g_i \quad (i = 1, 2, 3). \qquad (13.2)$$

Die Navier-Stokes-Gleichungen sind ein gekoppeltes System nichtlinearer, partieller Differenzialgleichungen – also von der „schlimmsten" Sorte. Aus diesem Grund ist es nicht weiter verwunderlich, dass bis heute (Frühling 2019) unbekannt ist, ob es für alle „vernünftigen" Anfangsbedingungen $v(0, x) \stackrel{!}{=} v_0(x)$ eine „vernünftige" Lösung gibt.

Gewöhnliche lineare Differenzialgleichungen

▶ **Definition**

Sei $I \subseteq \mathbb{R}$ ein offenes Intervall, und seien $a_0, \ldots, a_{n-1}, b$ reelle Funktionen auf I. Dann nennen wir eine Gleichung in der n-mal differenzierbaren unbekannten Funktion $x \colon I \to \mathbb{C}$ der Form

$$x^{(n)} + a_{n-1} x^{(n-1)} + \ldots + a_1 x' + a_0 x = b \qquad (13.3)$$

eine gewöhnliche lineare Differenzialgleichung der Ordnung n. Wir nennen die Funktion b die Inhomogenität der Gleichung. Ist $b = 0$, heißt die Gleichung homogen.   ◀

Erläuterung

Beachten Sie, dass wir im Allgemeinen komplexwertige Lösungen zulassen. Obwohl in Anwendungen meist reelle Lösungen gesucht werden, wird sich dies als praktisch herausstellen. (Die Ableitung einer komplexwertigen Funktion $f = u + iv$ ist einfach definiert als $f' = u' + iv'$, und alle Rechenregeln übertragen sich analog.) Ein Beispiel für eine Differenzialgleichung mit komplexer Lösung ist $x'' = -x$; diese hat als eine Lösung $x(t) = e^{it}$.

Erläuterung

Die Gleichung $x^{(n)} + a_{n-1}x^{(n-1)} + \ldots + a_1 x' + a_0 x = b$ bedeutet natürlich, dass

$$x^{(n)}(t) + a_{n-1}(t)x^{(n-1)}(t) + \ldots + a_1(t)x'(t) + a_0(t)x(t) = b(t)$$

für alle $t \in I$ gilt.

▶ Definition

Sei $I \subseteq \mathbb{R}$ ein offenes Intervall, und seien $a_{11}, \ldots, a_{1n}, a_{21}, \ldots, a_{2n}, \ldots, a_{nn}$ sowie $b_1, \ldots, b_n$ reelle Funktionen auf I. Dann nennen wir ein Gleichungssystem in den differenzierbaren unbekannten Funktionen $x_1, \ldots, x_n \colon I \to \mathbb{C}$ der Form

$$x'_1 = a_{11}x_1 + \ldots + a_{1n}x_n + b_1,$$

$$\vdots$$

$$x'_n = a_{n1}x_1 + \ldots + a_{nn}x_n + b_n$$

ein gewöhnliches lineares Differenzialgleichungssystem erster Ordnung. Fassen wir die x_i und b_i jeweils zu einem Spaltenvektor und die a_{ij} zu einer Matrix zusammen, schreibt sich dieses System einfach wie folgt:

$$x' = A \cdot x + b.$$

Wir nennen $A \colon I \to M(n \times n, \mathbb{R})$ Koeffizientenmatrix, und $b \colon I \to \mathbb{R}^n$ heißt Inhomogenität. Ein lineares Differenzialgleichungssystem erster Ordnung mit $b = 0$ nennen wir homogen. ◀

Erläuterung

Wir haben die gesuchten Funktionen $x_i \colon I \to \mathbb{C}$ zu einer Abbildung $x \colon I \to \mathbb{C}^n$ zusammengefasst. Beschränken wir uns auf reelle Lösungen $x \colon I \to \mathbb{R}^n$, so lässt sich diese Abbildung recht anschaulich als Kurve auffassen. Dies hatten wir ja schon am (nichtlinearen) Beispiel der Lorenz-Gleichungen gesehen.

Erläuterung

In der Praxis haben wir meistens nicht nur eine Differenzialgleichung, sondern auch einen Anfangswert gegeben. Z. B. können wir mithilfe einer Differenzialgleichung beschreiben, wie viele Atomkerne eines radioaktiven Materials nach einer bestimmten Zeit zerfallen sind. Hierfür müssen wir jedoch zusätzlich wissen, wie viele Atome des Materials zu Beginn des Experiments vorhanden waren.

▶ **Definition**

Sei

$$x' = A \cdot x + b$$

ein lineares Differenzialgleichungssystem erster Ordnung mit Koeffizientenmatrix $A \colon I \to M(n \times n, \mathbb{R})$ und Inhomogenität $b \colon I \to \mathbb{R}^n$. Sei ferner $x_0 \in \mathbb{R}^n$ und $t_0 \in I$. Dann nennen wir das Differenzialgleichungssystem zusammen mit der Anfangswertbedingung

$$x(t_0) = x_0$$

ein Anfangswertproblem.   ◀

Erläuterung

Die Bedeutung linearer Differenzialgleichungssysteme erster Ordnung ist dadurch begründet, dass lineare Differenzialgleichungen beliebiger Ordnung sich in ein solches System umschreiben lassen. Wir zeigen dies exemplarisch am Beispiel einer Differenzialgleichung 2. Ordnung, $x'' + a_1 x' + a_0 x = b$. Nehmen wir die Substitution $v = x'$ vor, so ergibt sich:

$$v = x', \; x'' + a_1 x' + a_0 x = b \Longleftrightarrow$$
$$x' = v, \; v' + a_1 v + a_0 x = b \Longleftrightarrow$$
$$x' = 0 \cdot x + v, \; v' = -a_0 x - a_1 v + b \Longleftrightarrow$$
$$\begin{pmatrix} x' \\ v' \end{pmatrix} = \begin{pmatrix} 0 & 1 \\ -a_0 & -a_1 \end{pmatrix} \cdot \begin{pmatrix} x \\ v \end{pmatrix} + \begin{pmatrix} 0 \\ b \end{pmatrix}$$

Wir können also genauso gut das lineare Differenzialgleichungssystem mit Koeffizientenmatrix

$$A = \begin{pmatrix} 0 & 1 \\ -a_0 & -a_1 \end{pmatrix}$$

und Inhomogenität

$$b = \begin{pmatrix} 0 \\ b \end{pmatrix}$$

lösen, um ans Ziel zu gelangen.

Allgemein lässt sich auf diese Weise eine lineare Differenzialgleichung $x^{(n)} + a_{n-1} x^{(n-1)} + \ldots + a_1 x'(t) + a_0 x = b$ in ein äquivalentes lineares Differenzialgleichungssystem erster Ordnung umschreiben, welches aus n Gleichungen besteht. Hierzu substituieren wir ganz analog $v_1 = x', \ldots, v_{n-1} = x^{(n-1)}$ und erhalten

$$
\begin{pmatrix} x' \\ v_1' \\ \vdots \\ v_{n-1}' \end{pmatrix} = \begin{pmatrix} 0 & 1 & \cdots & 0 \\ \vdots & & \ddots & \vdots \\ 0 & & & 1 \\ -a_0 & & \cdots & -a_{n-1} \end{pmatrix} \cdot \begin{pmatrix} x \\ v_1 \\ \vdots \\ v_{n-1} \end{pmatrix} + \begin{pmatrix} 0 \\ \vdots \\ 0 \\ b \end{pmatrix}.
$$

Ausblick

Wir haben bisher einen recht umfassenden Einblick in das bekommen, was Differenzialgleichungen auszeichnet und für was sie verwendet werden.

Es kann festgestellt werden, dass das Gebiet der Differenzialgleichungen durch die Anwendungen – bis heute – intensiv befruchtet wird und alleine schon deshalb intensiv die Frage nach der Lösung solcher Gleichungen gestellt wird.

Einige Dozenten auf dem hier behandelten Gebiet überliefern ihren Studierenden, dass die Lösung einer Differenzialgleichung im Kamke steht (ein bedeutender Buch-Klassiker zur Thematik von Erich Kamke) – oder nicht existiert.

So leicht ist es leider nicht, besonders dann nicht, wenn die Fähigkeiten zum Lesen des genannten Buches fehlen.

Schnell wird klar, dass die wesentliche Kunst darin besteht, den sogenannten Typ einer auftretenden Differenzialgleichung zu bestimmen, was dann in vielen Fällen zur Lösung führt.

Unsere Aufgabe wird es daher sein, Klassifikationen für Differenzialgleichungen zu etablieren, die uns dann in die richtige Lösungs-Schublade blicken lassen.

Selbsttest

I. Welche der folgenden Differenzialgleichungen haben die Exponentialfunktion $x(t) = e^t$ als eine (nicht notwendigerweise eindeutige) Lösung?

(1) $x'(t) - x(t) = 0$ (4) $(x(t))^2 - 2x'(t) = 0$

(2) $x'(t) - 2x(t) = 0$ (5) $(x(t))^2 - x(t)x'(t) = 0$

(3) $x''(t) - x(t) = 0$ (6) $(x(t)^2)' - 2x(t)x'(t) = 0$

II. Welche der folgenden Ausdrücke beschreiben eine gewöhnliche homogene lineare Differenzialgleichung?

(1) $x'(t) - (x(t))^2 = 0$ (5) $x''(t) - x'(t) + x(t) = t^2$

(2) $x''(t) - x(t) = 0$ (6) $x'''(t) - x''(t) + x(t) = 0$

(3) $\frac{\partial x}{\partial u}(u, v) + \frac{\partial x}{\partial v}(u, v) = 0$ (7) $x'(t) + \sin(t)x(t) = 0$

(4) $x'(t) - t^2 x(t) = 0$ (8) $x'(t) + \sin(x(t)) = 0$

III. Welche der folgenden Ausdrücke beschreiben ein gewöhnliches lineares Differenzialgleichungssystem mit Anfangswertbedingung?

(1) $\begin{pmatrix} x_1'(t) \\ x_2'(t) \end{pmatrix} = \begin{pmatrix} -x_2(t) \\ x_1(t) \end{pmatrix}, \ \begin{pmatrix} x_1(0) \\ x_2(0) \end{pmatrix} = \begin{pmatrix} 1 \\ 0 \end{pmatrix}$

(2) $\begin{pmatrix} x_1'(t) \\ x_2'(t) \end{pmatrix} = \begin{pmatrix} 0 & -1 \\ 1 & 0 \end{pmatrix} \begin{pmatrix} x_1(t) \\ x_2(t) \end{pmatrix}, \ \begin{pmatrix} x_1(0) \\ x_2(0) \end{pmatrix} = \begin{pmatrix} 1 \\ 0 \end{pmatrix}$

(3) $\begin{pmatrix} x_1'(t) \\ x_2'(t) \end{pmatrix} = \begin{pmatrix} 0 & -1 \\ 1 & 0 \end{pmatrix}^2 \begin{pmatrix} x_1(t) \\ x_2(t) \end{pmatrix}, \ \begin{pmatrix} x_1(0) \\ x_2(0) \end{pmatrix} = \begin{pmatrix} 1 \\ 0 \end{pmatrix}$

(4) $x_1'(t) = -t^2 \cdot x_2(t), \ x_2'(t) = x_1(t), \ x_1(0) = 1, \ x_2(0) = 0$

(5) $x_1'(t) = -x_2(t), \ x_2'(t) = x_1(t), \ x_1(0) = 1, \ x_2(0) = 0$

(6) $x_1'(t) = -x_2(t)^2, \ x_2'(t) = x_1(t), \ x_1(0) = 1, \ x_2(0) = 0$

(7) $x_1'(t) = -x_2(t), \ x_2'(t) = x_1(t), \ x_1(1) = 1, \ x_2(1) = 0$

(8) $x_1'(t) = -x_2(t), \ x_2'(t) = x_1(t), \ x_1(0) = 1, \ x_2(0)^2 = 0$

(9) $x_1'(t) = x_1(t), \ x_2'(t) = x_2(t), \ x_1'(0) = 0, \ x_2'(0) = 0$

14 Lösungsraum homogener linearer Differenzialgleichungen mit konstanten Koeffzienten

Einblick

Der Titel dieses Abschnitts klingt sperrig und wirft z. B. die Frage auf, warum es nicht einfach eine Art Formel gibt, die aus jeder möglichen Differenzialgleichung eine Lösung generiert. Leider ist es nicht so einfach.

Die aktuellen Fähigkeiten der Mathematik liefern Lösungen nur für spezielle Differenzialgleichungen und – im besten Fall – für solche von einem bestimmten Typ. Der Fall homogen, linear und mit konstanten Koeffizienten liefert einen solchen Typ, hier können wir die Lösung gar explizit angeben.

Wir können dann auch sagen, wie groß der Lösungsraum ist, wobei sich dies auf die Dimension dieses Raumes bezieht.

Von besonderer Bedeutung ist hier die Linearität, die uns aus der Linearen Algebra vertraut ist, und vieles in den Beweisen erst möglich macht.

Wenn Lösungen gefunden wurden, müssen diese noch genau betrachtet werden. Es ist nämlich beispielsweise möglich, dass zwei vermeintlich verschiedene Lösungen gefunden werden, die jedoch nicht wirklich verschieden sind. Verschieden im hier behandelten Sinn sind lediglich Lösungen, die linear unabhängig sind; zur Überprüfung dient der (nach einem polnischen Mathematiker) benannte Wronski-Test.

Der Lösungsraum

Erläuterung

Eine mögliche Grundmenge, aus der wir Lösungen für eine lineare Differenzialgleichung n-ter Ordnung suchen, ist die Menge der wenigstens n-mal stetig differenzierbaren, auf einem offenen Intervall $I \subseteq \mathbb{R}$ definierten komplexwertigen Funktionen, welche wir mit $C^n(I, \mathbb{C})$ bezeichnen. Wir erinnern daran, dass $C^n(I, \mathbb{C})$ zusammen mit der gewöhnlichen punktweisen Addition und punktweisen Multiplikation mit komplexen Zahlen einen $\mathbb{C}$-Vektorraum darstellt.

© Springer-Verlag GmbH Deutschland 2019
M. Plaue und M. Scherfner, *Mathematik für das Bachelorstudium II*,
https://doi.org/10.1007/978-3-8274-2557-7_14

■ **Satz**

Die Lösungsmenge einer homogenen linearen Differenzialgleichung n-ter Ordnung ist ein Untervektorraum von $C^n(I, \mathbb{C})$.

Beweis: Sei

$$x^{(n)} + a_{n-1}x^{(n-1)} + \ldots + a_1 x' + a_0 x = 0$$

eine homogene lineare Differenzialgleichung mit Koeffizienten $a_0, \ldots, a_{n-1} \colon I \to \mathbb{R}$.

Wir fassen den Ableitungsoperator $\frac{d}{dt}$ als lineare Abbildung auf $C^n(I, \mathbb{C})$ auf und schreiben für die k-te Hintereinanderausführung wie üblich $\left(\frac{d}{dt}\right)^k = \frac{d^k}{dt^k}$. Dann ist

$$L := \frac{d^n}{dt^n} + a_{n-1}\frac{d^{n-1}}{dt^{n-1}} + \ldots + a_1\frac{d}{dt} + a_0 \, \mathrm{id}$$

ebenfalls linear, und die obige Differenzialgleichung kann geschrieben werden als $Lx = 0$. Folglich ist die Lösungsmenge der Differenzialgleichung gerade durch den Kern von L gegeben, welcher ein Untervektorraum von $C^n(I, \mathbb{C})$ sein muss. (Dass $C^n(I, \mathbb{C})$ nicht endlichdimensional ist, spielt für die Argumentation keine Rolle.) ■

Erläuterung

Wem die obige Erklärung zu obskur ist, kann die Untervektorraumeigenschaften auch gerne „zu Fuß" nachweisen: Die Lösungsmenge ist nicht leer, denn $x(t) = 0$ ist eine Lösung. Sei x eine beliebige Lösung und $\lambda \in \mathbb{C}$. Dann gilt

$$(\lambda x)^{(n)} + a_{n-1}(\lambda x)^{(n-1)} + \ldots + a_1(\lambda x)' + a_0(\lambda x) =$$
$$\lambda x^{(n)} + \lambda a_{n-1} x^{(n-1)} + \ldots + \lambda a_1 x' + \lambda a_0 x =$$
$$\lambda\left(x^{(n)} + a_{n-1}x^{(n-1)} + \ldots + a_1 x' + a_0 x\right) = \lambda \cdot 0 = 0,$$

sodass auch λx eine Lösung ist. Der Nachweis der Abgeschlossenheit bzgl. der Addition von Lösungen funktioniert genau so.

■ **Satz**

Der Lösungsraum einer homogenen linearen Differenzialgleichung n-ter Ordnung mit stetigen Koeffizienten ist n-dimensional. □

Erläuterung

Eine homogene lineare Differenzialgleichung mit stetigen Koeffizienten ist also vollständig gelöst, wenn wir n linear unabhängige Lösungen und damit eine Basis des Lösungsraums finden. Eine solche Basis nennen wir auch Fundamentalsystem der Differenzialgleichung. Im Spezialfall konstanter Koeffizienten hilft hierbei das kommende Resultat.

■ Satz

Sei $x^{(n)} + a_{n-1}x^{(n-1)} + \ldots + a_1 x' + a_0 x = 0$ eine homogene lineare Differenzialgleichung mit konstanten Koeffizienten $a_0, \ldots, a_{n-1} \in \mathbb{R}$, und sei

$$p \colon \mathbb{C} \to \mathbb{C}, \; p(z) = z^n + a_{n-1}z^{n-1} + \ldots + a_1 z + a_0$$

das sogenannte charakteristische Polynom der Differenzialgleichung. Sei $\lambda \in \mathbb{C}$ eine Nullstelle von p mit Vielfachheit k. Dann sind die Funktionen

$$x_0(t) = e^{\lambda t}, \; x_1(t) = te^{\lambda t}, \ldots, x_{k-1}(t) = t^{k-1}e^{\lambda t}$$

linear unabhängige Lösungen der Differenzialgleichung.

Beweis: Wir schreiben die Differenzialgleichung wie zuvor in der Form $Lx = 0$. Da die Koeffizienten a_i konstant sind, und somit $\frac{d(a_i x)}{dt} = a_i \frac{dx}{dt}$, können wir L wie ein gewöhnliches Polynom zerlegen:

$$L = \left(\frac{d}{dt} - \lambda_{n-k}\,\mathrm{id}\right) \cdots \left(\frac{d}{dt} - \lambda_2\,\mathrm{id}\right) \left(\frac{d}{dt} - \lambda\,\mathrm{id}\right)^k,$$

wobei $\lambda_2, \ldots, \lambda_{n-k}$ die übrigen Nullstellen des charakteristischen Polynoms sind, ohne Berücksichtigung der Vielfachheiten.

Es genügt also zu zeigen, dass $\left(\frac{d}{dt} - \lambda\,\mathrm{id}\right)^k x_l = 0$ für alle $l \in \{0, \ldots, k-1\}$. Wir beweisen dies durch vollständige Induktion. Für $k = 1$ ist die Behauptung richtig, denn dann bleibt nur $l = 0$ zu prüfen:

$$\left(\frac{d}{dt} - \lambda\,\mathrm{id}\right) x_0(t) = x_0'(t) - \lambda x_0(t) = \lambda e^{\lambda t} - \lambda e^{\lambda t} = 0$$

Sei die Behauptung für ein $k \in \mathbb{N}$ bereits bewiesen. Dann gilt mit $l \in \{0, \ldots, k\}$:

$$\left(\frac{d}{dt} - \lambda\,\mathrm{id}\right)^{k+1} x_l(t) = \left(\frac{d}{dt} - \lambda\,\mathrm{id}\right)\left(\frac{d}{dt} - \lambda\,\mathrm{id}\right)^k x_l(t)$$

Falls $l < k$, sind wir nach Induktionsvoraussetzung fertig. Es bleibt noch der Fall $l = k$ zu betrachten:

$$\left(\frac{d}{dt} - \lambda\,\mathrm{id}\right)^{k+1} x_k(t) = \left(\frac{d}{dt} - \lambda\,\mathrm{id}\right)^{k+1} \left(t^k e^{\lambda t}\right)$$

$$= \left(\frac{d}{dt} - \lambda\,\mathrm{id}\right)^k \left(\frac{d}{dt} - \lambda\,\mathrm{id}\right) \left(t^k e^{\lambda t}\right)$$

$$= \left(\frac{d}{dt} - \lambda\,\mathrm{id}\right)^k \left(kt^{k-1}e^{\lambda t} + \lambda t^k e^{\lambda t} - \lambda t^k e^{\lambda t}\right)$$

$$= \left(\frac{d}{dt} - \lambda\,\mathrm{id}\right)^k \left(kt^{k-1}e^{\lambda t}\right)$$

$$= k \left(\frac{d}{dt} - \lambda \, \mathrm{id} \right)^k x_{k-1}(t)$$

$$= 0$$

Das letzte Gleichheitszeichen folgt aus der Induktionsvoraussetzung.

Es bleibt noch die lineare Unabhängigkeit der x_i zu zeigen. Seien $c_0, c_1, \ldots, c_{k-1}$ $\in \mathbb{C}$ so, dass $c_0 x_0 + c_1 x_1 + \ \ + c_{k\,1} x_{k\,1} = 0$, d. h. für alle $t \in \mathbb{R}$ gilt

$$c_0 x_0(t) + c_1 x_1(t) + \ldots + c_{k-1} x_{k-1}(t) = 0 \Rightarrow$$
$$c_0 e^{\lambda t} + c_1 t e^{\lambda t} + \ldots + c_{k-1} t^{k-1} e^{\lambda t} = 0 \Rightarrow$$
$$c_0 + c_1 t + \ldots + c_{k-1} t^{k-1} = 0 \Rightarrow$$
$$c_0 = c_1 = \cdots = c_{k-1} = 0.$$

Folglich sind die Funktionen $x_0, \ldots, x_{k-1}$ linear unabhängig.   ∎

Erläuterung

Somit ergibt jede Nullstelle $\lambda \in \mathbb{C}$ des charakteristischen Polynoms der Vielfachheit k einen k-dimensionalen Teilraum des gesamten Lösungsraums der Differenzialgleichung, in dem wir die oben konstruierten Lösungen linear kombinieren.

Haben wir eine weitere, von λ verschiedene Nullstelle $\mu \in \mathbb{C}$, so liefert diese Lösungen, die linear unabhängig zu den bereits gefundenen sind; dies können wir wie folgt durch Widerspruch zeigen. Angenommen, es gäbe $c_0, \ldots, c_{k-1} \in \mathbb{C}$ so, dass

$$c_0 e^{\lambda t} + c_1 t e^{\lambda t} + \ldots + c_{k-1} t^{k-1} e^{\lambda t} = t^m e^{\mu t},$$

d. h.

$$c_0 + c_1 t + \ldots + c_{k-1} t^{k-1} = t^m e^{(\mu - \lambda) t}.$$

Wir sehen hier eigentlich bereits, dass die linke und rechte Seite sicher nicht für alle $t \in \mathbb{R}$ gleich sein können. Für die Ungläubigen unterscheiden wir zwei Fälle:

1. Null ist die einzige Nullstelle des Polynoms auf der linken Seite. Dann müssen alle c_i bis auf höchstens eines verschwinden:

$$c_i t^i = t^m e^{(\mu - \lambda) t} \Rightarrow c_i = t^{m-i} e^{(\mu - \lambda) t} \text{ für } t \neq 0$$

Das kann aber offensichtlich nicht für alle $t \neq 0$ richtig sein, da die rechte Seite für $\mu \neq \lambda$ nicht konstant ist.

2. Null ist nicht die einzige Nullstelle, sondern es gibt eine Nullstelle $\alpha \neq 0$. Einsetzen in

$$c_0 + c_1 t + \ldots + c_{k-1} t^{k-1} = t^m e^{(\mu-\lambda)t}.$$

ergibt dann

$$0 = \alpha^m e^{(\mu-\lambda)\alpha},$$

was sicher nicht richtig ist.

Erläuterung

Später werden wir ein einfacheres Kriterium für die lineare Unabhängigkeit von Funktionen kennenlernen: den sogenannten Wronski-Test.

Da sich die Vielfachheiten aller Nullstellen des charakteristischen Polynoms zur Ordnung n der Differenzialgleichung und damit zur Dimension des Lösungsraums aufaddieren, haben wir schließlich eine Basis des Lösungsraums, also ein Fundamentalsystem konstruiert.

Erläuterung

In vielen Anwendungen möchten wir keine komplexwertigen, sondern reellwertige Lösungen einer Differenzialgleichung haben. Das ist jedoch kein Problem: Das charakteristische Polynom hat reelle Koeffizienten, sodass dessen Nullstellen immer in komplex konjugierten Paaren $\lambda = a + ib, \bar{\lambda} = a - ib$ auftreten. Die entsprechenden Lösungen der Differenzialgleichung können dann zu reellen Lösungen linear kombiniert werden:

$$\frac{1}{2i}(t^m e^{\lambda t} - t^m e^{\bar{\lambda} t}) = \frac{1}{2i}(t^m e^{(a+ib)t} - t^m e^{(a-ib)t})$$

$$= \frac{t^m e^{at}}{2i}(e^{ibt} - e^{-ibt})$$

$$= t^m e^{at} \sin(bt)$$

$$\frac{1}{2}(t^m e^{\lambda t} + t^m e^{\bar{\lambda} t}) = \frac{1}{2}(t^m e^{(a+ib)t} + t^m e^{(a-ib)t})$$

$$= \frac{t^m e^{at}}{2}(e^{ibt} + e^{-ibt})$$

$$= t^m e^{at} \cos(bt)$$

Beispiel

Das charakteristische Polynom der homogenen linearen Differenzialgleichung zweiter Ordnung

$$x'' + \omega^2 x = 0$$

mit konstantem $\omega > 0$ ist gegeben durch

$$p(z) = z^2 + \omega^2.$$

Dieses Polynom hat die Nullstellen $i\omega$ und $-i\omega$, sodass die Funktionen

$$y_1(t) = e^{i\omega t}, \quad y_2(t) = e^{-i\omega t}$$

linear unabhängige Lösungen sind. Möchten wir reellwertige Lösungen haben, so verwenden wir stattdessen

$$x_1(t) = \frac{1}{2i}\left(y_1(t) - y_2(t)\right) = \sin(\omega t),$$

$$x_2(t) = \frac{1}{2}\left(y_1(t) + y_2(t)\right) = \cos(\omega t)$$

als Fundamentalsystem. Jede reelle Lösung ist also von der Form

$$x(t) = Ax_1(t) + Bx_2(t) = A\sin(\omega t) + B\cos(\omega t)$$

mit reellen Konstanten A, B.

Beispiel

Die Differenzialgleichung aus dem letzten Beispiel beschreibt z. B. den zeitlichen Verlauf der Auslenkung eines Federpendels ohne Berücksichtigung der Reibung, durch die in Wirklichkeit jedes Pendel schließlich zur Ruhe kommt. Unter Berücksichtigung einer geschwindigkeitsabhängigen Reibungskraft mit Dämpfungskonstante $\mu > 0$ haben wir hingegen die Gleichung

$$x'' + 2\mu x' + \omega^2 x = 0.$$

Das charakteristische Polynom hat die Nullstellen

$$z_{1/2} = -\mu \pm \sqrt{\mu^2 - \omega^2}.$$

Wir können nun drei Fälle unterscheiden:

1. Im Fall $\mu < \omega$ sind beide Nullstellen komplex, und die allgemeine reelle Lösung ist eine gedämpfte Schwingung, deren Amplitude mit der Zeit kleiner wird:

$$x(t) = Ae^{-\mu t}\sin(\omega^* t) + Be^{-\mu t}\cos(\omega^* t),$$

   wobei $\omega^* := \sqrt{\omega^2 - \mu^2}$. Wir beachten, dass $\omega^* < \omega$, d. h. die Frequenz der Schwingung wird ebenfalls durch die Dämpfung verringert.

2. Im Fall $\mu > \omega$ sind beide Nullstellen reell, das Pendel ist überdämpft, und es findet keine Schwingung durch die Ruhelage statt:

$$x(t) = Ae^{(-\mu+\mu^*)t} + Be^{(-\mu-\mu^*)t},$$

   wobei $\mu^* := \sqrt{\mu^2 - \omega^2} < \mu$. Dies wird auch Kriechfall genannt.

3. Im Fall $\mu = \omega$ sind beide Nullstellen reell und identisch, und es findet keine Schwingung durch die Ruhelage statt:

$$x(t) = Ae^{-\mu t} + Bte^{-\mu t}$$

Diese Situation nennen wir den aperiodischen Grenzfall. Tatsächlich findet das Pendel noch schneller in die Ruhelage zurück als beim Kriechfall; dieses Verhalten wird beispielsweise bei der Konstruktion von Stoßdämpfern genutzt.

Der Wronski-Test

■ Satz

Sei I ein offenes Intervall, und seien $x_1, \ldots, x_n \colon I \to \mathbb{C}$ $(n-1)$-mal differenzierbare Funktionen. Falls die Determinante der sogenannten Wronski-Matrix

$$W_{t_0} := \begin{pmatrix} x_1(t_0) & \cdots & x_n(t_0) \\ \vdots & & \vdots \\ x_1^{(n-1)}(t_0) & \cdots & x_n^{(n-1)}(t_0) \end{pmatrix}$$

für ein $t_0 \in I$ ungleich Null ist, sind $x_1, \ldots, x_n$ linear unabhängig.

Beweis: Seien $c_1, \ldots, c_n \in \mathbb{C}$ so, dass $\sum_{k=1}^{n} c_k x_k = 0$; dass also $\sum_{k=1}^{n} c_k x_k(t) = 0$ für alle $t \in I$. folgern:

$$\sum_{k=1}^{n} c_k x_k(t) = 0 \Rightarrow$$

$$\left. \begin{array}{l} c_1 x_1(t) + \ldots + c_n x_n(t) = 0 \\ c_1 x_1'(t) + \ldots + c_n x_n'(t) = 0 \\ \vdots \\ c_1 x_1^{(n-1)}(t) + \ldots + c_n x_n^{(n-1)}(t) = 0 \end{array} \right\} \Rightarrow$$

$$W_t \cdot \begin{pmatrix} c_1 \\ \vdots \\ c_n \end{pmatrix} = 0 \Rightarrow$$

$$W_{t_0} \cdot \begin{pmatrix} c_1 \\ \vdots \\ c_n \end{pmatrix} = 0 \Rightarrow$$

$$c_1 = \cdots = c_n = 0$$

Die letzte Implikation folgt, da die Determinante von W_{t_0} nicht verschwindet und das homogene lineare Gleichungssystem deshalb nur die triviale Lösung haben kann.   ∎

Beispiel

Sinus- und Kosinusfunktion sind linear unabhängig, denn

$$\begin{vmatrix} \sin(t) & \cos(t) \\ \sin'(t) & \cos'(t) \end{vmatrix} = \begin{vmatrix} \sin(t) & \cos(t) \\ \cos(t) & -\sin(t) \end{vmatrix} = -\sin^2(t) - \cos^2(t) = -1$$

verschwindet nirgends.

Beispiel

Die Monome $e_1(t) = t$ und $e_2(t) = t^2$ sind (wie bekannt) linear unabhängig, denn

$$\begin{vmatrix} t & t^2 \\ 1 & 2t \end{vmatrix} = 2t^2 - t^2 = t^2$$

ist z. B. für $t = 1$ ungleich Null. Dass die Wronski-Determinante für $t = 0$ verschwindet, spielt keine Rolle.

Beispiel

Die Umkehrung des Satzes von Wronski gilt nicht, wie das folgende Beispiel zeigt. Die Funktionen

$$x_1(t) = \begin{cases} t^2 & \text{für } t > 0 \\ 0 & \text{für } t \leq 0 \end{cases},$$

$$x_2(t) = \begin{cases} 0 & \text{für } t > 0 \\ t^2 & \text{für } t \leq 0 \end{cases}$$

sind differenzierbar mit

$$x_1'(t) = \begin{cases} 2t & \text{für } t > 0 \\ 0 & \text{für } t \leq 0 \end{cases},$$

$$x_2'(t) = \begin{cases} 0 & \text{für } t > 0 \\ 2t & \text{für } t \leq 0 \end{cases}$$

und offensichtlich linear unabhängig, da keine Vielfachen voneinander. Dennoch gilt

$$\begin{vmatrix} x_1(t) & x_2(t) \\ x_1'(t) & x_2'(t) \end{vmatrix} = x_1(t) \cdot x_2'(t) - x_1'(t) \cdot x_2(t) = 0$$

für alle $t \in \mathbb{R}$.

Ausblick

Betrachten wir die gefundenen Lösungen für Differenzialgleichungen des hier behandelten Typs, dann fällt sicher auf, dass in den Lösungen Koeffizienten auftreten, wie in der Lösung $x(t) = A\sin(\omega t) + B\cos(\omega t)$ von $x'' + \omega^2 x = 0$. Handeln wir uns dadurch nicht eine gewisse Willkür ein?

Es wird sich zeigen, dass die erwähnte (vermeintliche) Willkür sehr nützlich ist, denn so können wir die Lösungen noch an Vorgaben anpassen, die oft aus einer natur- oder ingenieurwissenschaftlichen Realität kommen.

Wir werden dann von Anfangswertproblemen sprechen; die Lösung eines solchen ist die Lösung einer Differenzialgleichung unter zusätzlicher Berücksichtigung von Vorgaben, sogenannten Anfangswerten.

Selbsttest

I. Bilden diese Funktionen jeweils eine linear abhängige Menge im Vektorraum der einmal stetig differenzierbaren Funktionen $C^1(\mathbb{R}, \mathbb{C})$?

(1) $x_1(t) = t$, $x_2(t) = t^2$

(2) $x_1(t) = t$, $x_2(t) = 2t$

(3) $x_1(t) = |t|$, $x_2(t) = 2|t|$

(4) $x_1(t) = 0$, $x_2(t) = t$

(5) $x_1(t) = 1$, $x_2(t) = t$

(6) $x_1(t) = e^t$, $x_2(t) = e^{2t}$

(7) $x_1(t) = \sin(t)$, $x_2(t) = \cos(t)$, $x_3(t) = \sin(t) + \cos(t)$

(8) $x_1(t) = e^{it}$, $x_2(t) = e^{-it}$, $x_3(t) = \cos(t)$

II. Welche der folgenden Aussagen sind stets richtig?

(1)   Der Lösungsraum einer homogenen linearen Differenzialgleichung n-ter Ordnung mit stetigen Koeffizienten ist n-dimensional.

(2)   Der Lösungsraum einer homogenen linearen Differenzialgleichung n-ter Ordnung mit differenzierbaren Koeffizienten ist n-dimensional.

(3)   Der Lösungsraum einer homogenen linearen Differenzialgleichung n-ter Ordnung mit konstanten Koeffizienten ist n-dimensional.

III. Seien $x_1, x_2 \colon \mathbb{R} \to \mathbb{C}$ differenzierbare Funktionen und für alle $t \in \mathbb{R}$

$$W_t = \begin{pmatrix} x_1(t) & x_2(t) \\ x_1'(t) & x_2'(t) \end{pmatrix}.$$

Welche der folgenden Aussagen sind stets richtig?

(1)   Wenn $\det(W_t) = 0$ für $t = 0$ gilt, sind x_1, x_2 linear abhängig.

(2)   Wenn $\det(W_t) \neq 0$ für $t = 0$ gilt, sind x_1, x_2 linear unabhängig.

(3)   Wenn $\det(W_t) \neq 0$ für alle $t \in \mathbb{R}$ gilt, sind x_1, x_2 linear unabhängig.

(4)   Wenn x_1, x_2 linear abhängig sind, gilt $\det(W_t) = 0$ für alle $t \in \mathbb{R}$.

(5)   Wenn x_1, x_2 linear abhängig sind, gilt $\det(W_t) = 0$ für $t = 0$.

15 Anfangswertprobleme

Einblick

Stellen wir uns bildlich die folgende Situation vor: Ein Faden wird zwischen den Fingern gehalten, an dessen Ende eine kleine Metallkugel befestigt ist, die sich allerdings am Anfang unserer Beobachtung nicht bewegt. Nun verändern wir die Situation, indem wir die Kugel ein wenig aus der Ruhelage bewegen (der Faden bleibt gespannt, der Abstand zwischen Fingern und Kugel ändert sich also nicht) und diese dann loslassen. Nun können wir eine Kugel sehen, die am Anfang unserer Beobachtung eine Position hat, die zu einer Bewegung führt. Auch könnten wir die Kugel aus der Ruhelage anstoßen, ihr also eine Startgeschwindigkeit geben.

Kugel und Faden bilden ein System, das sich durch eine Differenzialgleichung beschreiben lässt (eine sogenannte Schwingungsgleichung), zusätzlich spielen jedoch noch Anfangswerte eine Rolle. Dies führt uns hier zu einer eindeutigen Lösung des dann insgesamt vorliegenden Anfangswertproblems, welches die Anfangsgeschwindigkeit und -position der Kugel berücksichtigt.

Homogene lineare Differenzialgleichungen mit konstanten Koeffizienten

Erläuterung

Jedes Anfangswertproblem

$$x^{(n)} + a_{n-1}x^{(n-1)} + \ldots + a_1 x' + a_0 x = 0,$$
$$x(t_0) = u_0,\ x'(t_0) = u_1, \ldots, x^{(n-1)}(t_0) = u_{n-1}$$

mit $t_0, a_0, \ldots, a_{n-1}, u_0, \ldots, u_{n-1} \in \mathbb{R}$ hat eine eindeutig bestimmte Lösung. Ist nämlich $(x_1, \ldots, x_n)$ ein Fundamentalsystem der Differenzialgleichung, und setzen wir die Anfangswertbedingungen in die allgemeine Lösung $x(t) = c_1 x_1(t) + \ldots + c_n x_n(t)$ ein, so erhalten wir ein lineares Gleichungssystem in den Koeffizienten $c_1, \ldots, c_n$, von dem wir zeigen können, dass es genau eine Lösung hat.

Schreiben wir die obige Differenzialgleichung in ein System um und fassen die

© Springer-Verlag GmbH Deutschland 2019
M. Plaue und M. Scherfner, *Mathematik für das Bachelorstudium II*,
https://doi.org/10.1007/978-3-8274-2557-7_15

Anfangswertbedingungen zu einer Vektorgleichung zusammen, erhalten wir

$$
\begin{pmatrix} x' \\ v_1' \\ \vdots \\ v_{n-1}' \end{pmatrix} = \begin{pmatrix} 0 & 1 & \cdots & 0 \\ \vdots & & \ddots & \vdots \\ 0 & & & 1 \\ -a_0 & & \cdots & -a_{n-1} \end{pmatrix} \cdot \begin{pmatrix} x \\ v_1 \\ \vdots \\ v_{n-1} \end{pmatrix},
$$

$$
\begin{pmatrix} x(t_0) \\ v_1(t_0) \\ \vdots \\ v_{n-1}(t_0) \end{pmatrix} = \begin{pmatrix} u_0 \\ u_1 \\ \vdots \\ u_{n-1} \end{pmatrix}
$$

mit $v_1 = x'$, $v_2 = x''$ usw.. Das ist aber gerade ein Anfangswertproblem im bereits für lineare Differenzialgleichungssysteme definierten Sinne.

Beispiel

Die allgemeine Lösung der Schwingungsgleichung $x'' + \omega^2 x = 0$ ist

$$
x(t) = A \sin(\omega t) + B \cos(\omega t).
$$

Betrachten wir die Anfangswertbedingungen

$$
x(0) = x_0,
$$
$$
x'(0) = v_0
$$

mit beliebigem $x_0, v_0 \in \mathbb{R}$. Durch Einsetzen der allgemeinen Lösung erhalten wir das Gleichungssystem

$$
B = x_0,
$$
$$
\omega A = v_0,
$$

sodass

$$
x(t) = \frac{v_0}{\omega} \sin(\omega t) + x_0 \cos(\omega t)
$$

die gesuchte Lösung ist.

Matrixexponential

Erläuterung

Wir hatten gesehen wie sich aus einer geeigneten Differenzialgleichung n-ter Ordnung ein System erster Ordnung bilden lässt. Wollen wir hier eine Lösung haben, so ändert sich nicht viel, wenn wir wissen, was „e-hoch-Matrix" bedeutet, analog zu „e-hoch-x"; seien nämlich $t_0, x_0, a \in \mathbb{R}$, dann hat das Anfangswertproblem

$$
x'(t) = ax(t), \quad x(t_0) = x_0
$$

die eindeutige Lösung $x(t) = x_0 e^{a(t-t_0)}$. Tatsächlich gilt dies entsprechend auch für Systeme:

■ **Satz**

Seien $t_0 \in \mathbb{R}$, $x_0 \in \mathbb{R}^n$ und $A \in M(n \times n, \mathbb{R})$. Dann hat das Anfangswertproblem

$$x' = Ax, \quad x(t_0) = x_0$$

die eindeutig bestimmte Lösung

$$x(t) = e^{(t-t_0)A}x_0. \qquad \qquad \square$$

Erläuterung

Natürlich müssen wir nun exakt angeben, was unter „e-hoch-Matrix" zu verstehen ist:

■ **Satz**

Sei $X \in M(n \times n, \mathbb{C})$. Dann konvergiert

$$e^X := E_n + X + \frac{X^2}{2!} + \frac{X^3}{3!} + \dots$$

Beweis: Wie bei Folgen von Vektoren in $\mathbb{R}^n$ auch, konvergiert diese matrixwertige Folge genau dann, wenn jede der einzelnen Komponentenfolgen

$$(E_n)_{ij} + (X)_{ij} + \left(\frac{X^2}{2!}\right)_{ij} + \left(\frac{X^3}{3!}\right)_{ij} + \dots$$

konvergiert. Jede dieser Komponentenfolgen ist offensichtlich eine gewöhnliche Reihe. Der größte Eintrag im ersten Summanden ist 1. Der betragsmäßig größte Eintrag im zweiten Summanden, also X, sei m. Der betragsmäßig größte Eintrag des dritten Summanden $\frac{X^2}{2!}$ ist dann höchstens $\frac{nm^2}{2!}$. Allgemein ist der größte Eintrag des $(k-1)$-ten Summanden sicher nicht größer $c_k := \frac{n^{k-1}m^k}{k!}$. (Wenn wir möchten, so können wir dies noch etwas strenger durch vollständige Induktion zeigen.)

Wenden wir das Quotientenkriterium auf die so erhaltene, allen Komponenten gemeinsame, Majorante an, ergibt sich

$$\frac{c_{k+1}}{c_k} = \frac{n^k m^{k+1}}{(k+1)!} \frac{k!}{n^{k-1}m^k} = \frac{nm}{k+1} \xrightarrow[k \to \infty]{} 0. \qquad \blacksquare$$

Erläuterung

Wenn $X \in M(n \times n, \mathbb{R})$ diagonalisierbar ist, können wir e^X direkt berechnen. Haben wir nämlich $X = S^{-1}DS$ mit $S \in M(n \times n, \mathbb{R})$ invertierbar und $D \in M(n \times n, \mathbb{R})$ diagonal, dann ist zunächst einmal

$$X^k = (S^{-1}DS)^k$$

$$= \underbrace{(S^{-1}DS)(S^{-1}DS)\cdots(S^{-1}DS)}_{k\text{-mal}}$$

$$= S^{-1}DSS^{-1}DS\cdots S^{-1}DSS^{-1}DS$$

$$= S^{-1}DE_nDS\cdots S^{-1}DE_nDS$$

$$= S^{-1}\underbrace{D\cdots D}_{k\text{-mal}}S$$

$$= S^{-1}D^kS.$$

Für die Exponentialreihe ergibt sich damit

$$e^X = e^{S^{-1}DS}$$

$$= \sum_{k=0}^{\infty}\frac{(S^{-1}DS)^k}{k!}$$

$$= \sum_{k=0}^{\infty}S^{-1}\frac{D^k}{k!}S$$

$$= S^{-1}\left(\sum_{k=0}^{\infty}\frac{D^k}{k!}\right)S$$

$$= S^{-1}e^DS.$$

Die Matrix e^D ist jedoch leicht zu berechnen; sind $\lambda_1,\ldots,\lambda_n$ die Diagonaleinträge von D (bzw. die Eigenwerte von X), so haben wir

$$e^D = \begin{pmatrix} e^{\lambda_1} & 0 & \cdots & 0 \\ 0 & e^{\lambda_2} & \cdots & 0 \\ \vdots & & & \vdots \\ \vdots & & \ddots & 0 \\ 0 & \cdots & 0 & e^{\lambda_n} \end{pmatrix}$$

Beispiel

Sei $t \in \mathbb{R}$. Die Matrix

$$X = \begin{pmatrix} 0 & t \\ -t & 0 \end{pmatrix}$$

hat die Eigenwerte $\lambda_1 = it$ und $\lambda_2 = -it$ mit den zugehörigen Eigenvektoren

$$v_1 = \begin{pmatrix} 1 \\ i \end{pmatrix}, \quad v_2 = \begin{pmatrix} 1 \\ -i \end{pmatrix}.$$

Somit gilt

$$S^{-1} = \begin{pmatrix} 1 & 1 \\ i & -i \end{pmatrix},$$

und für die Inverse von S^{-1} berechnen wir z. B. mithilfe des Gauß-Algorithmus

$$S = \frac{1}{2}\begin{pmatrix} 1 & -i \\ 1 & i \end{pmatrix}.$$

Folglich haben wir

$$\begin{aligned}
e^X &= S^{-1}e^D S \\
&= \begin{pmatrix} 1 & 1 \\ i & -i \end{pmatrix} \cdot \begin{pmatrix} e^{it} & 0 \\ 0 & e^{-it} \end{pmatrix} \cdot \frac{1}{2}\begin{pmatrix} 1 & -i \\ 1 & i \end{pmatrix} \\
&= \frac{1}{2}\begin{pmatrix} 1 & 1 \\ i & -i \end{pmatrix} \cdot \begin{pmatrix} e^{it} & -ie^{it} \\ e^{-it} & ie^{-it} \end{pmatrix} \\
&= \begin{pmatrix} \frac{1}{2}\left(e^{it} + e^{-it}\right) & -\frac{i}{2}\left(e^{it} - e^{-it}\right) \\ \frac{i}{2}\left(e^{it} - e^{-it}\right) & \frac{1}{2}\left(e^{it} + e^{-it}\right) \end{pmatrix} \\
&= \begin{pmatrix} \cos t & \sin t \\ -\sin t & \cos t \end{pmatrix}.
\end{aligned}$$

Beispiel

Die Schwingungsgleichung $x'' + x = 0$ mit Kreisfrequenz $\omega = 1$ lautet umgeschrieben in ein System mit $v = x'$:

$$\begin{pmatrix} x'(t) \\ v'(t) \end{pmatrix} = \begin{pmatrix} 0 & 1 \\ -1 & 0 \end{pmatrix} \cdot \begin{pmatrix} x(t) \\ v(t) \end{pmatrix}$$

Betrachten wir wieder das Anfangswertproblem

$$\begin{pmatrix} x(0) \\ v(0) \end{pmatrix} = \begin{pmatrix} x_0 \\ v_0 \end{pmatrix},$$

so erhalten wir zusammen mit der Berechnung aus dem letzten Beispiel die Lösung:

$$\begin{pmatrix} x(t) \\ v(t) \end{pmatrix} = \begin{pmatrix} \cos t & \sin t \\ -\sin t & \cos t \end{pmatrix} \cdot \begin{pmatrix} x_0 \\ v_0 \end{pmatrix}$$

Eine Lösung $(x(t), v(t))$ des Differenzialgleichungssystems entsteht also durch Drehung des Anfangswerts (x_0, v_0) um den Winkel $-t$ um den Ursprung. Die Lösungskurven sind somit gegeben durch im Uhrzeigersinn durchlaufene Kreise in der x-v-Ebene um den Ursprung mit Radius $R = \sqrt{x_0^2 + v_0^2}$ („Phasenraumporträt").

Die Projektion von $(x(t), v(t))$ auf die x-Achse beschreibt die periodische Bewegung

$$x(t) = v_0 \sin t + x_0 \cos t$$

des Schwingers („Zeigerdiagramm").

Erläuterung

Eine quadratische Matrix X, für die es ein $k \in \mathbb{N}$, $k \geq 1$, mit $X^k = 0$ gibt, wird nilpotent genannt. Abgesehen von der Nullmatrix sind solche Matrizen nie diagonalisierbar – dennoch lässt sich e^X prinzipiell immer berechnen, da die Exponentialreihe dann abbricht. Beispielsweise haben wir für $X = \begin{pmatrix} 0 & 1 \\ 0 & 0 \end{pmatrix}$:

$$e^X = \begin{pmatrix} 1 & 0 \\ 0 & 1 \end{pmatrix} + \begin{pmatrix} 0 & 1 \\ 0 & 0 \end{pmatrix} + \frac{1}{2} \underbrace{\begin{pmatrix} 0 & 1 \\ 0 & 0 \end{pmatrix}^2}_{=0} + \ldots = \begin{pmatrix} 1 & 1 \\ 0 & 1 \end{pmatrix}$$

Beispiel

Die Differenzialgleichung aus dem letzten Beispiel beschreibt z. B. die Auslenkung eines Federpendels mit Masse $m = 1$ und der Rückstellkraft $F(x(t)) = -x(t)$. Die Summe der kinetischen Energie $T(t) = \frac{1}{2}v(t)^2$ und der potenziellen Energie $U(t) = \frac{1}{2}x(t)^2$ bleibt entlang der Lösungskurven im x-v-Phasenraum konstant, da diese Kreislinien sind:

$$T(t) + U(t) = \frac{1}{2}v(t)^2 + \frac{1}{2}x(t)^2 = \frac{1}{2}v_0^2 + \frac{1}{2}x_0^2$$

Diese sogenannte Energieerhaltung gilt ganz allgemein auch im nichtlinearen Fall: Definieren wir für die für eine beliebige Lösung $x \colon \mathbb{R} \to \mathbb{R}$ von $mx''(t) = F(x(t))$

$$T(t) := \frac{1}{2}m(x'(t))^2,$$

$$U(t) := -\int_0^{x(t)} F(u)\,du,$$

so ergibt sich unter Berücksichtigung der Bewegungsgleichung

$$\frac{d}{dt}(T(t) + U(t)) = \frac{1}{2}2mx''(t)x'(t) - F(x(t))x'(t)$$
$$= mx''(t)x'(t) - mx''(t)x'(t)$$
$$= 0.$$

Erläuterung

Für die Lösungen eines homogenen linearen Differenzialgleichungssytems gilt analog zu homogenen linearen Differenzialgleichungen n-ter Ordnung, dass diese einen Untervektorraum bilden (in diesem Fall von $C^1(I, \mathbb{C}^n) = \{x \colon I \to \mathbb{C}^n | x$ ist stetig differenzierbar$\}$). Eine Basis des Lösungsraums nennen wir auch in diesem Fall Fundamentalsystem.

Inhomogene lineare Differenzialgleichungen

Erläuterung

Es gibt zwar für lineare Differenzialgleichungssysteme mit nichtkonstanter Koeffizientenmatrix keine geschlossenen Lösungsmethoden mehr, aber wir können bei stetiger Koeffizientenmatrix und Inhomogenität zumindest eine Existenz- und Eindeutigkeitsaussage machen.

■ Satz

Seien $I \subseteq \mathbb{R}$ ein offenes Intervall, $A: I \to M(n \times n, \mathbb{R})$, $b: I \to \mathbb{R}^n$, $t_0 \in I$ und $x_0 \in \mathbb{R}^n$. Wenn A und b stetig sind (d. h. die Komponentenfunktionen a_{ij} bzw. b_i sind stetig), dann hat das Anfangswertproblem

$$x' = Ax + b, \quad x(t_0) = x_0$$

eine eindeutig bestimmte Lösung $x: I \to \mathbb{R}^n$. (Wenn A konstant und $b = 0$ ist, ist diese Lösung durch $x(t) = e^{(t-t_0)A}x_0$ gegeben.)

Beweis: Wir liefern an späterer Stelle eine Skizze des Beweises der Existenz und Eindeutigkeit von Lösungen für noch allgemeinere Anfangswertprobleme:

$$x'(t) = h(t, x(t)), \quad x(t_0) = x_0$$

für $t \in I$ und eine stetig differenzierbare Funktion $h: I \times \mathbb{R}^n \to \mathbb{R}^n$. Dieser deckt im Wesentlichen auch den hier diskutierten Fall der rechten Seite

$$h(t, x(t)) = A \cdot x(t) + b(t)$$

ab. ■

■ Satz

Der Lösungsraum eines homogenen linearen Differenzialgleichungssytems mit n Gleichungen und stetiger Koeffizientenmatrix ist n-dimensional.

Beweis: Sei $(e_1, \ldots, e_n)$ die Standardbasis von $\mathbb{R}^n$. Die Lösungen x_i (mit $i = 1, \ldots, n$) der Anfangswertprobleme

$$x_i' = Ax_i, \quad x_i(t_0) = e_i$$

sind linear unabhängig, da sie bereits an der Stelle t_0 linear unabhängig sind. Für beliebiges $u = (u_1, \ldots, u_n) \in \mathbb{R}^n$ ist $x(t) = u_1 x_1(t) + \ldots + u_n x_n(t)$ eine Lösung des Anfangswertproblems $x(t_0) = u$. Da jede reellwertige Lösung der Differenzialgleichung irgendein Anfangswertproblem löst, sind die x_i nicht nur linear unabhängig, sondern auch ein Erzeugendensystem für den $\mathbb{R}$-Vektorraum aller reellwertigen Lösungen. Lassen wir an dieser Stelle ausnahmsweise auch komplexe Anfangswertbedingungen mit $u = (u_1, \ldots, u_n) \in \mathbb{C}^n$ zu, so ist es nicht so schwer einzusehen, dass die x_i auch den vollständigen Lösungsraum erzeugen. ■

Erläuterung

Insbesondere bei einem homogenen linearen Differenzialgleichungssystem mit konstanter Koeffizientenmatrix A ist ein Fundamentalsystem durch die Lösungskurven

$$x_1(t) = e^{tA} e_1, \ldots, x_n(t) = e^{tA} e_n,$$

also die Spalten von e^{tA}, gegeben.

■ **Satz**

Seien $I \subseteq \mathbb{R}$ ein offenes Intervall, $A \colon I \to M(n \times n, \mathbb{R})$, $b \colon I \to \mathbb{R}^n$ und $x_P \colon I \to \mathbb{C}^n$ eine Lösung des linearen Differenzialgleichungssystems

$$x' = Ax + b$$

Dann ist der Lösungsraum dieses Systems gegeben durch

$$\{x_H + x_P \,|\, x_H \text{ ist eine Lösung von } x' = Ax\}.$$

Beweis: Sei $x \colon I \to \mathbb{C}^n$ eine Lösung der Differenzialgleichung $x' = Ax + b$. Definieren wir $x_H := x - x_P$, so ist $x = x_H + x_P$, und x_H löst tatsächlich die zugehörige homogene Differenzialgleichung:

$$x'_H = (x - x_P)' = x' - x'_P = (Ax + b) - (Ax_P + b) = A(x - x_P) + b - b = Ax_H$$

Ist umgekehrt $x_H \colon I \to \mathbb{C}^n$ eine Lösung der zugehörigen homogenen Differenzialgleichung, so haben wir

$$(x_H + x_P)' = x'_H + x'_P = Ax_H + Ax_P + b = A(x_H + x_P) + b. \qquad \blacksquare$$

Erläuterung

Wir nennen in diesem Zusammenhang x_P eine partikuläre Lösung der Differenzialgleichung.

Ausblick

Wir wissen nun einiges über Anfangswertprobleme und können unter gewissen Voraussetzungen Aussagen über die Existenz und Eindeutigkeit von Lösungen machen. Gleichfalls lernten wir, welche Konsequenzen aus dem Auftreten einer Inhomogenität folgen.

Nun ist es wichtig zu klären, wie sich Lösungen für inhomogene Differenzialgleichungen finden lassen.

Es sei noch bemerkt, dass es Differenzialgleichungen gibt, z. B. nichtlineare, für die das Auffinden von Lösungen durchaus keinem einfachen Schema folgt. Die exakte Theorie ist dann auch oft überfordert, sodass der Computer zu Hilfe kommen muss, um mit speziellen Verfahren sogenannte numerische Lösungen zu finden. Diese arbeiten bei der Verwendung von Computeralgebrasystemen (wie beispielsweise Mathematica und Maple) jedoch im Verborgenen und leisten insbesondere für Anwender große Dienste.

Selbsttest

I. Welche der folgenden Ausdrücke beschreiben eine gewöhnliche lineare Differenzialgleichung zweiter Ordnung mit Anfangswertbedingung?

(1) $x''(t) + x(t) = 0$, $x(0) = 1$, $x(1) = 1$

(2) $x'(t) + x(t) = 0$, $x(0) = 1$, $x'(0) = -1$

(3) $x''(t) = 0$, $x(0) = 1$, $x'(0) = 1$

(4) $x''(t) + x'''(t) = 0$, $x(0) = 1$, $x'(0) = 1$

(5) $x''(t) + x(t) = 0$, $x(0) = 1$

(6) $x''(t) + x'(t) = 0$, $x(0) = 1$, $x'(0) = 1$

(7) $x''(t) + x(t) = 0$, $x(1) = 1$, $x'(1) = 1$

II. Sei A eine Matrix mit (konstanten) reellen Einträgen. Welche der folgenden Aussagen sind stets richtig?

(1)   Wenn A diagonalisierbar ist, mit $A = S^{-1}DS$ für eine invertierbare Matrix S und eine Diagonalmatrix D, dann gilt $A = e^D$.

(2)   Wenn A nicht diagonalisierbar ist, dann ist e^A nicht definiert.

(3)   Wenn $A = \begin{pmatrix} 0 & 0 \\ 0 & 0 \end{pmatrix}$ gilt, ist $e^A = \begin{pmatrix} 0 & 0 \\ 0 & 0 \end{pmatrix}$.

(4)   Der Lösungsraum des Differenzialgleichungssystems $x' = Ax$ wird von den Spalten von A aufgespannt.

(5)   Der Lösungsraum des Differenzialgleichungssystems $x' = Ax$ wird von den Spalten von e^A aufgespannt.

III. Sei $x' = Ax + b$ ein lineares Differenzialgleichungssystem mit einer partikulären Lösung x_P. Welche der folgenden Aussagen über die Lösungen dieses Differenzialgleichungssystems sind stets richtig?

(1)   Jede Lösung löst auch das Differenzialgleichungssystem $x' = Ax$.

(2)   Jede Lösung ist ein Vielfaches der partikulären Lösung x_P.

(3)   Jede Lösung ist die Summe der partikulären Lösung x_P und einer Lösung des Differenzialgleichungssystems $x' = Ax$.

16 Ansätze zum Finden partikulärer Lösungen

Einblick

Ist die Lösung einer homogenen Differenzialgleichung gefunden, so könnte es doch sein, dass die Lösung der inhomogenen Gleichung nur ein wenig von dieser abweicht. Die Idee liegt dann darin begründet, dass an den in der Lösung der homogenen Gleichung auftretenden Konstanten lediglich „ein wenig gewackelt" werden müsste, diese also variiert werden, um dann zu einer partikulären Lösung zu kommen.

Es fällt ferner auf, dass sich bestimme Funktionen, wie beispielsweise die Exponentialfunktion, beim Ableiten „reproduzieren". Steht nun auf der rechten Seite einer Differenzialgleichung die Inhomogenität und auf der linken Seite die gesuchte Funktion mit ihren Ableitungen, dann kann der Versuch gewagt werden, die Inhomogenität selbst als Ansatz für die Lösung zu verwenden, denn durch das Reproduzieren beim Ableiten erhalten wir auf beiden Seiten zumindest sich ähnelnde Terme.

Variation der Konstanten

Erläuterung

Im letzten Abschnitt haben wir gesehen, dass wir alle Lösungen eines linearen Differenzialgleichungssystems $x' = Ax + b$ erhalten, wenn wir ein Fundamentalsystem von $x' = Ax$ und eine partikuläre Lösung x_P von $x' = Ax + b$ kennen. Ist ein solches Fundamentalsystem einmal gefunden, kann (unter Umständen) eine partikuläre Lösung über das Verfahren der sogenannten Variation der Konstanten bestimmt werden: Sind $c_1, \ldots, c_n \colon I \to \mathbb{C}$ differenzierbare Funktionen mit

$$c_1' x_1 + \ldots + c_n' x_n = b,$$

dann ist

$$x_P := c_1 x_1 + \ldots + c_n x_n$$

eine partikuläre Lösung der Differenzialgleichung $x' = Ax + b$. Dies sehen wir

© Springer-Verlag GmbH Deutschland 2019
M. Plaue und M. Scherfner, *Mathematik für das Bachelorstudium II*,
https://doi.org/10.1007/978-3-8274-2557-7_16

wie folgt:

$$
\begin{aligned}
x'_P &= (c_1 x_1 + \ldots + c_n x_n)' \\
&= c'_1 x_1 + c_1 x'_1 + \ldots + c'_n x_n + c_n x'_n \\
&= c_1 x'_1 + \ldots + c_n x'_n + c'_1 x_1 + \ldots + c'_n x_n \\
&= c_1 A x_1 + \ldots + c_n A x_n + b \\
&= A(c_1 x_1 + \ldots + c_n x_n) + b \\
&= A x_P + b
\end{aligned}
$$

Beispiel

Das zu dem linearen Differenzialgleichungssytem

$$
\begin{pmatrix} x'(t) \\ v'(t) \end{pmatrix} = \begin{pmatrix} 0 & 1 \\ -1 & 0 \end{pmatrix} \cdot \begin{pmatrix} x(t) \\ v(t) \end{pmatrix} + \begin{pmatrix} 0 \\ \sin t \end{pmatrix}
$$

zugehörige homogene System hat die allgemeine reellwertige Lösung

$$
\begin{pmatrix} x_H(t) \\ v_H(t) \end{pmatrix} = A \begin{pmatrix} \cos t \\ -\sin t \end{pmatrix} + B \begin{pmatrix} \sin t \\ \cos t \end{pmatrix}
$$

mit Konstanten $A, B \in \mathbb{R}$. Zum Auffinden einer partikulären Lösung durch Variation der Konstanten suchen wir Funktionen $A(t)$ und $B(t)$ mit

$$
A'(t) \begin{pmatrix} \cos t \\ -\sin t \end{pmatrix} + B'(t) \begin{pmatrix} \sin t \\ \cos t \end{pmatrix} = \begin{pmatrix} 0 \\ \sin t \end{pmatrix}
$$

bzw.

$$
\begin{pmatrix} \cos t & \sin t \\ -\sin t & \cos t \end{pmatrix} \cdot \begin{pmatrix} A'(t) \\ B'(t) \end{pmatrix} = \begin{pmatrix} 0 \\ \sin t \end{pmatrix}.
$$

Die Koeffizientenmatrix auf der linken Seite ist orthogonal und kann somit leicht durch Transponieren invertiert werden:

$$
\begin{pmatrix} A'(t) \\ B'(t) \end{pmatrix} = \begin{pmatrix} \cos t & -\sin t \\ \sin t & \cos t \end{pmatrix} \cdot \begin{pmatrix} 0 \\ \sin t \end{pmatrix} = \begin{pmatrix} -\sin^2 t \\ \sin t \cos t \end{pmatrix}
$$

Die Funktionen $A(t)$ und $B(t)$ bekommen wir schließlich durch Integrale, die wir z. B. über Produktintegration berechnen können:

$$
A(t) = -\int \sin^2 t \, dt = \frac{1}{2}(\sin t \cos t - t) + c,
$$

$$
B(t) = \int \sin t \cos t \, dt = \frac{1}{2} \sin^2 t + c
$$

Die Integrationskonstanten können gleich Null gesetzt werden. Damit erhalten wir dann die partikuläre Lösung

$$
\begin{pmatrix} x_P(t) \\ v_P(t) \end{pmatrix} = A(t) \begin{pmatrix} \cos t \\ -\sin t \end{pmatrix} + B(t) \begin{pmatrix} \sin t \\ \cos t \end{pmatrix}
$$

$$
= \frac{1}{2}(\sin t \cos t - t) \begin{pmatrix} \cos t \\ -\sin t \end{pmatrix} + \frac{1}{2} \sin^2 t \begin{pmatrix} \sin t \\ \cos t \end{pmatrix}
$$

$$
= \frac{1}{2} \begin{pmatrix} \sin t \cos^2 t - t \cos t + \sin^3 t \\ -\sin^2 t \cos t + t \sin t + \sin^2 t \cos t \end{pmatrix}
$$

$$
= \frac{1}{2} \begin{pmatrix} \sin t - t \cos t \\ t \sin t \end{pmatrix}.
$$

Die allgemeine Lösung ist somit

$$
\begin{pmatrix} x(t) \\ v(t) \end{pmatrix} = A \begin{pmatrix} \cos t \\ -\sin t \end{pmatrix} + B \begin{pmatrix} \sin t \\ \cos t \end{pmatrix} + \frac{1}{2} \begin{pmatrix} \sin t - t \cos t \\ t \sin t \end{pmatrix}.
$$

Beispiel

Die Differenzialgleichung $x''(t) + x(t) = \sin t$ beschreibt den zeitlichen Verlauf der Auslenkung eines schwingenden Systems (z. B. eines Federpendels), das von einer Kraft $F(t) = \sin(t)$ angeregt wird. Die Frequenz der Anregung ist dabei dieselbe wie die Eigenfrequenz des Schwingers, nämlich $\omega = 1$. Schreiben wir die Gleichung in ein System von Differenzialgleichungen um, erhalten wir das im letzten Beispiel gelöste System, also hat die allgemeine Lösung die Form

$$
x(t) = A \cos t + B \sin t + \frac{1}{2}(\sin t - t \cos t).
$$

Selbst wenn der Schwinger zu Beginn in Ruhe ist ($x(0) = x'(0) = 0 \Leftrightarrow A = B = 0$), wächst die Amplitude der Schwingung mit der Zeit wegen des Terms „$t \cos t$" unaufhörlich und unbeschränkt an. Dieses Phänomen bezeichnen wir als Resonanz, und es kann sowohl ein Problem (Gebäudestatik, Spannungsspitzen in elektrischen Bauteilen, etc.) als auch nutzbar sein (beispielsweise beim Mikrowellenofen).

Ansatz vom Typ der rechten Seite

Erläuterung

Um für eine inhomogene lineare Differenzialgleichung mit konstanten Koeffizienten

$$
x^{(n)}(t) + a_{n-1}x^{(n-1)}(t) + \ldots + a_1 x'(t) + a_0 x(t) = b(t)
$$

eine partikuläre Lösung zu finden, hilft die Beobachtung, dass sich bestimmte Klassen von Funktionen nach Einsetzen in die linke Seite reproduzieren. Setzen wir beispielsweise Funktionen der Form

- $x(t) = p(t)$, p ist ein Polynom,

- $x(t) = p(t)e^{\lambda t}$, p ist ein Polynom und $\lambda \in \mathbb{R}$,

- $x(t) = p(t)\sin\omega t + \tilde{p}(t)\cos\omega t$, p, $\tilde{p}$ sind Polynome und $\omega \in \mathbb{R}$

ein, so erhalten wir wieder Funktionen vom gleichen Typ. Ist die Homogenität $b(t)$ eben von diesem Typ, so kann auf diesem Wege ein Lösungsansatz gewonnen werden.

Beispiel

Betrachten wir die inhomogene lineare Differenzialgleichung

$$x''(t) - x(t) = t.$$

Das charakteristische Polynom der zugehörigen homogenen Gleichung $x'' - x = 0$ ist gegeben durch

$$p(z) = z^2 - 1.$$

Die Nullstellen von p sind $\lambda_1 = -1$ und $\lambda_2 = 1$, somit ist die allgemeine Lösung der homogenen Gleichung gegeben durch

$$x_H(t) = Ae^{-t} + Be^t.$$

Um eine partikuläre Lösung zu finden, stellen wir fest, dass die Inhomogenität auf der rechten Seite der Gleichung ein Polynom ersten Grades ist. Die Differenzialgleichung ist zweiter Ordnung, und leiten wir ein Polynom zweimal ab, so verringert sich der Grad um zwei. Also setzen wir ein Polynom vom Grade drei an, $x_P(t) = at^3 + bt^2 + ct + d$:

$$x_P''(t) - x_P(t) = (6at + 2b) - (at^3 + bt^2 + ct + d)$$
$$= -at^3 - bt^2 + (6a - c)t + 2b - d$$

Ein Vergleich mit der rechten Seite zeigt $a = b = d = 0$, $c = -1$. Folglich ist $x_P(t) = -t$ eine partikuläre Lösung, und die allgemeine Lösung der inhomogenen linearen Differenzialgleichung ist

$$x(t) = Ae^{-t} + Be^t - t.$$

Erläuterung

Wir hätten im letzten Beispiel auch den einfacheren Ansatz $x_P(t) = ct + d$ machen können, um zum gleichen Ergebnis zu gelangen. Bei der sehr ähnlichen Differenzialgleichung $x''(t) - x'(t) = t$ hätte dies nicht zum Ziel geführt:

$$x_P''(t) - x_P'(t) = -c$$

Erläuterung

Erfahrung und Klugheit werden benötigt, um einen richtigen (jedoch nicht zu komplizierten) Ansatz zu finden. Aus diesem Grund wird der „Ansatz vom Typ der rechten Seite" auch „intelligentes Raten" genannt.

Beispiel

Schalten wir einen elektrischen Widerstand $R > 0$, eine Spule mit Induktivität $L > 0$ und einen Kondensator mit Kapazität $C > 0$ in Reihe, so ensteht ein sogenannter (gedämpfter) Schwingkreis. Die auf dem Kondensator gespeicherte elektrische Ladung $q(t)$ genügt dann der gedämpften Schwingungsgleichung

$$q''(t) + 2\delta q'(t) + \omega^2 q(t) = 0$$

mit Dämpfungskonstante $\delta = \frac{R}{2L}$ und Eigenfrequenz $\omega = \sqrt{\frac{1}{LC}}$. Die Lösungen dieser Gleichung haben aufgrund der Dämpfung die Eigenschaft $\lim_{t \to \infty} q(t) = 0$.

Legen wir eine Wechselspannung $U(t) = U_0 \cos \omega_0 t$ an den Stromkreis an, so haben wir stattdessen die inhomogene Gleichung

$$q''(t) + 2\delta q'(t) + \omega^2 q(t) = V_0 \cos(\omega_0 t)$$

mit $V_0 := \frac{U_0}{L}$. Eine partikuläre Lösung finden wir durch den Ansatz $q_P(t) = A\cos(\omega_0 t) + B\sin(\omega_0 t)$. Dieser führt nach Einsetzen und Zusammenfassen auf

$$((\omega^2 - \omega_0^2)A + 2\delta\omega_0 B - V_0)\cos(\omega_0 t) + (-2\omega_0 \delta A + (\omega^2 - \omega_0^2)B)\sin(\omega_0 t) = 0.$$

Die Koeffizienten vor $\cos(\omega_0 t)$ und $\sin(\omega_0 t)$ müssen verschwinden. Daraus erhalten wir ein lineares Gleichungssystem in A und B. Wenn wir dieses gelöst haben, ergibt sich schließlich als partikuläre Lösung

$$q_P(t) = \frac{V_0}{(\omega^2 - \omega_0^2)^2 + 4\delta^2\omega_0^2} \left((\omega^2 - \omega_0^2)\cos(\omega_0 t) + 2\delta\omega_0 \sin(\omega_0 t)\right).$$

Da die Lösungen der zugehörigen homogenen Differenzialgleichung für große Zeiten verschwinden, wird das Verhalten des Schwingkreises nach einem Einschwingvorgang hauptsächlich durch $q_P(t)$ bestimmt. Nach einigen trigonometrischen Überlegungen kommen wir auf die physikalisch etwas aussagekräftigeren Formeln

$$q_P(t) = \begin{cases} Q(\omega_0)\cos(\omega_0 t - \phi(\omega_0)) & \text{für } \omega > \omega_0 \\ Q(\omega_0)\cos(\omega_0 t - \frac{\pi}{2}) & \text{für } \omega = \omega_0 \\ -Q(\omega_0)\cos(\omega_0 t - \phi(\omega_0)) & \text{für } \omega < \omega_0 \end{cases}$$

mit

$$Q(\omega_0) = \frac{V_0}{\sqrt{(\omega^2 - \omega_0^2)^2 + 4\delta^2\omega_0^2}} \quad \text{(Amplitude)},$$

$$\phi(\omega_0) = \arctan\left(\frac{2\delta\omega_0}{\omega^2 - \omega_0^2}\right) \quad \text{(Phase)}.$$

Hieraus können wir einiges ablesen, z. B. dass sich der Kondensator kaum auf-
lädt, wenn die Frequenz der angelegten Wechselspannung sehr groß ist, da
$\lim_{\omega_0 \to \infty} Q(\omega_0) = 0$. Im Fall $\omega_0 = \omega$ tritt Resonanz ein, denn dann wird die
Amplitude $Q(\omega_0)$ maximal.

Ausblick

Die hier gelieferten Ansätze bieten keine Garantie für das Finden von Lösungen inhomogener Differenzialgleichungen, allerdings helfen Sie in vielen Fällen
ungemein.

Teils lassen sich Lösungen auch nur durch intensiven Kampf mit den Gleichungen finden, durch die Zuhilfenahme geeigneter Literatur zum Thema oder
durch Erfahrung. Dieser Umstand macht das Gebiet zugleich anstrengend und
spannend.

Das Finden partikulärer Lösungen ist für Praktiker sehr wichtig, wir denken
dabei u. a. an schwingende Systeme, die durch eine äußere Kraft – modelliert
durch die Inhomogenität – angeregt werden.

Selbsttest

I. Sei $x' = Ax + b$ ein lineares inhomogenes Differenzialgleichungssystem mit n unbekannten Funktionen. Welche Aussagen über das Verfahren der Variation der Konstanten stimmen im Allgemeinen?

(1) Das Verfahren dient dem Auffinden eines Fundamentalsystems $x_1, \ldots, x_n$ von $x' = Ax$.

(2) Das Verfahren dient dem Auffinden einer partikulären Lösung von $x' = Ax + b$.

(3) Das Verfahren dient dem Auffinden einer speziellen Lösung von $x' = Ax$.

(4) Bei gegebenen partikulären Lösungen $x_1, \ldots, x_n$ von $x' = Ax + b$ soll das Gleichungssystem $c_1' x_1 + \cdots + c_n' x_n = b$ nach $c_1, \ldots, c_n$ gelöst werden. Das Verfahren liefert eine weitere partikuläre Lösung von $x' = Ax + b$, nämlich $x_P = c_1 x_1 + \cdots + c_n x_n$.

(5) Bei gegebenem Fundamentalsystem $x_1, \ldots, x_n$ von $x' = Ax$ soll das Gleichungssystem $c_1' x_1 + \cdots + c_n' x_n = b$ nach $c_1, \ldots, c_n$ gelöst werden. Das Verfahren liefert eine partikuläre Lösung von $x' = Ax + b$, nämlich $x_P = c_1 x_1 + \cdots + c_n x_n$.

(6) Bei gegebenem Fundamentalsystem $x_1, \ldots, x_n$ von $x' = Ax$ soll das Gleichungssystem $c_1 x_1 + \cdots + c_n x_n = b$ nach $c_1, \ldots, c_n$ gelöst werden. Das Verfahren liefert eine partikuläre Lösung von $x' = Ax + b$, nämlich $x_P = c_1' x_1 + \cdots + c_n' x_n$.

(7) Bei gegebenen Lösungen $x_1, \ldots, x_{n-1}$ von $x' = Ax$ soll das Gleichungssystem $c_1' x_1 + \cdots + c_{n-1}' x_{n-1} = b$ nach $c_1, \ldots, c_{n-1}$ gelöst werden. Das Verfahren liefert eine weitere Lösung von $x' = Ax$, nämlich $x_n = c_1 x_1 + \cdots + c_{n-1} x_{n-1}$.

II. Welcher der folgenden Ansätze sind geeignet, um eine partikuläre Lösung von $x'(t) + x(t) = t \sin(t)$ aufzufinden?

(1) $x(t) = At \sin(t)$ mit $A \in \mathbb{R}$

(2) $x(t) = A \sin(t) + B \cos(t)$ mit $A, B \in \mathbb{R}$

(3) $x(t) = At \sin(t) + Bt \cos(t) + C \sin(t) + D \cos(t)$ mit $A, B, C, D \in \mathbb{R}$

17 Lösungsansätze für weitere Typen

Einblick

Bisher war vieles noch vertraut, denn die Linearität der Differenzialgleichungen machte Überlegungen anwendbar, die wir bereits bei der Linearen Algebra angestellt hatten. Liegt hingegen Linearität nicht mehr vor, schränken sich unsere Möglichkeiten stark ein.

Hilfreich wird es allerdings sein wenn wir uns daran erinnern, dass die erste Ableitung einer Funktion an einem Punkt die Steigung der Tangente in diesem angibt. Über solche Tangenten und ihre Steigungen können wir dann eine geometrische Vorstellung davon bekommen, die Hinweise auf die Lösung einer Differenzialgleichung liefert.

Ein spezieller Fall liegt bei Gleichungen vor, bei denen die erste Ableitung ein Produkt aus einer nur von x und einer nur von y abhängigen Funktion ist. Derartiges finden wir beispielsweise beim Anfangswertproblem $y' = xy^2 + x$ mit $y(0) = 1$. Hier können die Variablen getrennt (separiert) werden, wodurch dann eine entsprechende Integration zur Lösung führt.

Erinnern wir uns daran, dass Funktionen als Potenzreihen dargestellt werden können, wie z. B. die Exponentialfunktion als entsprechende Taylor-Reihe, so führt uns dies zu der Idee, nach der wir die Lösung eines Anfangswertproblems einfach als Potenzreihe ansetzen. In bestimmten Fällen erkennen wir dann in der ermittelten Potenzreihe eine bekannte Funktion wieder – und damit die Lösung.

Richtungsfelder

Erläuterung

Betrachten wir nichtlineare Differenzialgleichungen des Typs

$$x'(t) = h(t, x(t)),$$

wobei $h\colon I \times J \to \mathbb{R}$ mit $I, J \subseteq \mathbb{R}$ eine stetige Abbildung ist. Gesucht sind reellwertige Funktionen $x\colon I_0 \to \mathbb{R}$ mit $I_0 \subseteq I$ und $x(I_0) \subseteq J$, welche diese Gleichung erfüllen. Angenommen, $(t_0, x_0) \in I \times J$ ist ein Punkt auf dem Graphen einer solchen Lösung. Der Tangentialvektor $T(t_0, x_0)$ an den Graphen ist

© Springer-Verlag GmbH Deutschland 2019
M. Plaue und M. Scherfner, *Mathematik für das Bachelorstudium II*,
https://doi.org/10.1007/978-3-8274-2557-7_17

dann in diesem Punkt durch

$$T(t_0, x_0) = \begin{pmatrix} 1 \\ x'(t_0) \end{pmatrix} = \begin{pmatrix} 1 \\ h(t_0, x(t_0)) \end{pmatrix} = \begin{pmatrix} 1 \\ h(t_0, x_0) \end{pmatrix}$$

gegeben. Zeichnen wir in ausgesuchten Punkten der Ebene einen solchen Tangentialvektor oder ein Tangentenstück ein, ergibt sich das sogenannte Richtungsfeld der Differenzialgleichung für Beispiele. Eine grafische Lösung in Form eines Phasenporträts erhalten wir dann durch das Zeichnen von Kurven, welche tangential an das Richtungsfeld sind. Manchmal können wir auf diese Weise sogar Informationen gewinnen, die auf eine explizite Lösung führen:

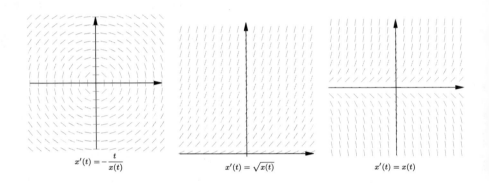

$$x'(t) = -\frac{t}{x(t)} \qquad\qquad x'(t) = \sqrt{x(t)} \qquad\qquad x'(t) = x(t)$$

Beispiel

Der Graph einer Lösung der Differenzialgleichung

$$x'(t) = -\frac{t}{x(t)}$$

hat Tangenten, die senkrecht auf dem Ortsvektor stehen. Wir haben nämlich für alle $(t_0, x_0)^T \in \mathbb{R} \times (\mathbb{R} \setminus \{0\})$:

$$\left\langle \begin{pmatrix} 1 \\ x'(t_0) \end{pmatrix}, \begin{pmatrix} t_0 \\ x_0 \end{pmatrix} \right\rangle = \left\langle \begin{pmatrix} 1 \\ -\frac{t_0}{x_0} \end{pmatrix}, \begin{pmatrix} t_0 \\ x_0 \end{pmatrix} \right\rangle = t_0 - \frac{t_0}{x_0} x_0 = 0$$

Dies ist dann der Fall, wenn der Graph durch den Abschnitt einer Kreislinie um den Ursprung gegeben ist. In der zuvor gezeigten Abbildung ist das Richtungsfeld der Differenzialgleichung dargestellt. Wir glauben deshalb, dass durch jede Funktion

$$x: \;]{-}r, r[\; \to \mathbb{R}, \; x(t) = \pm\sqrt{r^2 - t^2}$$

mit $r > 0$ eine Lösung gegeben ist. Dies ist auch tatsächlich der Fall:

$$x'(t) = \frac{d}{dt}\left(\pm\sqrt{r^2 - t^2}\right)$$
$$= \pm\frac{-2t}{2\sqrt{r^2 - t^2}}$$
$$= -\frac{t}{\pm\sqrt{r^2 - t^2}}$$
$$= -\frac{t}{x(t)}$$

Beachten Sie, dass keine dieser Funktionen auf ganz $\mathbb{R}$ definiert ist, sondern nur sogenannte lokale Lösungen darstellen: Bei gegebener Anfangswertbedingung $x(0) = \pm r$ ist die Lösung für $|t| \geq r$ nicht mehr definiert.

Erläuterung

Beachten Sie, dass die Stetigkeit von $h\colon I \times J \to \mathbb{R}$ nicht ausreicht, damit das Anfangswertproblem

$$x'(t) = h(t, x(t)), \quad x(t_0) = x_0$$

für beliebige $(t_0, x_0) \in I \times J$ eine eindeutig bestimmte Lösung besitzt. Beispielsweise hat das Anfangswertproblem

$$x'(t) = \sqrt{x(t)}, \quad x(0) = 0$$

für $t \geq 0$ die beiden verschiedenen Lösungen $x_1(t) = 0$ und $x_2(t) = \frac{1}{4}t^2$.

Erläuterung

Sind I und J jedoch offene Intervalle, und ist h stetig partiell differenzierbar, so hat jedes Anfangswertproblem mit $(t_0, x_0) \in I \times J$ eine eindeutig bestimmte lokale Lösung.

Separable Differenzialgleichungen

Erläuterung

Betrachten wir nochmals nichtlineare Anfangswertprobleme der Form

$$x'(t) = h(t, x(t)), \quad x(t_0) = x_0$$

mit $h\colon I \times J \to \mathbb{R}$. Wir wollen voraussetzen, dass $I, J \subseteq \mathbb{R}$ offene Intervalle sind. Angenommen, h zerfällt auf folgende Weise in ein Produkt stetiger Funktionen:

$$x'(t) = h(t, x(t)) = f(t)g(x(t)),$$

dann kann eine (lokale) Lösung per Substitutionsregel durch Integration in einer Umgebung von t_0 gewonnen werden, falls $g(x_0) \neq 0$:

$$x'(t) = f(t)g(x(t)) \Leftrightarrow \frac{x'(t)}{g(x(t))} = f(t)$$

$$\Leftrightarrow \int_{t_0}^{t} \frac{x'(u)}{g(x(u))}\, du = \int_{t_0}^{t} f(u)\, du$$

$$\Leftrightarrow \int_{x(t_0)}^{x(t)} \frac{1}{g(u)}\, du = \int_{t_0}^{t} f(u)\, du$$

$$\Leftrightarrow \int_{x_0}^{x(t)} \frac{1}{g(u)}\, du = \int_{t_0}^{t} f(u)\, du$$

$$\Leftrightarrow \tilde{G}(x(t)) - \tilde{G}(x_0) = F(t) - F(t_0)$$

$$\Leftrightarrow \tilde{G}(x(t)) = F(t) - F(t_0) + \tilde{G}(x_0),$$

wobei $\tilde{G}$ eine Stammfunktion von $\frac{1}{g}$ und F eine Stammfunktion von f ist. Da $\tilde{G}'(x_0) = \frac{1}{g(x_0)} \neq 0$ gilt, ist $\tilde{G}$ zumindest in einer Umgebung von x_0 umkehrbar mit stetig differenzierbarer Umkehrfunktion, sodass wir die Gleichung wenigstens im Prinzip nach $x(t)$ auflösen können.

Erläuterung

Mithilfe der Differenzialschreibweise können wir uns dieses Verfahren der Separation der Variablen wie folgt merken:

$$\frac{dx}{dt} = f(t)g(x) \quad \text{„} \Leftrightarrow \text{“}$$

$$\frac{dx}{g(x)} = f(t)\, dt \quad \text{„} \Leftrightarrow \text{“}$$

$$\int_{x_0}^{x} \frac{dx}{g(x)} = \int_{t_0}^{t} f(t)\, dt$$

Beispiel

Seien $t_0, x_0 \in \mathbb{R}$. Das Anfangswertproblem

$$x'(t) = -\frac{t}{x(t)}, \quad x(t_0) = x_0$$

mit $x_0 \neq 0$ ist separabel mit $f(t) = -t$ und $g(x(t)) = \frac{1}{x(t)}$. Wir haben somit für die Lösung:

$$\int_{x_0}^{x(t)} \frac{du}{g(u)} = \int_{t_0}^{t} f(u)\, du \Leftrightarrow$$

$$\int_{x_0}^{x(t)} u\, du = -\int_{t_0}^{t} u\, du \Leftrightarrow$$

$$\frac{1}{2}(x(t))^2 - \frac{1}{2}x_0^2 = -\frac{1}{2}t^2 + \frac{1}{2}t_0^2 \Leftrightarrow$$

$$x(t) = \pm\sqrt{x_0^2 + t_0^2 - t^2}$$

Das Vorzeichen hängt davon ab, ob $x_0 > 0$ oder $x_0 < 0$. Setzen wir $r := \sqrt{x_0^2 + t_0^2}$, so sehen wir, dass dies gerade die auch zuvor im Beispiel gefundenen Lösungen sind.

Der Potenzreihenansatz

Erläuterung

Gehen wir davon aus, dass die Lösung $x(t)$ einer Differenzialgleichung n-ter Ordnung analytisch, d. h. um $t = t_0$ in eine Potenzreihe entwickelbar ist, so kann der folgende Ansatz probiert werden:

$$x(t) = \sum_{k=0}^{\infty} a_k (t - t_0)^k$$

Haben wir zudem Anfangswertbedingungen $x(t_0) = x_0, \ldots, x^{(n-1)}(t_0) = x_{n-1}$ gegeben, so legen diese wegen $a_k = \frac{x^{(k)}(t_0)}{k!}$ automatisch die ersten n Reihenglieder fest.

Beispiel

Das Anfangswertproblem

$$x'(t) - tx(t) = 0, \quad x(0) = 1$$

hat eine eindeutig bestimmte Lösung, denn die Differenzialgleichung ist linear und homogen mit stetigen Koeffizienten.

Um diese Lösung zu berechnen, machen wir den Ansatz:

$$x(t) = \sum_{k=0}^{\infty} a_k t^k = a_0 + a_1 t + a_2 t^2 + \ldots$$

Aus der Anfangswertbedingung folgt sofort $a_0 = 1$. Wenn die Potenzreihe konvergiert, kann diese gliedweise differenziert werden:

$$x'(t) = \sum_{k=1}^{\infty} k a_k t^{k-1}$$

Eingesetzt in die linke Seite der Differenzialgleichung ergibt sich:

$$x'(t) - tx(t) = \sum_{k=1}^{\infty} ka_k t^{k-1} - t \sum_{k=0}^{\infty} a_k t^k$$

$$= \sum_{k=1}^{\infty} ka_k t^{k-1} - \sum_{k=0}^{\infty} a_k t^{k+1}$$

$$= \sum_{k=0}^{\infty} (k+1)a_{k+1} t^k - \sum_{k=1}^{\infty} a_{k-1} t^k$$

$$= a_1 + \sum_{k=1}^{\infty} \left((k+1)a_{k+1} - a_{k-1} \right) t^k$$

Diese Potenzreihe verschwindet identisch, wenn alle Koeffizienten Null sind:

$$a_1 = 0, \ 2a_2 - a_0 = 0, \ 3a_3 - a_1 = 0, \ 4a_4 - a_2 = 0, \ 5a_5 - a_3 = 0, \ldots$$

(Das ist gewissermaßen ein lineares Gleichungssystem mit unendlich vielen Variablen.)

Wir unterscheiden zwei Fälle:

1. Wenn k ungerade ist, d. h. $a_k = a_{2l+1}$ mit einem $l \in \mathbb{N}$, gilt $a_k = a_{2l+1} = 0$. Dies können wir mit vollständiger Induktion zeigen. Für $l = 0$ ist die Behauptung wahr, denn $a_1 = 0$. Ist die Behauptung $a_{2l+1} = 0$ für ein $l \in \mathbb{N}$ bereits gezeigt, haben wir mit der Bedingung, dass die obigen Koeffizienten verschwinden:

$$0 = (2(l+1)+1)a_{2(l+1)+1} - a_{2(l+1)+1-2}$$
$$= (2(l+1)+1)a_{2(l+1)+1} - a_{2l+1}$$
$$= (2(l+1)+1)a_{2(l+1)+1}$$

Hieraus folgt $a_{2(l+1)+1} = 0$.

2. Wenn k gerade ist, d. h. $a_k = a_{2l}$ mit einem $l \in \mathbb{N}$, so gilt $a_k = a_{2l} = \frac{1}{2^l l!}$. Dies können wir mit vollständiger Induktion zeigen. Für $l = 0$ ist die Behauptung wahr, denn $a_0 = 1 = \frac{1}{2^0 0!}$. Ist die Behauptung $a_{2l} = \frac{1}{2^l l!}$ für ein $l \in \mathbb{N}$ bereits gezeigt, haben wir mit der Bedingung, dass die obigen Koeffizienten verschwinden:

$$0 = 2(l+1)a_{2(l+1)} - a_{2(l+1)-2}$$
$$= 2(l+1)a_{2(l+1)} - a_{2l}$$
$$= 2(l+1)a_{2(l+1)} - \frac{1}{2^l l!}$$

Hieraus folgt $a_{2(l+1)} = \frac{1}{2(l+1)} \frac{1}{2^l l!} = \frac{1}{2^{l+1}(l+1)!}$.

Die Lösung des Anfangswertproblems ist somit gegeben durch

$$x(t) = \sum_{l=0}^{\infty} \frac{1}{2^l l!} t^{2l} = \sum_{l=0}^{\infty} \frac{1}{l!} \left(\frac{t^2}{2} \right)^l = e^{\frac{1}{2} t^2}.$$

Erläuterung

Im letzten Beispiel hätten wir uns die Induktionsbeweise für die Koeffizienten-
formeln auch sparen können, da es letztlich nur darum geht, eine Lösung des
Anfangswertproblems zu finden. Der Lösungsweg ist dabei nicht so wichtig, und
wir dürfen auch „unsauber" argumentieren, solange wir mit dem Endergebnis
schließlich die Probe machen:

$$x(t) = e^{\frac{1}{2} t^2} \Rightarrow$$

$$x'(t) - tx(t) = \frac{1}{2} 2t e^{\frac{1}{2} t^2} - t e^{\frac{1}{2} t^2} = 0, \quad x(0) = e^0 = 1$$

Ausblick

Zuletzt sahen wir eine Sammlung von Lösungsmethoden, die für spezielle Ty-
pen von Differenzialgleichungen funktionieren. Wir könnten begeistert sein ob
der Möglichkeiten, aber auch erschüttert darüber, dass noch immer nicht alle
denkbaren Gleichungen einer Lösung zugeführt werden können.

Tatsächlich ist es so, dass die Lösungen selbst für solche in Anwendungen rele-
vanten Gleichungen nicht bekannt sind oder nur mit der Hilfe von Computern
approximiert werden können – die Natur behütet offenbar einige ihrer Geheim-
nisse. Dies ist aber in gewisser Weise auch tröstlich, denn so bleibt noch interessanter Stoff für zahlreiche Generationen von Forschern.

Natürlich kann die Mathematik auch aktuell mehr, als hier gezeigt wurde; wir
hatten lediglich einen ersten Einblick, der sich an der Praxis orientierte, welcher
jedoch schon einen ordentlichen Werkzeugkasten liefert.

Selbsttest

I. Sei $x'(t) = h(t, x(t))$ eine Differenzialgleichung in x mit stetiger rechter Seite $h\colon \mathbb{R} \times \mathbb{R} \to \mathbb{R}$. Sei $(t_0, x_0) \in \mathbb{R}^2$ ein Punkt im Richtungsfeld der Differenzialgleichung. Welche der folgenden Aussagen sind stets richtig?

(1) Das Tangentenstück an (t_0, x_0) ist parallel zur Richtung $(t_0, h(t_0, x_0))^T$.

(2) Das Tangentenstück an (t_0, x_0) ist parallel zur Richtung $(1, h(t_0, x_0))^T$.

(3) Das Tangentenstück an (t_0, x_0) ist parallel zur Richtung $(t_0, x(t_0))^T$, wobei x eine Lösung der Differenzialgleichung mit $x(t_0) = x_0$ ist.

(4) Das Tangentenstück an (t_0, x_0) ist orthogonal zur Richtung $(1, x'(t_0))^T$, wobei x eine Lösung der Differenzialgleichung mit $x(t_0) = x_0$ ist.

(5) Es gibt genau eine Lösung x der Differenzialgleichung mit $x(t_0) = x_0$.

II. Welche der folgenden Differenzialgleichungen in x sind separabel?

(1) $x'(t) = \sin(t) \cdot x(t)$ (4) $x'(t) = t$

(2) $x(t) = x'(t)$ (5) $x(t) = \frac{x'(t)}{t}$

(3) $x'(t) = \sin(x(t)) \cdot \cos(t)$ (6) $x'(t) = \exp(x(t) + t)$

III. Durch welche der folgenden Formeln wird eine Potenzreihe in der Variablen t definiert?

(1) $\sum_{k=0}^{\infty} t^k$ (4) $\sum_{n=0}^{\infty} \frac{3}{n!} t^n$

(2) $\sum_{k=0}^{19} t^k$ (5) $\sum_{k=1}^{\infty} (t-1)^k$

(3) $\sum_{j=3}^{\infty} t^j$ (6) $\sum_{k=1}^{\infty} (t+1)^k$

18 Nichtlineare Differenzialgleichungssysteme und Stabilität

Einblick

Es wurde bisher noch keine Aussage über die Lösung von nichtlinearen Anfangswertproblemen getroffen, dies holen wir hier nach.

Wir wollen uns dann ein Beispiel ansehen, dass in idealisierter Form ein System präsentiert (wie es für die Natur üblich ist), das mit gekoppelten und gleichfalls nichtlinearen Differenzialgleichungen beschrieben wird.

Von Bedeutung im Zusammenhang mit Differenzialgleichungen ist auch die Frage, ob die Lösungen stabil sind. Dies kann ganz anschaulich verstanden werden; betrachten wir dazu das Pendel einer Uhr (also ein System, das durch eine Schwingungsgleichung beschrieben werden kann): Hängt dieses in Ruhelage nach unten und wird in dieser gestört (beispielsweise durch einen Luftzug), so verharrt es nach kurzer Zeit wieder in der ursprünglichen – stabilen – Lage.

Zeigt das Pendel aber senkrecht nach oben (mit ein wenig Friemelei und sehr ruhiger Hand ist auch dies realisierbar), dann sehen wir jedoch sofort, dass diese Position nach einem Luftzug gerade nicht stabil ist.

Anfangswertprobleme (nichtlinearer) Differenzialgleichungssysteme

■ **Satz**

Seien $I \subseteq \mathbb{R}$ ein offenes Intervall und $G \subseteq \mathbb{R}^n$ eine offene Menge, und sei $h\colon I \times G \to \mathbb{R}^n$ eine stetig partiell differenzierbare Abbildung. Dann hat für alle $t_0 \in I$ und $x_0 \in G$ das Anfangswertproblem

$$x'(t) = h(t, x(t)), \quad x(t_0) = x_0$$

eine eindeutig bestimmte lokale Lösung.

© Springer-Verlag GmbH Deutschland 2019
M. Plaue und M. Scherfner, *Mathematik für das Bachelorstudium II*,
https://doi.org/10.1007/978-3-8274-2557-7_18

Beweis: Mit einer „lokalen" Lösung ist gemeint, dass diese womöglich nicht auf dem ganzen Intervall I, sondern nur in einer Umgebung von t_0 erklärt ist (siehe auch Erläuterung weiter unten). Wir liefern eine Beweisskizze für den Fall $n = 1$. Zunächst halten wir fest, dass das Anfangswertproblem zu folgender Integralgleichung äquivalent ist:

$$x(t) = x_0 + \int_{t_0}^{t} h(u, x(u)) du$$

mit $t \in [t_0, t_0 + \Delta t] =: J$. Wir legen $\Delta t > 0$ weiter unten genauer fest. Bezeichnen wir die rechte Seite mit $P[x](t)$, so stellen wir fest, dass eine Lösung $\tilde{x} \colon J \to G$ des Anfangswertproblems gerade ein Fixpunkt der Zuordnungsvorschrift P ist: $\tilde{x} = P[\tilde{x}]$.

Betrachten wir nun eine Folge von Funktionen, die in diesem Zusammenhang Picard-Iteration genannt wird:

$$x_0 = x_0,$$
$$x_1 = P[x_0],$$
$$\vdots$$
$$x_{n+1} = P[x_n]$$

Wenn die Zuordnungsvorschrift P eine stetige Abbildung darstellt und der Grenzwert $\tilde{x} = \lim_{n\to\infty} x_n$ existiert, so ist dieser Grenzwert ein Fixpunkt von P und damit eine eindeutig bestimmte Lösung des Anfangswertproblems:

$$\begin{aligned}
\tilde{x} &= \lim_{n\to\infty} x_n \\
&= \lim_{n\to\infty} P[x_{n-1}] \\
&= \lim_{n\to\infty} P[x_n] \\
&= P\left[\lim_{n\to\infty} x_n\right] \\
&= P[\tilde{x}]
\end{aligned}$$

Damit wir all dies so schreiben dürfen, müssen wir eine Metrik bzw. Norm $\|\cdot\|$ für die betrachteten Funktionen definieren. Es stellt sich heraus, dass die sogenannte Supremumsnorm $\|x\| = \sup_{t\in J} |x(t)|$ geeignet ist.

Die Stetigkeit von P ist wesentliche Konsequenz der folgenden Abschätzung:

$$\begin{aligned}
\|P[y] - P[x]\| &= \sup_{t\in J} |P[y] - P[x]| \\
&= \sup_{t\in J} \left| \int_{t_0}^{t} h(u, y(u)) du - \int_{t_0}^{t} h(u, x(u)) du \right|
\end{aligned}$$

$$= \sup_{t \in J} \left| \int_{t_0}^{t} \left(h(u, y(u)) - h(u, x(u)) \right) du \right|$$

$$\leq \sup_{t \in J} \int_{t_0}^{t} \left| h(u, y(u)) - h(u, x(u)) \right| du$$

$$\leq \sup_{t \in J} \left(\left| h(t, y(t)) - h(t, x(t)) \right| \cdot |t - t_0| \right)$$

$$= \Delta t \cdot \sup_{t \in J} \left| h(t, y(t)) - h(t, x(t)) \right|$$

$$\leq L \Delta t \cdot \sup_{t \in J} \left| y(t) - x(t) \right|$$

$$= L \Delta t \cdot \| y - x \|$$

$$= q \, \| y - x \|$$

mit $q := L \Delta t$. Die Existenz der oben eingeführten Konstante L (in diesem Zusammenhang Lipschitz-Konstante genannt) ergibt sich wesentlich aus der Differenzierbarkeit von h und der Möglichkeit der freien Wahl von Δt.

Für die weiteren Überlegungen ist entscheidend: Wir können Δt so klein wählen, dass $q < 1$. Es bleibt noch zu zeigen, dass die Picard-Iteration konvergiert. Zunächst einmal ergibt sich die folgende Abschätzung:

$$\| x_{n+1} - x_n \| = \| P[x_n] - P[x_{n-1}] \|$$

$$\leq q \| x_n - x_{n-1} \|$$

$$= q \| P[x_{n-1}] - P[x_{n-2}] \|$$

$$\leq q^2 \| x_{n-1} - x_{n-2} \|$$

$$\vdots$$

$$\leq q^n \| x_1 - x_0 \|$$

Aus dieser folgt weiter für $m < n$:

$$\| x_n - x_m \| \leq \| x_n - x_{n-1} \| + \| x_{n-1} - x_{n-2} \| + \cdots + \| x_{m+1} - x_m \|$$

$$\leq \left(q^{n-1} + q^{n-2} + \cdots + q^m \right) \cdot \| x_1 - x_0 \|$$

$$= q^m \left(q^{n-m-1} + q^{n-m-2} + \cdots + 1 \right) \cdot \| x_1 - x_0 \|$$

$$= q^m \cdot \frac{1 - q^{n-m}}{1 - q} \cdot \| x_1 - x_0 \|$$

$$< \frac{q^m}{1 - q} \| x_1 - x_0 \|$$

$$\xrightarrow[m \to \infty]{} 0$$

Folglich ist die Picard-Iteration eine Cauchy-Folge. Dieses Kriterium garantiert
hier auch bezüglich der Supremumsnorm Konvergenz.   ∎

Erläuterung

Mit einer lokalen Lösung ist eine auf einer offenen Umgebung $I_0 \subseteq I$ von t_0
definierte Kurve $x \colon I_0 \to \mathbb{R}^n$ mit $x(I_0) \subseteq G$ gemeint, welche das Anfangswertproblem erfüllt. Es kann natürlich auch globale Lösungen mit $I_0 = I$ geben.
Eindeutigkeit heißt hier, dass zwei lokale Lösungen auf dem Schnitt ihrer Definitionsbereiche übereinstimmen. Ebenfalls eindeutig ist die Lösung mit maximalem Definitionsbereich, welchen wir durch Vereinigung der Definitionsbereiche
aller lokalen Lösungen erhalten.

Erläuterung

Der obige Satz ist eine etwas schwächere Variante des sogenannten Satzes von
Picard-Lindelöf.

Beispiel

Seien $A \colon I \to M(n \times n, \mathbb{R})$ und $b \colon I \to \mathbb{R}^n$ auf dem offenen Intervall I stetig
differenzierbar, und seien $t_0 \in I$, $x_0 \in \mathbb{R}^n$. Dann ist

$$x' = Ax + b, \quad x(t_0) = x_0$$

ein Anfangswertproblem wie oben beschrieben; in diesem Fall ist $h(t, x(t)) =
A(t)x(t) + b(t)$. Beachten Sie, dass die bereits bekannte Existenz und Eindeu-
tigkeit von Lösungen für lediglich stetige A und b nicht aus obigem Satz folgt
(allerdings aus dem allgemeineren Satz von Picard-Lindelöf).

Beispiel

Sei $v \colon I \times G \to \mathbb{R}^3$ mit $I \subseteq \mathbb{R}$ und $G \subseteq \mathbb{R}^3$ das (unter Umständen zeitabhängige)
Geschwindigkeitsfeld einer strömenden Flüssigkeit oder eines Gases. Befindet
sich ein Molekül des Fluids zum Zeitpunkt $t_0 \in I$ am Ort $x_0 \in G$, so ist seine
Bahnkurve q durch die Lösung des Anfangswertproblems

$$q'(t) = v(t, q(t)), \quad q(t_0) = x_0$$

gegeben.

Beispiel

Sei $F \colon I \times G \to \mathbb{R}^3$ mit $I \subseteq \mathbb{R}$ und $G \subseteq \mathbb{R}^3$ ein (unter Umständen zeit-
abhängiges) Kraftfeld und q die Bahnkurve eines dieser Kraft unterworfenen
Punktkörpers mit Masse $m > 0$ im 3-dimensionalen Konfigurationsraum G.
Die Newton'sche Bewegungsgleichung $mq''(t) = F(t, q(t))$ kann mithilfe des
sogenannten Impulses $p = mq'$ ausgedrückt werden als Differenzialgleichungssystem

$$q'(t) = \frac{p(t)}{m}, \quad p'(t) = F(t, q(t)).$$

Angenommen, der Körper befindet sich zum Zeitpunkt $t_0 \in I$ an der Stelle $x_0 \in G$ und hat den Impuls $p_0 \in \mathbb{R}^3$. Definieren wir

$$h \colon I \times (G \times \mathbb{R}^3) \to \mathbb{R}^6,\ h(t,(q,p)) = (\frac{p}{m}, F(t,q)),$$

so ist jede Lösung der Bewegungsgleichung gegeben durch eine Kurve $x(t) = (q(t), p(t))$ im 6-dimensionalen Phasenraum $G \times \mathbb{R}^3$, welche zum Zeitpunkt t_0 den Punkt $x_0 = (q_0, p_0)$ passiert:

$$x'(t) = h(t, x(t)), \quad x(t_0) = x_0$$

Räuber-Beute-Systeme

Erläuterung

Ein Modell aus der theoretischen Biologie ist das Räuber-Beute-System. Dabei betrachten wir zwei Spezies und deren jeweilige, von der Zeit t abhängige Populationsgrößen $x(t)$ und $y(t)$. Die Spezies y ist hierbei der natürliche Fressfeind („Räuber") der Spezies x („Beute"). Seien $a, b, c, d, \lambda, \mu > 0$. Ohne Räuber würde sich die Beute exponentiell vermehren, wenn wir davon ausgehen, dass für diese Spezies stets Nahrung und Lebensraum im Überfluss vorhanden ist: $x' = ax$.

Je mehr Räuber vorhanden sind, um so mehr wird dieses Wachstum jedoch gehemmt, sodass das folgende Modell realistischer ist: $x' = ax - bxy$.

Die räuberische Spezies wiederum würde ohne Beute verhungern, $y' = -dy$, während das Wachstum durch ein großes Angebot an Nahrung gefördert wird: $y' = cxy - dy$. Berücksichtigen wir noch den Wettbewerb um Ressourcen innerhalb einer Population (soziale Reibung bzw. intraspezifische Konkurrenz), so erhalten wir das folgende nichtlineare Differenzialgleichungssystem:

$$x' = ax - bxy - \lambda x^2,$$
$$y' = cxy - dy - \mu y^2$$

Die Lösungen sind periodisch, und es gibt einen Gleichgewichtspunkt (x_0, y_0), für den beide Populationen konstant bleiben. Diesen Punkt können wir berechnen, indem wir die rechte Seite des Räuber-Beute-Systems gleich Null setzen:

$$(x_0, y_0) = \left(\frac{\mu a + bd}{\lambda \mu + bc}, \frac{-\lambda d + ac}{\lambda \mu + bc} \right)$$

Für das Phasenporträt des Räuber-Beute-Systems ergibt sich:

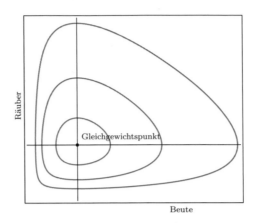

Beute

Stabilität

▶ **Definition**

Sei $t_0 \in \mathbb{R}$, I ein offenes Intervall mit $[t_0, \infty[\subseteq I$, $G \overset{\circ}{\subseteq} \mathbb{R}^n$ und $h\colon I \times G \to \mathbb{R}^n$ eine stetig partiell differenzierbare Abbildung. Darüber hinaus seien die Lösungen des Differenzialgleichungssystems $x'(t) = h(t, x(t))$ global, d. h. auf ganz I definierbar. Sei $x\colon I \to \mathbb{R}^n$ eine solche Lösung.

1. Wir nennen x eine stabile Lösung, wenn es für alle $\epsilon > 0$ ein $\delta > 0$ gibt, sodass für jede weitere Lösung $\tilde{x}$ mit $\|\tilde{x}(t_0) - x(t_0)\| < \delta$ gilt, dass $\|\tilde{x}(t) - x(t)\| < \epsilon$ für alle $t \geq t_0$ ist. Können wir δ unabhängig vom Anfangswert t_0 wählen, so nennen wir x gleichmäßig stabil.

2. Wir nennen x instabil, wenn x nicht stabil ist, d. h. für alle $\delta > 0$ gibt es ein $\epsilon > 0$ und eine Lösung $\tilde{x}$, sodass $\|\tilde{x}(t_0) - x(t_0)\| < \delta$ und $\|\tilde{x}(t) - x(t)\| \geq \epsilon$ für ein $t \geq t_0$.

3. Wir nennen x asymptotisch stabil, wenn x stabil ist und es ein $\hat{\delta} > 0$ gibt, sodass für jede weitere Lösung $\tilde{x}$ mit $\|\tilde{x}(t_0) - x(t_0)\| < \hat{\delta}$ gilt: $\lim_{t\to\infty} \|\tilde{x}(t) - x(t)\| = 0$.   ◀

Erläuterung

Die obigen Definitionen sind unabhängig von der Wahl von t_0, d. h. eine Lösung ist (asymptotisch) stabil oder instabil bzgl. jedes Startwerts t_0, wenn sie (asymptotisch) stabil oder instabil bzgl. eines bestimmten Startwerts ist.

Beispiel

Ein wichtiger Spezialfall ist gegeben, wenn $x(t) = x_0$ eine konstante Lösung ist. Wir nennen dann x_0 einen Gleichgewichtspunkt. Beispielsweise wird die Winkelauslenkung ϕ einer Schiffsschaukel („mathematisches Pendel") beschrieben durch die Differenzialgleichung

$$\phi''(t) = -\frac{g}{l}\sin(\phi(t)),$$

wobei $g = 9{,}81\,\frac{m}{s^2}$ die Erdbeschleunigung und $l > 0$ die Länge der Aufhängung ist. Umgeschrieben als Differenzialgleichungssystem mit $\omega = \phi'$ haben wir

$$\begin{pmatrix} \phi'(t) \\ \omega'(t) \end{pmatrix} = \begin{pmatrix} \omega(t) \\ -\frac{g}{l}\sin(\phi(t)) \end{pmatrix}.$$

Die Gleichgewichtspunkte können in zwei Klassen eingeteilt werden:

1. $x_0 = (\phi_0, \omega_0) = (2k\pi, 0)$ mit $k \in \mathbb{Z}$. Dies entspricht der Situation, in der die Schaukel in Ruhe senkrecht nach unten hängt. Diese Gleichgewichtspunkte sind stabil. Berücksichtigen wir die Reibung unter Hinzunahme eines entsprechenden Terms zur Differenzialgleichung, sind diese sogar asymptotisch stabil.

2. $x_0 = (\phi_0, \omega_0) = ((2k + 1)\pi, 0)$ mit $k \in \mathbb{Z}$. Dies entspricht der Situation, in der die Schaukel in Ruhe senkrecht nach oben zeigt. Diese Gleichgewichtspunkte sind instabil.

In folgender Abbildung ist das Phasenporträt in der ϕ-ω-Ebene dargestellt:

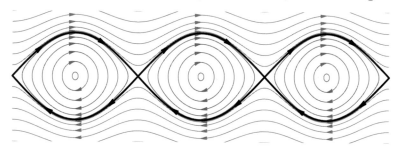

Wir erkennen mit etwas Überlegung in der obigen Grafik die stabilen und instabilen Gleichgewichtspunkte.

Die blauen Kurven entsprechen einem gewöhnlichen Schaukelvorgang, bei dem der obere Umkehrpunkt nicht erreicht wird, während die grauen Kurven einem Durchschwingen entsprechen. Sowohl die blauen als auch grauen Kurven sind stabile Lösungen, während die schwarz eingezeichneten Kurven, die den Grenzbereich dazwischen darstellen, instabile Lösungen sind: Bei diesen hinge die Schaukel schließlich am oberen Umkehrpunkt in der Luft – eine Situation, die physikalisch gewöhnlich nicht realisiert wird, da wir hierfür die Anfangswertbedingungen mit beliebiger Genauigkeit einstellen und jede äußere Störung des Schwingvorgangs eliminieren müssten. (Wenn die Schaukel schlecht geölt ist, ist eine solche Situation aufgrund der Haftreibung natürlich dennoch vorstellbar.) Alle Kurven sind Niveaulinien der auf jeder Lösungskurve konstanten Gesamtenergie

$$E(\phi, \omega) = \frac{1}{2}ml^2\omega^2 - mgl\cos\phi,$$

wobei $m > 0$ die Masse des Schwingkörpers ist.

Beispiel

Seien $a, t_0, x_0 \in \mathbb{R}$. Die Lösung des Anfangswertproblems

$$x' = ax, \quad x(t_0) = x_0$$

ist gegeben durch

$$x(t) = x_0 e^{a(t-t_0)}.$$

Sei $\epsilon > 0$ sowie $\tilde{x}(t) = x_1 e^{a(t-t_0)}$ mit $x_1 \in \mathbb{R}$ eine weitere Lösung der Differenzialgleichung mit

$$|\tilde{x}(t) - x(t)| = |x_1 e^{a(t-t_0)} - x_0 e^{a(t-t_0)}| = e^{a(t-t_0)}|x_1 - x_0|.$$

für alle $t \geq t_0$. Falls

$$0 < M := \sup_{t \in [t_0, \infty[} e^{a(t-t_0)} < \infty$$

gilt, können wir $\delta := \frac{\epsilon}{M}$ wählen, und es ergibt sich die für Stabilität erforderliche Implikation

$$|\tilde{x}(t_0) - x(t_0)| < \delta \Rightarrow |x_1 - x_0| < \delta$$
$$\Rightarrow |x_1 - x_0| < \frac{\epsilon}{M}$$
$$\Rightarrow |\tilde{x}(t) - x(t)| = e^{a(t-t_0)}|x_1 - x_0| \leq M|x_1 - x_0| < \epsilon.$$

Wir können nun die folgenden Fälle unterscheiden:

1. Für $a \leq 0$ ist $e^{a(t-t_0)}$ monoton fallend mit t, und es gilt $M = 1$ bzw. $\delta = \epsilon$. Folglich sind die Lösungen in diesem Falle gleichmäßig stabil.

   Darüber hinaus gilt (hier unabhängig von einem irgendwie gewählten $\hat{\delta} > 0$ mit $|\tilde{x}(t_0) - x(t_0)| < \hat{\delta}$):

   $$\lim_{t \to \infty} |\tilde{x}(t) - x(t)| = \lim_{t \to \infty} e^{a(t-t_0)}|x_1 - x_0| = \begin{cases} 0 & \text{für } a < 0 \\ |x_1 - x_0| & \text{für } a = 0 \end{cases}$$

   Also sind die Lösungen für $a < 0$ sogar asymptotisch stabil, für $a = 0$ hingegen nicht.

2. Für $a > 0$ ist $e^{a(t-t_0)}$ streng monoton steigend mit t, und es gilt $M = \infty$. Der Abstand von Lösungen wird beliebig groß, unabhängig davon, wie nahe sie zum „Zeitpunkt" t_0 waren. Folglich liegen in diesem Fall instabile Lösungen vor.

Ausblick

Die hier behandelten Themen sind nur Teile einer größeren Theorie, die auch in der aktuellen Forschung sehr bedeutsam ist und von der sich – gerade im Hinblick auf die Anwendung in den Naturwissenschaften – viel erhofft wird.

Regelmäßig werden jedoch Grenzen erreicht, an denen dann numerische Methoden zum Einsatz kommen, was hier jedoch leider nicht thematisiert werden kann.

An dieser Stelle wollen wir noch einmal an Räuber-Beute-Systeme erinnern: In unserem Fall waren nur zwei Spezies beteiligt, nicht tausende, und von begrenzten Futtermengen für die Beutetiere oder dem Einfluss von Wassermangel und Viruserkrankungen war nicht die Rede. In der Natur gibt es all dies (und noch viel mehr). Dennoch schafft sie es, große Systeme vernünftig zu erhalten und löst dabei Probleme, die wir noch nicht einmal erfasst haben.

Wir müssen in der Folge nicht religiös werden, dennoch erscheinen Ehrfurcht und Achtsamkeit in Bezug auf dieses Wunder angebracht.

Selbsttest

I. Sei $h\colon \mathbb{R} \times \mathbb{R}^2 \to \mathbb{R}^2$ eine Abbildung. Unter welchen weiteren Voraussetzungen gibt es mit Sicherheit ein $\epsilon > 0$ und eine eindeutig bestimmte differenzierbare Funktion $x\colon \,]-\epsilon, \epsilon[\to \mathbb{R}^2$ mit $x'(t) = h(t, x(t))$ und $x(0) = (0,0)$ für alle $t \in \,]-\epsilon, \epsilon[$?

(1) Für alle $t \in \mathbb{R}$ und $x \in \mathbb{R}^2$ gilt $h(t, x) = (0, 0)$.

(2) Für alle $t \in \mathbb{R}$ und $x \in \mathbb{R}^2$ gilt $h(t, x) = t \cdot x + (-1, 1)$.

(3) Die Abbildung h ist partiell differenzierbar, und die partiellen Ableitungen von h sind stetig.

(4) Die Abbildung h ist stetig.

II. Sei $h\colon \mathbb{R} \times \mathbb{R}^2 \to \mathbb{R}^2$ eine stetig partiell differenzierbare Abbildung, sodass alle Lösungen der Differenzialgleichung $x'(t) = h(t, x(t))$ auf ganz $\mathbb{R}$ definiert werden können. Welche der folgenden Aussagen über Lösungen dieser Differenzialgleichung sind stets wahr?

(1) Jede stabile Lösung ist zugleich auch eine gleichmäßig stabile Lösung.

(2) Jede asymptotisch stabile Lösung ist zugleich auch eine stabile Lösung.

(3) Für jede stabile Lösung x existiert der Grenzwert $\lim_{t \to \infty} x(t)$.

(4) Für jede stabile Lösung x sind die Koordinatenfunktionen $t \mapsto x_1(t)$ und $t \mapsto x_2(t)$ beschränkt.

(5) Jede Lösung x mit $x(t) = $ konst. ist stabil.

(6) Jede Lösung x, für die der Grenzwert $\lim_{t \to \infty} x(t)$ existiert, ist asymptotisch stabil.

(7) Eine Lösung x ist genau dann asymptotisch stabil, wenn es ein $\delta > 0$ gibt, sodass für jede weitere Lösung $\tilde{x}$ mit $\|\tilde{x}(0) - x(0)\| < \delta$ gilt: $\lim_{t \to \infty} \|\tilde{x}(t) - x(t)\| = 0$.

19 Partielle Differenzialgleichungen: Separationsansatz

Einblick

Uns erwartet ein kurzer Abschnitt, der jedoch bedeutungsvoll ist, da er das Tor zu partiellen Differenzialgleichungen aufstößt.

Diese sind insbesondere dann attackierbar, wenn sie in ein System gewöhnliche Differenzialgleichungen überführbar sind. Dann können wir wieder alle Verfahren anwenden, die wir bisher erlernt haben.

Produktansatz nach Bernoulli (Separationsansatz)

Erläuterung

Eine lineare partielle Differenzialgleichung von maximal zweiter Ordnung ist eine Differenzialgleichung der Form

$$\sum_{k=1}^{n}\sum_{l=1}^{n} a_{kl}\frac{\partial^2 u}{\partial x_k \partial x_l} + \sum_{k=1}^{n} b_k \frac{\partial u}{\partial x_k} + cu = f,$$

mit den auf $U \overset{\circ}{\subseteq} \mathbb{R}^n$ definierten Funktionen $a_{kl}, b_k, c, f \colon U \to \mathbb{R}$. Gesucht ist die zweimal stetig partiell differenzierbare Funktion $u \colon U \to \mathbb{R}$. Analog sehen lineare partielle Differenzialgleichungen höherer Ordnung aus.

Erläuterung

Mit dem sogenannten Separationsansatz oder Produktansatz nach Bernoulli

$$u(x_1, \ldots, x_n) = X_1(x_1) \cdot X_2(x_2) \cdots X_n(x_n).$$

können wir lineare partielle Differenzialgleichungen in ein System gewöhnlicher Differenzialgleichungen überführen.

Beispiel

Wir versuchen, mit dem Produktansatz spezielle Lösungen der linearen partiellen Differenzialgleichung

$$\frac{\partial^2 u}{\partial x^2}(x, y, z) + \frac{1}{x^2}\frac{\partial u}{\partial y}(x, y, z) + z\frac{\partial u}{\partial z}(x, y, z) = 0$$

© Springer-Verlag GmbH Deutschland 2019
M. Plaue und M. Scherfner, *Mathematik für das Bachelorstudium II*,
https://doi.org/10.1007/978-3-8274-2557-7_19

zu finden. Wir machen also den Ansatz $u(x, y, z) = X(x)Y(y)Z(z)$ mit noch zu bestimmenden Funktionen X, Y, Z, den wir in die Differenzialgleichung einsetzen:

$$X''(x)Y(y)Z(z) + \frac{1}{x^2}X(x)Y'(y)Z(z) + zX(x)Y(y)Z'(z) = 0$$

Gehen wir für den Moment davon aus, dass keine der Funktionen X, Y, Z eine Nullstelle hat, und teilen wir die Gleichung durch $X(x)Y(y)Z(z)$:

$$\frac{X''(x)}{X(x)} + \frac{1}{x^2}\frac{Y'(y)}{Y(y)} + z\frac{Z'(z)}{Z(z)} = 0$$

Bringen wir alle Terme, die nur von z abhängen, auf die rechte Seite, haben wir

$$\frac{X''(x)}{X(x)} + \frac{1}{x^2}\frac{Y'(y)}{Y(y)} = -z\frac{Z'(z)}{Z(z)}.$$

Der Term auf der linken Seite hängt hingegen nur von x und y ab. Grundsätzlich gilt $f(x, y) = g(z) \Rightarrow g'(z) = 0$, sodass linke und rechte Seite konstant sein müssen, wenn wir davon ausgehen, dass Z auf einem Intervall definiert ist. Nennen wir diese Konstante λ, ergibt sich für Z die gewöhnliche Differenzialgleichung

$$-z\frac{Z'(z)}{Z(z)} = \lambda \Leftrightarrow zZ'(z) + \lambda Z(z) = 0.$$

Setzen wir die linke Seite der vorletzten Gleichung gleich λ, ergibt sich

$$\frac{X''(x)}{X(x)} + \frac{1}{x^2}\frac{Y'(y)}{Y(y)} = \lambda \Leftrightarrow x^2\frac{X''(x)}{X(x)} - \lambda x^2 = -\frac{Y'(y)}{Y(y)}.$$

Auch hier müssen linke und rechte Seite konstant sein, sagen wir β:

$$x^2\frac{X''(x)}{X(x)} - \lambda x^2 = \beta = -\frac{Y'(y)}{Y(y)}$$

Schließlich haben wir also auch für X und Y gewöhnliche Differenzialgleichungen:

$$x^2 X''(x) - \lambda x^2 X(x) - \beta X(x) = 0,$$
$$Y'(y) + \beta Y(y) = 0$$

Ausblick

Es sei bemerkt, dass eine ganze Reihe von Gleichungen, die für die Anwendungen wichtig sind, mit dem Separationsansatz gelöst werden kann – das Universum zeigt so wohl etwas Erbarmen mit den Forschern dieser Welt.

Dennoch bleiben Probleme, die nach einem für sie ganz speziellen Ansatz verlangen, wozu wir im nächsten Kapitel kommen.

Selbsttest

I. Welche der folgenden partiellen Differenzialgleichungen sind linear?

(1) $\quad \frac{\partial^2 u}{\partial t^2}(t, x) + \frac{\partial^2 u}{\partial x^2}(t, x) = 0$

(2) $\quad \left(\frac{\partial u}{\partial t}(t, x)\right)^2 + \left(\frac{\partial u}{\partial x}(t, x)\right)^2 = 0$

(3) $\quad t\frac{\partial u}{\partial t}(t, x) + x\frac{\partial u}{\partial x}(t, x) = 0$

(4) $\quad t^2\frac{\partial^2 u}{\partial t^2}(t, x) + x^2\frac{\partial^2 u}{\partial x^2}(t, x) = 0$

(5) $\quad \frac{\partial u}{\partial t}(t, x) + t \cdot x \cdot \frac{\partial u}{\partial x}(t, x) - u(t, x) = \cos(1 + x^2)$

II. Sei die folgende partielle Differenzialgleichung gegeben:

$$\frac{\partial^2 u}{\partial x^2}(t, x, y) + \frac{\partial u}{\partial t}(t, x, y) + \frac{\partial u}{\partial y}(t, x, y) + 4u(t, x, y) = 0.$$

Auf insgesamt wie viele gewöhnliche Differenzialgleichungen führt der Produktansatz nach Bernoulli?

(1)   eine   (3)   drei

(2)   zwei   (4)   vier

20 Wellen- und Laplace-Gleichung

Einblick

Wir wollen nun zwei spezielle Differenzialgleichungen betrachten, die von besonderer Bedeutung sind: die Wellen- und die Laplace-Gleichung. Erstere bietet eine mathematische Beschreibung der Ausbreitung von Wellen, z. B. von Licht oder Schall. Spezielle Strömungen können mit der Laplace-Gleichung beschrieben werden, gleichfalls genügt ihr das elektrische Potential im ladungsfreien Raum und auch bei der Beschreibung von Wärmeleitungsphänomenen ist sie wichtig – um nur einige Beispiele zu nennen.

In Bezug auf die Laplace-Gleichung ist es sinnvoll, einen ersten Blick auf Funktionen im Komplexen zu werfen; eine Thematik, die uns später noch intensiv beschäftigen wird, hier ist sie aber nur Mittel zum Zweck.

Die Wellengleichung

▶ **Definition**

Sei $c \in \mathbb{R}$ mit $c > 0$. Die lineare partielle Differenzialgleichung

$$\frac{\partial^2 u}{\partial t^2}(x_1, \ldots, x_n, t) - c^2 \sum_{k=1}^{n} \frac{\partial^2 u}{\partial x_k^2}(x_1, \ldots, x_n, t) = 0$$

nennen wir die n-dimensionale Wellengleichung mit Ausbreitungsgeschwindigkeit oder Phasengeschwindigkeit c. ◀

Erläuterung

Mithilfe des Laplace-Operators $\triangle$, allein angewandt auf die „Ortskoordinaten" $x = (x_1, \ldots, x_n)$, können wir die Wellengleichung auch schreiben:

$$\frac{\partial^2 u}{\partial t^2}(x, t) - c^2 \triangle u(x, t) = 0$$

Speziell die 1-dimensionale Wellengleichung lautet

$$\frac{\partial^2 u}{\partial t^2}(x, t) - c^2 \frac{\partial^2 u}{\partial x^2}(x, t) = 0.$$

Wir können uns mithilfe der Kettenregel leicht davon überzeugen, dass jede Funktion der Form $u(x, t) = f(x - ct) + g(x + ct)$ mit beliebigen, zweimal stetig

© Springer-Verlag GmbH Deutschland 2019
M. Plaue und M. Scherfner, *Mathematik für das Bachelorstudium II*,
https://doi.org/10.1007/978-3-8274-2557-7_20

differenzierbaren Funktionen $f, g \colon \mathbb{R} \to \mathbb{R}$ die 1-dimensionale Wellengleichung löst:

$$\frac{\partial^2}{\partial t^2}\left(f(x-ct)+g(x+ct)\right) - c^2\frac{\partial^2}{\partial x^2}\left(f(x-ct)+g(x+ct)\right) =$$

$$\frac{\partial}{\partial t}\left((-c)f'(x-ct)+cg'(x+ct)\right) - c^2\frac{\partial}{\partial x}\left(f'(x-ct)+g'(x+ct)\right) =$$

$$(-c)^2 f''(x-ct)+c^2 g''(x+ct) - c^2 f''(x-ct) - c^2 g''(x+ct) = 0$$

Hierbei kann f als eine Welle interpretiert werden, die sich mit der Geschwindigkeit c in x-Richtung nach rechts ausbreitet, während g eine Welle beschreibt, die sich nach links fortpflanzt. Wir nennen Lösungen dieser Art d'Alembert'sche Lösungen der Wellengleichung. Wir können beweisen, dass jede auf einem Streifen $\mathbb{R} \times I$ definierte Lösung der Wellengleichung von dieser Form ist.

Beispiel

Die Maxwell-Gleichungen für ein elektrisches Feld $E(x,t)$ und ein magnetisches Feld $B(x,t)$, welche im Allgemeinen von der Zeit t und vom Ort $x = (x_1, x_2, x_3)$ abhängen, lauten in Abwesenheit von elektrischen Ladungen und Strömen (z. B. im Vakuum):

$$\operatorname{div} B = 0,$$

$$\operatorname{rot} E = -\frac{\partial B}{\partial t},$$

$$\operatorname{div} E = 0,$$

$$\operatorname{rot} B = \mu_r \mu_0 \epsilon_r \epsilon_0 \frac{\partial E}{\partial t}$$

Dies ist ein System partieller Differenzialgleichungen für die Komponenten von $E = (E_1, E_2, E_3)$ und $B = (B_1, B_2, B_3)$; die Ableitungen nach den Ortskoordinaten verbergen sich hinter den Differenzialoperatoren div und rot.

Leiten wir oben die zweite und vierte Gleichung nach t ab, so erhalten wir

$$\frac{\partial(\operatorname{rot} E)}{\partial t} = -\frac{\partial^2 B}{\partial t^2},$$

$$\frac{\partial(\operatorname{rot} B)}{\partial t} = \mu_r \mu_0 \epsilon_r \epsilon_0 \frac{\partial^2 E}{\partial t^2}.$$

Nun können wir mit ein wenig Rechenarbeit und dem Satz von Schwarz zeigen, dass für jedes zweimal stetig partiell differenzierbare Vektorfeld $v \colon \mathbb{R}^3 \overset{\circ}{\supseteq} U \to \mathbb{R}^3$ gilt:

$$\operatorname{rot}(\operatorname{rot} v) = \operatorname{grad}(\operatorname{div} v) - \triangle v,$$

wobei

$$\triangle v = \triangle \begin{pmatrix} v_1 \\ v_2 \\ v_3 \end{pmatrix} := \begin{pmatrix} \triangle v_1 \\ \triangle v_2 \\ \triangle v_3 \end{pmatrix}$$

der komponentenweise definierte Laplace-Operator für Vektorfelder ist.

Wegen $\operatorname{div} E = \operatorname{div} B = 0$ haben wir somit $\operatorname{rot}(\operatorname{rot} E) = -\triangle E$ und $\operatorname{rot}(\operatorname{rot} B) = -\triangle B$. Bilden wir die Rotation von $\operatorname{rot} E = -\frac{\partial B}{\partial t}$, so erhalten wir zusammen mit $\frac{\partial(\operatorname{rot} B)}{\partial t} = \mu_r \mu_0 \epsilon_r \epsilon_0 \frac{\partial^2 E}{\partial t^2}$ das Folgende:

$$
\begin{aligned}
-\triangle E &= -\operatorname{rot}\left(\frac{\partial B}{\partial t}\right) \\
&= -\frac{\partial(\operatorname{rot} B)}{\partial t} \\
&= -\mu_r \mu_0 \epsilon_r \epsilon_0 \frac{\partial^2 E}{\partial t^2}
\end{aligned}
$$

Durch Bilden der Rotation der Gleichung $\operatorname{rot} B = \mu_r \mu_0 \epsilon_r \epsilon_0 \frac{\partial E}{\partial t}$ erhalten wir zusammen mit $\frac{\partial(\operatorname{rot} E)}{\partial t} = -\frac{\partial^2 B}{\partial t^2}$ eine entsprechende Gleichung für B, sodass insgesamt

$$
\frac{\partial^2 B}{\partial t^2} + \frac{1}{\mu_r \mu_0 \epsilon_r \epsilon_0} \triangle B = 0, \quad \frac{\partial^2 E}{\partial t^2} + \frac{1}{\mu_r \mu_0 \epsilon_r \epsilon_0} \triangle E = 0.
$$

gilt.

Die Komponenten des elektrischen und des magnetischen Felds erfüllen also in Abwesenheit von Ladungen und Strömen eine Wellengleichung. Solche Wellen nennen wir elektromagnetische Wellen. Je nach Frequenz bzw. Wellenlänge sind elektromagnetische Wellen so vielgestaltige physikalische Phänomene wie Funk- und Mikrowellen, Licht oder Röntgen- und Gammastrahlung. Für die Phasengeschwindigkeit elektromagnetischer Wellen gilt

$$
c = \frac{1}{\sqrt{\mu_r \mu_0 \epsilon_r \epsilon_0}}.
$$

Im Vakuum gilt für Permeabilitäts- bzw. Dielektrizitätszahl $\mu_r = \epsilon_r = 1$, sodass die Ausbreitungsgeschwindigkeit gegeben ist durch

$$
\begin{aligned}
c_0 &= \frac{1}{\sqrt{\mu_0 \epsilon_0}} \\
&= \frac{1}{\sqrt{1{,}26 \cdot 10^{-6} \frac{\mathrm{kg \cdot m}}{\mathrm{A^2 s^2}} \cdot 8{,}85 \cdot 10^{-12} \frac{\mathrm{A^2 s^4}}{\mathrm{kg \cdot m^3}}}} \\
&\approx 300.000 \, \frac{\mathrm{km}}{\mathrm{s}}.
\end{aligned}
$$

Dies ist gerade der bekannte Wert für die Lichtgeschwindigkeit im Vakuum. In Wasser ist diese für sichtbares Licht um den Faktor $\frac{1}{\sqrt{\mu_r \epsilon_r}} = 0{,}75$ verringert, beträgt also

$$
c_{H_2O} = 225.000 \, \frac{\mathrm{km}}{\mathrm{s}}.
$$

Dies kann z. B. dazu führen, dass geladene Teilchen in dielektrischen Medien wie Wasser schneller als das Licht werden können. Ähnlich wie beim Überschallknall von Flugzeugen kann auf diese Weise ein „Überlichtblitzen" entstehen, das Tscherenkow-Strahlung genannt wird.

Die Laplace-Gleichung: Holomorphe und harmonische Funktionen

Erläuterung

Wir machen nun einen kleinen Ausflug in die komplexe Analysis, welche traditionell auch Funktionentheorie genannt wird.

▶ **Definition**

Seien $U \subseteq \mathbb{C}$, z_0 ein innerer Punkt von U und $f \colon U \to \mathbb{C}$ eine Funktion. Dann heißt f im Punkt z_0 komplex differenzierbar, falls der Grenzwert

$$\lim_{h \to 0} \frac{f(z_0 + h) - f(z_0)}{h}$$

existiert. Wir bezeichnen diesen Grenzwert dann ggf. mit $f'(z_0)$.   ◀

Erläuterung

Bilder und Urbilder einer komplexen Funktion f können in Real- und Imaginärteil aufgespalten werden. Auf diese Weise kann f in der komplexen Ebene auch als Abbildung von $\mathbb{R}^2$ nach $\mathbb{R}^2$ aufgefasst werden:

$$
\begin{array}{ccc}
f \colon x + iy & \mapsto & f(x + iy) = u(x,y) + iv(x,y) \\
\rotatebox{90}{$\|$} & & \rotatebox{90}{$\|$} \\
(x,y) & \mapsto & (u(x,y), v(x,y))
\end{array}
$$

Wenn f als eine solche Abbildung differenzierbar ist, sprechen wir auch davon, dass f reell differenzierbar ist. Jede komplex differenzierbare Funktion ist reell differenzierbar. Die Umkehrung gilt im Allgemeinen nicht.

▶ **Definition**

Sei $U \subseteq \mathbb{C}$ offen und $f \colon U \to \mathbb{C}$ eine Funktion. Wir nennen f holomorph, falls f in jedem Punkt $z_0 \in U$ komplex differenzierbar ist.   ◀

Beispiel

Die Funktion $f\colon \mathbb{C} \to \mathbb{C}$, $f(z) = z^2$ ist holomorph, denn für alle $z \in \mathbb{C}$ gilt

$$\begin{aligned}
f'(z) &= \lim_{h\to 0} \frac{f(z+h) - f(z)}{h} \\
&= \lim_{h\to 0} \frac{(z+h)^2 - z^2}{h} \\
&= \lim_{h\to 0} \frac{z^2 + 2zh + h^2 - z^2}{h} \\
&= \lim_{h\to 0} \frac{2zh + h^2}{h} \\
&= \lim_{h\to 0} (2z + h) \\
&= 2z.
\end{aligned}$$

Wir sehen, dass es in diesem Fall genauso funktioniert wie für die entsprechende reelle Funktion. Deshalb sind ganz allgemein auch alle Polynome $p(z) = a_n z^n + \ldots + a_1 z + a_0$ mit $a_0, \ldots, a_n \in \mathbb{C}$ holomorph.

Beispiel

Die Funktion $f\colon \mathbb{C} \to \mathbb{C}$, $f(z) = \bar{z}$ ist nirgends komplex differenzierbar, denn für alle $z \in \mathbb{C}$ gilt ($h = h_1 + ih_2$):

$$\begin{aligned}
\lim_{h\to 0} \frac{f(z+h) - f(z)}{h} &= \lim_{h\to 0} \frac{\overline{z+h} - \bar{z}}{h} \\
&= \lim_{h\to 0} \frac{\bar{z} + \bar{h} - \bar{z}}{h} \\
&= \lim_{h\to 0} \frac{\bar{h}}{h} \\
&= \lim_{(h_1,h_2)\to(0,0)} \frac{h_1 - ih_2}{h_1 + ih_2} \\
&= \lim_{(h_1,h_2)\to(0,0)} \frac{(h_1 - ih_2)(h_1 - ih_2)}{(h_1 + ih_2)(h_1 - ih_2)} \\
&= \lim_{(h_1,h_2)\to(0,0)} \frac{h_1^2 - 2ih_1h_2 - h_2^2}{h_1^2 + h_2^2} \\
&= \lim_{(h_1,h_2)\to(0,0)} \left(\frac{h_1^2 - h_2^2}{h_1^2 + h_2^2} - 2i\frac{h_1h_2}{h_1^2 + h_2^2} \right)
\end{aligned}$$

Die Funktion $g(h_1, h_2) = \frac{h_1h_2}{h_1^2 + h_2^2}$ ist bereits eine alte Bekannte, von der wir wissen, dass sie im Ursprung nicht stetig fortgesetzt werden kann: Setzen wir die Folge $h_k = \left(0, \frac{1}{k}\right)$ ein, ergibt sich im Limes $g(h_k) \to 0$, für die Folge $\tilde{h}_k = \left(\frac{1}{k}, \frac{1}{k}\right)$ hingegen $g(\tilde{h}_k) \to \frac{1}{2}$. Folglich existiert der Grenzwert nicht.

■ Satz

Sei $f\colon \mathbb{C} \overset{\circ}{\supseteq} U \to \mathbb{C}$ eine holomorphe Funktion mit Zerlegung in Real- und Imaginärteil $f(x+iy) = u(x,y)+iv(x,y)$. Dann sind u und v partiell differenzierbar, und die sogenannten Cauchy-Riemann'schen Differenzialgleichungen sind erfüllt:

$$\frac{\partial u}{\partial x} = \frac{\partial v}{\partial y},$$

$$\frac{\partial u}{\partial y} = -\frac{\partial v}{\partial x}$$

Beweis: Da f holomorph ist, existiert für alle $z = x + iy \in U$ der Grenzwert

$$f'(z) = \lim_{h \to 0} \frac{f(z+h) - f(z)}{h}.$$

Dieser Differenzialquotient kann auch berechnet werden, indem wir nur entlang der reellen Achse laufen ($t \in \mathbb{R}$),

$$\begin{aligned}
f'(z) &= \lim_{t \to 0} \frac{f(z+t) - f(z)}{t} \\
&= \lim_{t \to 0} \frac{u(x+t,y) + iv(x+t,y) - u(x,y) - iv(x,y)}{t} \\
&= \lim_{t \to 0} \frac{u(x+t,y) - u(x,y)}{t} + i \lim_{t \to 0} \frac{v(x+t,y) - v(x,y)}{t} \\
&= \frac{\partial u}{\partial x}(x,y) + i \frac{\partial v}{\partial x}(x,y),
\end{aligned}$$

und ebenso entlang der imaginären Achse

$$\begin{aligned}
f'(z) &= \lim_{t \to 0} \frac{f(z+it) - f(z)}{it} \\
&= -i \lim_{t \to 0} \frac{u(x,y+t) + iv(x,y+t) - u(x,y) - iv(x,y)}{t} \\
&= -i \left(\lim_{t \to 0} \frac{u(x,y+t) - u(x,y)}{t} + i \lim_{t \to 0} \frac{v(x,y+t) - v(x,y)}{t} \right) \\
&= -i \left(\frac{\partial u}{\partial y}(x,y) + i \frac{\partial v}{\partial y}(x,y) \right) \\
&= \frac{\partial v}{\partial y}(x,y) - i \frac{\partial u}{\partial y}(x,y).
\end{aligned}$$

Beide Grenzwerte müssen übereinstimmen, und dies liefert durch Vergleich von Real- und Imaginärteil die Cauchy-Riemann-Gleichungen. ■

Erläuterung

Tatsächlich gilt sogar: Eine Funktion $f\colon \mathbb{C} \overset{\circ}{\supseteq} U \to \mathbb{R}$ ist genau dann holomorph, wenn sie reell differenzierbar ist und den Cauchy-Riemann-Gleichungen genügt.

Eine Konsequenz ist, dass jede auf ganz $\mathbb{C}$ definierte holomorphe Funktion, die nur reelle Werte annimmt, konstant sein muss. Folglich sind beispielsweise $z \mapsto |z|^2$ und $z \mapsto \mathrm{Re}(z)$ nicht holomorph.

Erläuterung

Wir können beweisen, dass die komplexe Ableitung einer holomorphen Funktion wiederum überall komplex differenzierbar ist. Dies ist eine höchst erstaunliche Tatsache und hat keine Entsprechung in der reellen Analysis. Insbesondere sind Real- und Imaginärteil einer holomorphen Funktion beliebig oft partiell differenzierbar.

Erläuterung

Wir erinnern daran, dass wir eine zweimal stetig partiell differenzierbare Funktion $u\colon \mathbb{R}^2 \overset{\circ}{\supseteq} U \to \mathbb{R}^2$ harmonisch nennen, falls sie die Laplace-Gleichung erfüllt, d.h. $\triangle u = 0$.

■ Satz

Sei $f\colon \mathbb{C} \overset{\circ}{\supseteq} U \to \mathbb{C}$ eine holomorphe Funktion mit Zerlegung in Real- und Imaginärteil $f(x+iy) = u(x,y) + iv(x,y)$. Dann sind sowohl u als auch v harmonisch.

Beweis: Da f holomorph ist, gelten für u und v die Cauchy-Riemann'schen Differenzialgleichungen. Aus diesen folgt zusammen mit dem Satz von Schwarz:

$$\begin{aligned}
\triangle u &= \frac{\partial^2 u}{\partial x^2} + \frac{\partial^2 u}{\partial y^2} \\
&= \frac{\partial}{\partial x}\frac{\partial v}{\partial y} + \frac{\partial}{\partial y}\left(-\frac{\partial v}{\partial x}\right) \\
&= \frac{\partial^2 v}{\partial x \partial y} - \frac{\partial^2 v}{\partial y \partial x} \\
&= \frac{\partial^2 v}{\partial x \partial y} - \frac{\partial^2 v}{\partial x \partial y} = 0, \\
\triangle v &= \frac{\partial^2 v}{\partial x^2} + \frac{\partial^2 v}{\partial y^2} \\
&= \frac{\partial}{\partial x}\left(-\frac{\partial u}{\partial y}\right) + \frac{\partial}{\partial y}\left(\frac{\partial u}{\partial x}\right) \\
&= -\frac{\partial^2 u}{\partial x \partial y} + \frac{\partial^2 u}{\partial y \partial x} \\
&= -\frac{\partial^2 u}{\partial x \partial y} + \frac{\partial^2 u}{\partial x \partial y} = 0
\end{aligned}$$

∎

Beispiel

Haben wir eine Flüssigkeitsströmung in einem begrenzten ebenen Raum (zum Beispiel einer Felsspalte), so kann das Geschwindigkeitsfeld dieser Strömung beschrieben werden als Vektorfeld $\bar{f} = (u, v)\colon \mathbb{R}^2 \overset{\circ}{\supseteq} U \to \mathbb{R}^2$ – oder eben auch als komplexe Funktion $f = u + iv\colon U \to \mathbb{C}$. Wir nennen eine Strömung ideal, wenn sie quellen- und wirbelfrei ist, d. h. es gilt

$$\frac{\partial u}{\partial x} + \frac{\partial v}{\partial y} = 0, \quad \frac{\partial u}{\partial y} - \frac{\partial v}{\partial x} = 0.$$

In diesem Fall gibt es keinen Zu- oder Ablauf und auch keine Verwirbelungen. Wir sehen anhand der Cauchy-Riemann'schen Differenzialgleichungen: f beschreibt genau dann eine ideale Strömung, wenn $\bar{f}$ eine holomorphe Funktion ist.

Verallgemeinerte Wellengleichung

Erläuterung

Allgemein haben wir zur Beschreibung der meisten Wellenphänome in der Physik die folgende lineare partielle Differenzialgleichung:

$$\frac{\partial^2 u}{\partial t^2}(x, t) - c^2 \triangle u(x, t) + \tau \frac{\partial u}{\partial t}(x, t) + k u(x, t) = f(x, t)$$

mit den Konstanten $c > 0$, $\tau \geq 0$, $k \geq 0$ sowie der vorgegebenen Funktion f.

Beispiel

Wir betrachten verschiedene physikalische Anwendungen von Spezialfällen der verallgemeinerten Wellengleichung. Wenn $k = 0$ und $f = 0$, haben wir

$$\frac{\partial^2 u}{\partial t^2}(x, t) - c^2 \triangle u(x, t) + \tau \frac{\partial u}{\partial t}(x, t) = 0.$$

Diese Gleichung beschreibt eine gedämpfte Welle. Gewöhnlich verliert eine Welle bei Ausbreitung in einem Medium Energie (Schallwellen erzeugen Wärme durch molekulare Reibung, elektromagnetische Wellen regen freie Ladungsträger an usw.) Dieser Energieverlust wird durch den Dämpfungsparameter $\tau > 0$ beschrieben.

Erläuterung

Letzteres sollte nicht damit verwechselt werden, dass die Amplitude der von einem Punkt ausgehenden Kugelwelle umgekehrt proportional mit dem Abstand abnimmt. Dies ist darauf zurückzuführen, dass sich die von der Welle transportierte Energie im Raum auf die Oberfläche konzentrischer Kugelschalen verteilt.

Beispiel

Wenn $\tau = 0$ und $f = 0$, haben wir

$$\frac{\partial^2 u}{\partial t^2}(x, t) - c^2 \triangle u(x, t) + k u(x, t) = 0.$$

Wellen, die dieser Gleichung genügen, zeigen das physikalisch wichtige Phänomen der Dispersion: Die Phasengeschwindigkeit ist in diesem Fall von der Wellenlänge abhängig. Dies gilt z. B. für elektromagnetische Wellen in Medien, und da die Phasengeschwindigkeit reziprok zur Brechzahl ist, kann Licht verschiedener Wellenlänge mit einem Prisma aufgespalten werden.

Mithilfe dieser Gleichung werden außerdem in der relativistischen Quantenphysik Elementarteilchen mit Spin Null (z. B. Pionen) beschrieben. In diesem Fall nennen wir sie Klein-Gordon-Gleichung, und es ist $c \approx 300.000 \frac{\text{km}}{\text{s}}$ die Lichtgeschwindigkeit, sowie $k = \frac{mc^4}{\hbar^2}$ mit Ruhemasse des Teilchens $m > 0$ und Planck'schem Wirkungsquantum $\hbar = 1{,}055 \cdot 10^{-34}$ Js.

Beispiel
Wenn $\tau = 0$ und $k = 0$, haben wir

$$\frac{\partial^2 u}{\partial t^2}(x,t) - c^2 \triangle u(x,t) = f(x,t).$$

Diese Gleichung beschreibt eine Welle, bei der das Medium einer äußeren Krafteinwirkung unterworfen ist. Wir denken hierbei z. B. an einen raumzeitlich begrenzten Kraftstoß: Stein fällt ins Wasser $\rightarrow$ Wasserwelle ($n = 2$), Silvesterknaller $\rightarrow$ Schallwelle ($n = 3$).

Cauchy-Problem der 1-dimensionalen Wellengleichung

Erläuterung
Wir betrachten das folgende sogenannte Cauchy-Problem für die 1-dimensionale Wellengleichung ($c > 0$):

$$\frac{\partial^2 u}{\partial t^2}(x,t) - c^2 \frac{\partial^2 u}{\partial x^2}(x,t) = 0, \quad u(x,0) = \phi(x), \quad \frac{\partial u}{\partial t}(x,0) = \psi(x),$$

wobei $\psi, \phi \colon \mathbb{R} \to \mathbb{R}$ vorgegebene stetig differenzierbare Funktionen sind; gesucht ist die zweimal stetig partiell differenzierbare Funktion $u \colon \mathbb{R} \times [0, \infty[\to \mathbb{R}$. Wir zeigen, dass durch das Cauchy-Problem u auf eindeutige Weise festlegt ist. Wie bereits gesagt (wenn auch nicht bewiesen), muss die Lösung dieses speziellen Anfangswertproblems von der Form $u(x,t) = f(x - ct) + g(x + ct)$ mit zweimal stetig differenzierbaren Funktionen $f, g \colon \mathbb{R} \to \mathbb{R}$ sein. Es gilt mit diesem Ansatz für alle $x \in \mathbb{R}$:

$$u(x,0) = \phi(x) \quad \Leftrightarrow \quad f(x) + g(x) = \phi(x) \quad \Rightarrow \quad f'(x) + g'(x) = \phi'(x),$$
$$\frac{\partial u}{\partial t}(x,0) = \psi(x) \quad \Leftrightarrow \qquad\qquad\qquad\qquad -cf'(x) + cg'(x) = \psi(x)$$

Lösen wir diese Gleichungen nach $f'(x)$ und $g'(x)$ auf, so erhalten wir

$$f'(x) = \frac{1}{2}\phi'(x) - \frac{1}{2c}\psi(x),$$

$$g'(x) = \frac{1}{2}\phi'(x) + \frac{1}{2c}\psi(x).$$

Integrieren wir bzgl. x von 0 bis ξ, so erhalten wir:

$$f(\xi) - f(0) = \frac{1}{2}\phi(\xi) - \frac{1}{2}\phi(0) - \frac{1}{2c}\int_0^\xi \psi(x)\,dx,$$

$$g(\xi) - g(0) = \frac{1}{2}\phi(\xi) - \frac{1}{2}\phi(0) + \frac{1}{2c}\int_0^\xi \psi(x)\,dx$$

Wir beachten, dass $\phi(0) = u(0,0) = f(0) + g(0)$ gilt. Damit haben wir nämlich

$$
\begin{aligned}
u(x,t) &= f(x - ct) + g(x + ct) \\
&= \frac{1}{2}\phi(x - ct) - \frac{1}{2}\phi(0) - \frac{1}{2c}\int_0^{x-ct} \psi(\xi)\,d\xi + f(0) \\
&\quad + \frac{1}{2}\phi(x + ct) - \frac{1}{2}\phi(0) + \frac{1}{2c}\int_0^{x+ct} \psi(\xi)\,d\xi + g(0) \\
&= \frac{1}{2}(\phi(x + ct) + \phi(x - ct)) + \left(\frac{1}{2c}\int_0^{x+ct} \psi(\xi)\,d\xi - \frac{1}{2c}\int_0^{x-ct} \psi(\xi)\,d\xi\right) \\
&\quad + f(0) + g(0) - \phi(0) \\
&= \frac{1}{2}(\phi(x + ct) + \phi(x - ct)) + \frac{1}{2c}\int_{x-ct}^{x+ct} \psi(\xi)\,d\xi.
\end{aligned}
$$

Ausblick

Theorie und Praxis der Differenzialgleichungen bilden ein umfassendes Gebiet, über das es ganze Lehrbuchreihen gibt, die verschiedenste Aspekte betonen – hier sollte ein erster Einblick genügen.

Damit wir uns für die Zukunft jedoch mit dem Erlernten gut orientieren können, blicken wir zum Ende dieses Abschnitts auf das folgende Übersichtsdiagramm:

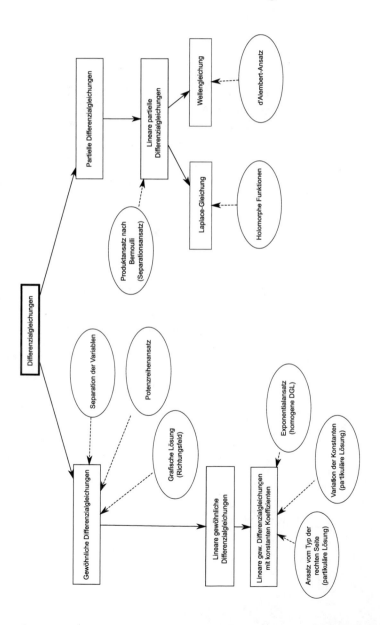

Selbsttest

I. Welche der folgenden partiellen Differenzialgleichungen sind eine Wellen-
oder Laplace-Gleichung?

(1) $\frac{\partial^2 u}{\partial w^2} + \frac{\partial^2 u}{\partial x^2} + \frac{\partial^2 u}{\partial y^2} + \frac{\partial^2 u}{\partial z^2} = 0$

(2) $\frac{\partial^2 u}{\partial w^2} - \frac{\partial^2 u}{\partial x^2} + \frac{\partial^2 u}{\partial y^2} + \frac{\partial^2 u}{\partial z^2} = 0$

(3) $\frac{\partial^2 u}{\partial w^2} - \frac{\partial^2 u}{\partial x^2} - \frac{\partial^2 u}{\partial y^2} + \frac{\partial^2 u}{\partial z^2} = 0$

(4) $\frac{\partial^2 u}{\partial w^2} - \frac{\partial^2 u}{\partial x^2} - \frac{\partial^2 u}{\partial y^2} - \frac{\partial^2 u}{\partial z^2} = 0$

II. Sei $f\colon \mathbb{C} \to \mathbb{C}$ eine holomorphe (also überall komplex differenzierbare)
Funktion mit Zerlegung in Real- und Imaginärteil $f(x+iy) = u(x,y)+iv(x,y)$.
Welche der folgenden Aussagen sind stets richtig?

(1)   Die Funktion $u\colon \mathbb{R}^2 \to \mathbb{R}$ erfüllt die Laplace-Gleichung.

(2)   Die Funktion $v\colon \mathbb{R}^2 \to \mathbb{R}$ erfüllt die Laplace-Gleichung.

(3) $\frac{\partial u}{\partial y} = \frac{\partial v}{\partial x}$

(4) $\frac{\partial u}{\partial x} = \frac{\partial u}{\partial y}$

(5) $\frac{\partial u}{\partial y} = -\frac{\partial v}{\partial x}$

(6)   Die Abbildung $\tilde{f}\colon \mathbb{R}^2 \to \mathbb{R}^2$, $(x,y) \mapsto (u(x,y), v(x,y))$ ist differenzierbar.

(7)   Die Funktionen $u,v\colon \mathbb{R}^2 \to \mathbb{R}$ sind partiell differenzierbar und es
gilt $f'(0) = \frac{\partial u}{\partial x}(0,0) + i\frac{\partial v}{\partial x}(0,0)$.

III. Welche der folgenden Funktionen $f\colon \mathbb{C} \to \mathbb{C}$ sind holomorph?

(1) $f(x+iy) = x + iy$ für alle $x, y \in \mathbb{R}$

(2) $f(x+iy) = x - iy$ für alle $x, y \in \mathbb{R}$

(3) $f(x+iy) = -x - iy$ für alle $x, y \in \mathbb{R}$

(4) $f(x+iy) = x$ für alle $x, y \in \mathbb{R}$

(5) $f(z) = z^2 - 2z$ für alle $z \in \mathbb{C}$

21 Fourier-Reihen

Einblick

Der Ton macht die Musik, heißt es. Aber was ist ein Ton? Aus mathematisch-physikalischer Sicht nichts anderes als eine periodische Schwingung, beispielsweise die Sinus-Schwingung einer Stimmgabel oder der Ton einer Bratsche.

Lassen sich die Töne einer Bratsche durch Sinus- und Kosinus-Schwingungen darstellen, damit diese auch durch einen Synthesizer realisiert werden können?

Die Ideen zur Beantwortung dieser Frage gehen auf die Arbeiten von Joseph Fourier zurück, der durch die nach ihm benannten Fourier-Reihen beliebige Schwingungen durch Summen von Sinus- und Kosinus-Funktionen darstellen konnte.

Die assoziierte Theorie ist für unsere heutige Welt von überwältigender Bedeutung und schnell wird klar, dass sich einiges unter Verwendung komplexer Zahlen besonders elegant ausdrücken lässt.

Periodische Funktionen und Fourier-Reihen

▶ **Definition**
Sei $L \in \mathbb{R}$ mit $L > 0$. Eine Funktion $f\colon \mathbb{R} \to \mathbb{R}$ heißt L-periodisch, falls für alle $x \in \mathbb{R}$

$$f(x + L) = f(x)$$

gilt. ◀

Erläuterung

Jede L-periodische Funktion ist offensichtlich auch nL-periodisch mit $n \in \mathbb{N}$, $n > 0$ beliebig. Ferner ist jede stetige periodische Funktion beschränkt, da

$$\sup_{x \in \mathbb{R}} |f(x)| = \sup_{x \in [0,L]} |f(x)| = \max_{x \in [0,L]} |f(x)| < \infty.$$

Erläuterung

Wir erinnern uns: Eine Funktion $f\colon [a, b] \to \mathbb{R}$ heißt stückweise stetig, wenn sie bis auf endlich viele Ausnahmestellen stetig ist, und diese Ausnahmestellen sind allenfalls Sprungstellen, d. h. rechts- und linksseitiger Grenzwert der Funktion

© Springer-Verlag GmbH Deutschland 2019
M. Plaue und M. Scherfner, *Mathematik für das Bachelorstudium II*,
https://doi.org/10.1007/978-3-8274-2557-7_21

existieren. Wir wollen eine Funktion $f\colon \mathbb{R} \to \mathbb{R}$ stückweise stetig nennen, wenn die Einschränkung von f auf jedes endliche Intervall $[a, b]$ stückweise stetig ist.

► **Definition**

Sei $f\colon \mathbb{R} \to \mathbb{R}$ eine stückweise stetige, 2π-periodische Funktion, und sei für jedes $n \in \mathbb{N}$

$$a_n = \frac{1}{\pi} \int_{-\pi}^{\pi} f(x) \cos(nx)\, dx, \quad b_n = \frac{1}{\pi} \int_{-\pi}^{\pi} f(x) \sin(nx)\, dx.$$

Dann schreiben wir

$$f(x) \sim \frac{a_0}{2} + \sum_{n=1}^{\infty} \left(a_n \cos(nx) + b_n \sin(nx)\right),$$

wobei wir die Reihe die zu f gehörige Fourier-Reihe nennen.   ◄

Erläuterung

Ist die Funktion f gerade ($f(x) = f(-x)$ für alle $x \in \mathbb{R}$), dann gilt für alle $n \in \mathbb{N}$:

$$a_n = \frac{2}{\pi} \int_0^{\pi} f(x) \cos(nx)\, dx, \quad b_n = 0$$

Ist die Funktion f ungerade ($f(x) = -f(-x)$ für alle $x \in \mathbb{R}$), dann gilt für alle $n \in \mathbb{N}$:

$$a_n = 0, \quad b_n = \frac{2}{\pi} \int_0^{\pi} f(x) \sin(nx)\, dx$$

Erläuterung

Wir haben uns der Einfachheit halber auf 2π-periodische Funktionen beschränkt. Wenn $f\colon \mathbb{R} \to \mathbb{R}$ eine L-periodische Funktion ist, so kann jedoch über $\tilde{f}\colon \mathbb{R} \to \mathbb{R}$, $\tilde{f}(x) := f\left(\frac{L}{2\pi}x\right)$ eine 2π-periodische Funktion definiert werden, und über $f(x) = \tilde{f}\left(\frac{2\pi}{L}x\right)$ erhalten wir dann wieder die ursprüngliche Funktion.

Haben wir eine auf einem endlichen Intervall $[a, b]$ mit $b - a =: L$ definierte stetige Funktion f, so kann diese z. B. in folgender Weise periodisch fortgesetzt werden:

$$\tilde{f}\colon \mathbb{R} \to \mathbb{R},\ \tilde{f}(x) := \begin{cases} f(x - nL) & \text{für } x \in\ ]a + nL, b + nL[\ \text{mit } n \in \mathbb{Z}, \\ \frac{f(a)+f(b)}{2} & \text{für } x = a + nL \text{ mit } n \in \mathbb{Z} \end{cases}$$

Es ist dann $\tilde{f}$ eine stückweise stetige, L-periodische Funktion, für die wir die Fourier-Reihe hinschreiben können.

Beispiel

Sei die Funktion $f \colon [-\pi, \pi] \to \mathbb{R}$, $f(x) = x$ periodisch fortgesetzt. Die Funktion ist ungerade, und die Koeffizienten der zugehörigen Fourier-Reihe sind $a_n = 0$ sowie

$$
\begin{aligned}
b_n &= \frac{2}{\pi} \int_0^\pi f(x) \sin(nx)\, dx \\
&= \frac{2}{\pi} \int_0^\pi x \sin(nx)\, dx \\
&= \frac{2}{\pi} \left(x \left(-\frac{1}{n} \cos(nx) \right) \Big|_{x=0}^\pi - \int_0^\pi 1 \cdot \left(-\frac{1}{n} \cos(nx) \right) dx \right) \\
&= \frac{2}{\pi n} \left(-\pi \cos(n\pi) + \frac{1}{n} \sin(nx) \Big|_{x=0}^\pi \right) \\
&= -\frac{2}{n} (-1)^n = \frac{2}{n} (-1)^{n+1}.
\end{aligned}
$$

Die Fourier-Reihe ist somit gegeben durch

$$
f(x) \sim \sum_{n=1}^\infty \frac{2}{n} (-1)^{n+1} \sin(nx).
$$

Komplexe Fourier-Reihen

Erläuterung

Die Darstellung einer Funktion in eine Summe von reellen Sinus- und Kosinusfunktionen ist recht anschaulich und kann physikalisch als eine Zerlegung in spektrale Anteile verstanden werden. So ist jedes Geräusch oder jeder Ton eine Überlagerung harmonischer Schwingungen, deren Frequenz einem ganzzahligen Vielfachen einer Grundfrequenz entspricht (Obertöne). Für konkrete Rechnungen ist jedoch die folgende, komplexe Darstellung oft praktischer:

▶ **Definition**

Sei $f \colon \mathbb{R} \to \mathbb{R}$ eine stückweise stetige, 2π-periodische Funktion, und sei für jedes $n \in \mathbb{Z}$

$$
c_n = \frac{1}{2\pi} \int_0^{2\pi} f(x) e^{-inx}\, dx.
$$

Dann schreiben wir

$$
f(x) \sim \sum_{n=-\infty}^\infty c_n e^{inx} := \lim_{N \to \infty} \sum_{n=-N}^N c_n e^{inx},
$$

wobei wir die Reihe die zu f gehörige komplexe Fourier-Reihe nennen.   ◀

Erläuterung

Das Integral über eine komplexwertige Funktion $g \colon [a,b] \to \mathbb{C}$ ist wie die Differenziation komponentenweise so zu verstehen:

$$\int_a^b g(x)\,dx := \int_a^b \operatorname{Re}(g(x))\,dx + i \int_a^b \operatorname{Im}(g(x))\,dx$$

Es gelten jedoch analog die üblichen Rechenregeln, z. B. ist für alle $\omega \in \mathbb{R}$:

$$\int_0^{2\pi} e^{i\omega x}\,dx = \frac{1}{i\omega} e^{i\omega x}\Big|_{x=0}^{2\pi} = -\frac{i}{\omega}\left(e^{2\pi i \omega} - 1\right)$$

Erläuterung

Für L-periodische Funktionen schreiben wir entsprechend

$$f(x) \sim \sum_{n=-\infty}^{\infty} c_n e^{in\frac{2\pi}{L}x}$$

mit

$$c_n = \frac{1}{L}\int_0^L f(x) e^{-in\frac{2\pi}{L}x}\,dx.$$

Erläuterung

Die reelle Fourier-Reihe einer Funktion mit Koeffizienten $a_n, b_n \in \mathbb{R}$ ist identisch mit der komplexen Fourier-Reihe mit Koeffizienten $c_n \in \mathbb{C}$. Wir können die Koeffizienten umrechnen über die Formeln

$$c_n = \begin{cases} \frac{a_{-n}+ib_{-n}}{2} & \text{für } n < 0 \\ \frac{a_n-ib_n}{2} & \text{für } n > 0, \end{cases}$$
$$c_0 = \frac{a_0}{2}$$

bzw.

$$a_n = c_n + c_{-n},$$
$$b_n = i(c_n - c_{-n}),$$
$$a_0 = 2c_0.$$

■ **Satz**

Sei $f \colon \mathbb{R} \to \mathbb{R}$ eine L-periodische, stetig differenzierbare Funktion. Dann konvergiert die Fourier-Reihe von f an jeder Stelle $x \in \mathbb{R}$ gegen den Funktionswert:

$$f(x) = \sum_{n=-\infty}^{\infty} c_n e^{in\frac{2\pi}{L}x} \qquad \qquad \square$$

Erläuterung

Wir können also im Fall des obigen Satzes das Symbol „∼" durch ein Gleichheitszeichen ersetzen.

Erläuterung

Wir wollen eine Funktion $f \colon \mathbb{R} \to \mathbb{R}$ stückweise stetig differenzierbar nennen, wenn sie stückweise stetig und mit Ausnahme von Unstetigkeitsstellen stetig differenzierbar ist. Noch etwas allgemeiner gilt für die Konvergenz von Fourier-Reihen das Folgende.

■ **Satz**

Sei $f \colon \mathbb{R} \to \mathbb{R}$ eine L-periodische, stückweise stetig differenzierbare Funktion. Dann konvergiert die Fourier-Reihe von f an jeder Stelle $x \in \mathbb{R}$ gegen den Mittelwert von rechts- und linksseitigem Grenzwert der Funktion:

$$\frac{1}{2}\left(\lim_{u \searrow x} f(u) + \lim_{u \nearrow x} f(u) \right) = \sum_{n=-\infty}^{\infty} c_n e^{in\frac{2\pi}{L}x} \qquad \square$$

Eine Anwendung der Fourier-Reihe

■ **Satz**

Sei $f \colon \mathbb{R} \to \mathbb{R}$ eine L-periodische, stetig differenzierbare Funktion mit Fourier-Reihe

$$f(x) = \sum_{n=-\infty}^{\infty} c_n e^{in\frac{2\pi}{L}x}.$$

Dann ist die Ableitung f' ebenfalls an jeder Stelle $x \in \mathbb{R}$ durch eine Fourier-Reihe darstellbar:

$$f'(x) = \sum_{n=-\infty}^{\infty} \left(in\frac{2\pi}{L} \right) c_n e^{in\frac{2\pi}{L}x}$$

$$= \frac{2\pi i}{L} \sum_{n=-\infty}^{\infty} n c_n e^{in\frac{2\pi}{L}x} \qquad \square$$

Erläuterung

Wir können Fourier-Reihen also gliedweise ableiten.

Beispiel

Betrachten wir als Anwendung die inhomogene, lineare Differenzialgleichung

$$x''(t) + \gamma x'(t) + \omega_0^2 x(t) = a(t)$$

mit den Konstanten $\gamma, \omega_0 > 0$ und einer L-periodischen, stetig differenzierbaren Funktion $a \colon \mathbb{R} \to \mathbb{R}$.

Wir suchen L-periodische Lösungen dieser Differenzialgleichung, welche eine erzwungene, gedämpfte Schwingung beschreibt. Eine solche Lösung sei durch die Fourier-Reihe

$$x(t) = \sum_{n=-\infty}^{\infty} x_n e^{in\omega t}$$

dargestellt, während die Inhomogenität die Fourier-Reihe

$$a(t) = \sum_{n=-\infty}^{\infty} a_n e^{in\omega t}$$

habe, wobei $\omega := \frac{2\pi}{L}$. Für die Ableitungen von x gilt dann:

$$x'(t) = i\omega \sum_{n=-\infty}^{\infty} n x_n e^{in\omega t},$$

$$x''(t) = -\omega^2 \sum_{n=-\infty}^{\infty} n^2 x_n e^{in\omega t}$$

Eingesetzt in die Differenzialgleichung erhalten wir somit:

$$-\omega^2 \sum_{n=-\infty}^{\infty} n^2 x_n e^{in\omega t} + i\gamma\omega \sum_{n=-\infty}^{\infty} n x_n e^{in\omega t} + \omega_0^2 \sum_{n=-\infty}^{\infty} x_n e^{in\omega t} = \sum_{n=-\infty}^{\infty} a_n e^{in\omega t}$$

bzw.

$$\sum_{n=-\infty}^{\infty} e^{in\omega t} \left(\left(-\omega^2 n^2 + i\gamma\omega n + \omega_0^2 \right) x_n - a_n \right) = 0$$

Diese Gleichung ist sicher erfüllt, wenn

$$x_n = \frac{a_n}{-\omega^2 n^2 + i\gamma\omega n + \omega_0^2}.$$

Bei bekannten Fourier-Koeffizienten a_n der erregenden Schwingung lautet eine partikuläre Lösung der Differenzialgleichung also

$$x(t) = \sum_{n=-\infty}^{\infty} \frac{a_n e^{in\omega t}}{-\omega^2 n^2 + i\gamma\omega n + \omega_0^2} \; ;$$

mit dem Majorantenkriterium lässt sich erkennen, dass diese Reihe auch tatsächlich konvergiert.

Ausblick

Wir können also, ähnlich wie beim Potenzreihenansatz, mit Fourier-Reihen Differenzialgleichungen lösen und stellten fest, wie schön wir periodische Funktionen durch die Überlegungen des Herrn Fourier darstellen können.

Die Tragweite seiner Reihen ist jedoch noch deutlich größer: Beachten wir, dass nach vorhergehenden Untersuchungen die Sinus- und Kosinus-Funktion orthogonal zueinander sind, so findet also bei Fourier eine Entwicklung nach orthogonalen Funktionen statt. Gleiches tauchte bei den Taylor-Reihen auf, da die dort auftauchenden Monome x^n und x^{n+1} gleichfalls orthogonal sind.

Entwicklungen mit orthogonalen Funktionen und assoziierte Begriffe sind einige Zutaten für die sogenannte Funktionalanalysis, die uns später noch begegnen wird – auch sie liefert wieder zahlreiche Anwendungen, von denen die Quantentheorie nur eine ist.

Selbsttest

I. Welche der folgenden Funktionen $x\colon \mathbb{R} \to \mathbb{R}$ sind π-periodisch?

(1) $x(t) = \sin(t)$ für alle $t \in \mathbb{R}$

(2) $x(t) = \sin\left(\frac{t}{2}\right)$ für alle $t \in \mathbb{R}$

(3) $x(t) = \sin(2t)$ für alle $t \in \mathbb{R}$

(4) $x(t) = \sin(4t)$ für alle $t \in \mathbb{R}$

(5) $x(t) = \pi$ für alle $t \in \mathbb{R}$

II. Welche der folgenden Formeln sind für alle $x, y \in \mathbb{R}$ korrekt?

(1) $e^{x+iy} = \sin(x) + i\cos(y)$

(2) $e^{2(x+iy)} = 2\cos(x) + 2i\sin(y)$

(3) $2e^{x+iy} = 2\cos(x) + 2i\sin(y)$

(4) $e^{2x+iy} = \cos(2x) + i\sin(y)$

(5) $e^{x+iy+2\pi} = \cos(x) + i\sin(y)$

(6) $e^{-x-iy} = \cos(x) - i\sin(y)$

(7) $e^{-x+iy} = \cos(x) - i\sin(y)$

III. Sei $x\colon [0, 2\pi] \to \mathbb{R}$ eine stetige Funktion, und für alle $t \in [0, 2\pi]$ sei

$$\tilde{x}(t) = \sum_{n=-\infty}^{\infty} c_n e^{int}$$

mit

$$c_n = \frac{1}{2\pi} \int_0^{2\pi} x(t) e^{-int}\, dt.$$

Welche der folgenden Aussagen sind stets richtig?

(1)   Die Reihe $\tilde{x}(t)$ konvergiert für alle $t \in [0, 2\pi]$.

(2)   Die Reihe $\tilde{x}(t)$ konvergiert für alle $t \in [0, 2\pi]$ und es gilt $x(t) = \tilde{x}(t)$ für alle $t \in [0, 2\pi]$.

(3)   Die Reihe $\tilde{x}(t)$ konvergiert für alle $t \in [0, 2\pi]$ und es gilt $x(t) = \tilde{x}(t)$ für alle $t \in\,]0, 2\pi[$.

22 Variationsrechnung

Einblick

Das Folgende gilt als Allgemeingut: Die kürzeste Verbindung zwischen zwei Punkten in der (euklidischen) Ebene ist gegeben durch den Geradenabschnitt, der diese beiden Punkte verbindet.

Anschaulich scheint dies „klar" zu sein, aber wie kann die Aussage bewiesen werden? Auch können wir dieselbe Frage z. B. für zwei Punkte in $\mathbb{R}^5$ stellen – welche damit nicht mehr so leicht anschaulich behandelt werden kann.

Aus Fragestellungen wie dieser ist die sogenannte Variationsrechnung hervorgegangen, die sich zur Aufgabe gesetzt hat, die Extrema von speziellen Abbildungen, sogenannten Funktionalen, aufzufinden.

Funktionale und deren Ableitung

Erläuterung

Funktionale sind grob gesagt Abbildungen, durch die einer Funktion f eine Zahl $V[f]$ zugeordnet wird. Wir werden als Grundmenge, auf der unsere Funktionale definiert sind, den Vektorraum $C^2([t_0, t_1], \mathbb{R}^n)$ der zweimal stetig differenzierbaren, auf dem Intervall $[t_0, t_1]$ definierten Kurven in $\mathbb{R}^n$ betrachten. (Die zweifache Differenzierbarkeit benötigen wir später, um das Differenzial eines Funktionals berechnen zu können.) Für diesen Raum führen wir der Übersichtlichkeit halber im Folgenden die Abkürzung $\mathcal{C} := C^2([t_0, t_1], \mathbb{R}^n)$ ein, mit fest gewählten $t_0 < t_1$.

▶ Definition

Sei $\mathcal{X} \subseteq \mathcal{C}$. Dann nennen wir eine Abbildung $V : \mathcal{X} \to \mathbb{R}$ ein Funktional (auf $\mathcal{X}$). ◀

Beispiel

Jeder stetigen Funktion $f : [a, b] \to \mathbb{R}$ kann die reelle Zahl

$$V[f] = \int_a^b f(x)\, dx$$

zugeordnet werden.

© Springer-Verlag GmbH Deutschland 2019
M. Plaue und M. Scherfner, *Mathematik für das Bachelorstudium II*,
https://doi.org/10.1007/978-3-8274-2557-7_22

Beispiel

Sei $g\colon [a,b] \to \mathbb{R}$ eine vorgegebene stetige Funktion. Dann kann jeder stetigen Abbildung $f\colon [a,b] \to \mathbb{R}$ die reelle Zahl

$$V[f] = \int_a^b \left(f(x)^2 - 2f(x)g(x) \right) dx$$

zugeordnet werden. Für welche Funktionen ist $V[f]$ extremal? Nach Umformung erhalten wir

$$V[f] = \int_a^b \left(f(x) - g(x) \right)^2 dx - \int_a^b g(x)^2 \, dx.$$

Erläuterung

Wir sehen am letzten Beispiel, dass $V[f]$ bei geeigneter Wahl von f beliebig groß werden kann und somit kein Maximum hat. Andererseits sehen wir auch, dass $V[f]$ genau für $f_0 := g$ minimal wird; das Minimum beträgt $V[f_0] = -\int_a^b g(x)^2 \, dx$.

Erläuterung

Ein Funktional ordnet ja einer Funktion f eine Zahl $V[f]$ zu. Ebenso wie in der gewöhnlichen Analysis können wir uns vorstellen, dass in der Nähe eines Extremums von V sich in erster Ordnung nichts ändert, wenn wir aus dem Extremum herauslaufen. Wir haben also bei einem Extremum f_0

$$\text{„}\delta V := (V[f_0 + h] - V[f_0])_{\text{Terme linear in } h} = 0\text{“}$$

mit der „Wackelfunktion" h.

Beispiel

Wir betrachten erneut das Funktional

$$V[f] = \int_a^b \left(f(x)^2 - 2f(x)g(x) \right) dx$$

mit der fest vorgegebenen, stetigen Funktion $g\colon [a,b] \to \mathbb{R}$.

Es gilt dann, wenn wir die Funktionsargumente der Übersichtlichkeit halber fortlassen:

$$
\begin{aligned}
V[f+h] - V[f] &= \int_a^b \left((f+h)^2 - 2(f+h)g \right) dx - \int_a^b \left(f^2 - 2fg \right) dx \\
&= \int_a^b \left(f^2 + 2fh + h^2 - 2fg - 2hg - f^2 + 2fg \right) dx \\
&= 2 \int_a^b h \left(f - g \right) dx + \int_a^b h^2 \, dx
\end{aligned}
$$

Lassen wir den in h nichtlinearen Term $\int_a^b h^2\,dx$ weg, so ergibt sich

$$\delta V = \int_a^b h\,(f - g)\,dx.$$

Dieser Ausdruck verschwindet für alle Wackelfunktionen h, wenn wir $f = g$ einsetzen. Wir hatten ja bereits festgestellt, das dort ein Minimum vorliegt.

Beispiel

Sei $(a, b) \in \mathbb{R}^2$ ein Punkt in der Ebene mit $a > 0$. Welche Kurve γ_0 stellt die kürzeste Verbindung zwischen dem Ursprung $(0,0)$ und (a, b) dar? Wir wollen davon ausgehen, dass sich die Lösung als Graph einer stetig differenzierbaren Funktion $f\colon [0, a] \to \mathbb{R}$ darstellen lässt, d. h. wir betrachten alle Kurven der Form

$$\gamma\colon [0, a] \to \mathbb{R}^2,\; t \mapsto \begin{pmatrix} t \\ f(t) \end{pmatrix},$$

wobei $\gamma(a) = (a, b)$ bzw. $f(a) = b$. Es soll die Bogenlänge minimiert werden, also das Funktional

$$V[f] = \int_\gamma ds = \int_0^a \|\gamma'(t)\|\,dt = \int_0^a \sqrt{1 + (f'(t))^2}\,dt.$$

Mit der Methode aus dem letzten Beispiel kommen wir jedoch nicht besonders weit:

$$V[f + h] - V[f] = \int_0^a \left(\sqrt{1 + (f'(t) + h'(t))^2} - \sqrt{1 + (f'(t))^2} \right) dt$$

Der lineare Anteil lässt sich hier nicht so einfach extrahieren.

Beispiel

Insbesondere wird uns später die Menge aller stetig differenzierbaren Kurven mit festen Endpunkten interessieren:

$$\mathcal{X} = \{ \gamma \in \mathcal{C} \,|\, \gamma(t_0) = x_0, \gamma(t_1) = x_1 \}$$

mit $x_0, x_1 \in \mathbb{R}^n$ fest.

▶ Definition

Sei $\mathcal{X} \subseteq \mathcal{C}$. Wir nennen ein Funktional $V\colon \mathcal{X} \to \mathbb{R}$ differenzierbar, falls für alle $\gamma \in \mathcal{X}$ eine lineare Abbildung $D_\gamma\colon \mathcal{C} \to \mathbb{R}$ existiert, sodass für alle $h \in \mathcal{C}$ mit $\gamma + h \in \mathcal{X}$ gilt, dass

$$V[\gamma + h] - V[\gamma] = D_\gamma[h] + R[h],$$

wobei $R[h]$ von der Ordnung größer als eins in h ist. Wir nennen dann D_γ das Differenzial von V (an der Stelle γ).   ◀

Erläuterung

So wie die Ableitung einer differenzierbaren Funktion in der gewöhnlichen Analysis ist auch das Differenzial eines Funktionals eindeutig bestimmt, wenn es denn existiert.

Erläuterung

Mit „$R[h]$ ist von der Ordnung größer als eins" ist genauer gemeint, dass für alle $h \in \mathcal{C}$ gilt:

$$\lim_{\epsilon \to 0} \frac{R[\epsilon h]}{\epsilon} = 0$$

Beispielsweise ist $R_1[h] = \int_{t_0}^{t_1} \|h(t)\|^2 \, dt$ von der Ordnung größer als eins:

$$\lim_{\epsilon \to 0} \frac{R_1[\epsilon h]}{\epsilon} = \lim_{\epsilon \to 0} \frac{\epsilon^2 \int_{t_0}^{t_1} \|h(t)\|^2 \, dt}{\epsilon} = R_1[h] \lim_{\epsilon \to 0} \epsilon = 0$$

Für $R_2[h] = \int_{t_0}^{t_1} \|h(t)\| \, dt$ gilt dies hingegen nicht:

$$\lim_{\epsilon \to 0} \left| \frac{R_2[\epsilon h]}{\epsilon} \right| = \lim_{\epsilon \to 0} \frac{|\epsilon| \int_{t_0}^{t_1} \|h(t)\| \, dt}{|\epsilon|} = R_2[h] \neq 0$$

In gewissem Sinne enthält $R[h]$ nur Terme in h mit Potenzen, die größer als eins sind. Als vorerst letztes Beispiel berechnen wir für $R_3[h] := \|h(\tau)\|^k$ mit fest gewähltem $\tau \in [t_0, t_1]$ und $k \in \mathbb{N}$, $k \geq 1$:

$$\lim_{\epsilon \to 0} \left| \frac{R_3[\epsilon h]}{\epsilon} \right| = \lim_{\epsilon \to 0} \frac{|\epsilon|^k \|h(\tau)\|^k}{|\epsilon|} = R_3[h] \lim_{\epsilon \to 0} |\epsilon|^{k-1} = \begin{cases} R_3[h] & \text{für } k = 1, \\ 0 & \text{für } k > 1 \end{cases}$$

Also ist R_3 für den Fall $k > 1$ von der Ordnung größer eins.

Erläuterung

Etwas Notation: Für eine stetig partiell differenzierbare Funktion $L \colon U \times \mathbb{R}^n \times \mathbb{R} \to \mathbb{R}$, $L \colon (x, v, t) \mapsto L(x, v, t)$ mit $U \overset{\circ}{\subseteq} \mathbb{R}^n$ schreiben wir

$$\frac{\partial L}{\partial x} := \begin{pmatrix} \frac{\partial L}{\partial x_1} \\ \vdots \\ \frac{\partial L}{\partial x_n} \end{pmatrix}, \quad \frac{\partial L}{\partial v} := \begin{pmatrix} \frac{\partial L}{\partial v_1} \\ \vdots \\ \frac{\partial L}{\partial v_n} \end{pmatrix}.$$

■ Satz

Seien $U \overset{\circ}{\subseteq} \mathbb{R}^n$ und $L \colon U \times \mathbb{R}^n \times \mathbb{R} \to \mathbb{R}$, $(x, v, t) \mapsto L(x, v, t)$ eine zweimal stetig partiell differenzierbare Funktion. Dann ist das auf $\mathcal{X} = \{\gamma \in \mathcal{C} \,|\, \gamma([t_0, t_1]) \subset U\}$ definierte Funktional

$$V[\gamma] = \int_{t_0}^{t_1} L(\gamma(t), \gamma'(t), t) \, dt$$

differenzierbar, und es gilt für das Differenzial:

$$D_\gamma[h] = \int_{t_0}^{t_1} \left(\frac{\partial L}{\partial x}(\gamma(t), \gamma'(t), t) - \frac{d}{dt}\left(\frac{\partial L}{\partial v}(\gamma(t), \gamma'(t), t) \right) \right) \cdot h(t)\, dt$$

$$+ \left. \frac{\partial L}{\partial v}(\gamma(t), \gamma'(t), t) \cdot h(t) \right|_{t=t_0}^{t_1},$$

wobei „$\cdot$" das Standardskalarprodukt auf $\mathbb{R}^n$ ist.

Beweis: Seien $\gamma \in \mathcal{X}$ und $h \in \mathcal{C}$ so, dass $\gamma + h \in \mathcal{X}$. (Das bedeutet hier einfach, dass die Kurve γ und deren Variation $\gamma + h$ die Menge U nicht verlassen.) Es gilt

$$V[\gamma + h] - V[\gamma] = \int_{t_0}^{t_1} \left(L(\gamma(t) + h(t), \gamma'(t) + h'(t), t) - L(\gamma(t), \gamma'(t), t) \right) dt.$$

Um diesen Ausdruck bis zur ersten Ordnung zu berechnen, benötigen wir die Taylor-Entwicklung von L. Der Gradient von L ist ein Vektorfeld mit $2n + 1$ Komponenten:

$$\operatorname{grad} L = \begin{pmatrix} \frac{\partial L}{\partial x} \\ \frac{\partial L}{\partial v} \\ \frac{\partial L}{\partial t} \end{pmatrix}$$

Damit ergibt sich für die Taylor-Entwicklung erster Ordnung im Punkt (x, v, t) in Richtung $(h_x, h_v, 0)$:

$$L(x + h_x, v + h_v, t) - L(x, v, t) =$$
$$\operatorname{grad} L(x, v, t) \cdot (h_x, h_v, 0)^T + r(h_x, h_v) =$$
$$\frac{\partial L}{\partial x}(x, v, t) \cdot h_x + \frac{\partial L}{\partial v}(x, v, t) \cdot h_v + r(h_x, h_v)$$

mit dem Restglied $r(h_x, h_v)$.
Also haben wir

$$V[\gamma + h] - V[\gamma] = \int_{t_0}^{t_1} \left(L(\gamma(t) + h(t), \gamma'(t) + h'(t), t) - L(\gamma(t), \gamma'(t), t) \right) dt$$
$$= D_\gamma[h] + R[h]$$

mit

$$D_\gamma[h] := \int_{t_0}^{t_1} \left(\frac{\partial L}{\partial x}(\gamma(t), \gamma'(t), t) \cdot h(t) + \frac{\partial L}{\partial v}(\gamma(t), \gamma'(t), t) \cdot h'(t) \right) dt,$$

$$R[h] := \int_{t_0}^{t_1} r(h(t), h'(t)) dt.$$

Es ist nicht so schwer zu sehen, dass $D_\gamma[h]$ tatsächlich linear in h ist.

Der Term $R[h]$ ist hingegen von der Ordnung größer als eins; dies sehen wir wie folgt. Mit der Abkürzung $u(t) := (h(t), h'(t))$ gilt:

$$\lim_{\epsilon \to 0} \frac{R[\epsilon h]}{\epsilon} = \lim_{\epsilon \to 0} \frac{\int_{t_0}^{t_1} r(\epsilon u(t)) dt}{\epsilon}$$

Nach dem Mittelwertsatz der Integralrechnung gibt es für jedes ϵ ein $\tau \in [t_0, t_1]$ mit $\int_{t_0}^{t_1} r(\epsilon u(t)) \, dt = (t_1 - t_0) r(\epsilon u(\tau))$. Mit der Asymptotik des Restglieds der Taylor-Entwicklung und der Beschränktheit von $\|u(\tau)\|$ (h' ist stetig!) folgt schließlich:

$$\lim_{\epsilon \to 0} \left| \frac{R[\epsilon h]}{\epsilon} \right| = (t_1 - t_0) \lim_{\epsilon \to 0} \frac{|r(\epsilon u(\tau))|}{|\epsilon|}$$

$$= (t_1 - t_0) \lim_{\epsilon \to 0} \|u(\tau)\| \frac{|r(\epsilon u(\tau))|}{\|\epsilon u(\tau)\|} = 0$$

Es bleibt noch zu zeigen, dass $D_\gamma[h]$ auf die Form im Satz gebracht werden kann. Dies sehen wir durch partielle Integration ($k \in \{1, \ldots, n\}$):

$$\int_{t_0}^{t_1} \frac{\partial L}{\partial v_k}(\gamma(t), \gamma'(t), t) h_k'(t) =$$

$$\frac{\partial L}{\partial v_k}(\gamma(t), \gamma'(t), t) h_k(t) \Big|_{t=t_0}^{t_1} - \int_{t_0}^{t_1} \frac{d}{dt} \left(\frac{\partial L}{\partial v_k}(\gamma(t), \gamma'(t), t) \right) h_k(t) \, dt$$

Für diesen Schritt ist wieder die zweimalige stetige Differenzierbarkeit von γ und L erforderlich, denn $t \mapsto \frac{\partial L}{\partial v_k}(\gamma(t), \gamma'(t), t)$ muss stetig differenzierbar sein. Damit erhalten wir (hier einmal sehr ausführlich):

$$\int_{t_0}^{t_1} \frac{\partial L}{\partial v}(\gamma(t), \gamma'(t), t) \cdot h'(t) \, dt =$$

$$\int_{t_0}^{t_1} \sum_{k=1}^{n} \frac{\partial L}{\partial v_k}(\gamma(t), \gamma'(t), t) h_k'(t) \, dt =$$

$$\sum_{k=1}^{n} \int_{t_0}^{t_1} \frac{\partial L}{\partial v_k}(\gamma(t), \gamma'(t), t) h_k'(t) \, dt =$$

$$\sum_{k=1}^{n} \left(\frac{\partial L}{\partial v_k}(\gamma(t), \gamma'(t), t) h_k(t) \Big|_{t=t_0}^{t_1} - \int_{t_0}^{t_1} \frac{d}{dt} \left(\frac{\partial L}{\partial v_k}(\gamma(t), \gamma'(t), t) \right) h_k(t) \, dt \right) =$$

$$\sum_{k=1}^{n} \frac{\partial L}{\partial v_k}(\gamma(t), \gamma'(t), t) h_k(t) \Big|_{t=t_0}^{t_1} - \int_{t_0}^{t_1} \sum_{k=1}^{n} \frac{d}{dt} \left(\frac{\partial L}{\partial v_k}(\gamma(t), \gamma'(t), t) \right) h_k(t) \, dt =$$

$$\frac{\partial L}{\partial v}(\gamma(t), \gamma'(t), t) \cdot h(t) \Big|_{t=t_0}^{t_1} - \int_{t_0}^{t_1} \frac{d}{dt} \left(\frac{\partial L}{\partial v}(\gamma(t), \gamma'(t), t) \right) \cdot h(t) \, dt$$

Einsetzen in $D_\gamma[h]$ und Zusammenfassen der Integrale liefert das Ergebnis. ∎

Erläuterung

Wir nennen in diesem Zusammenhang L auch die Lagrange-Funktion des Funktionals.

Die Euler-Lagrange-Gleichungen

Erläuterung

Der wohl wichtigste Satz der Variationsrechnung beinhaltet die Euler-Lagrange-Gleichungen. Diese beschreiben, wann ein Funktional stationär ist, also unter kleinen Variationen konstant ist.

▶ **Definition**

Sei $\mathcal{X} \subseteq \mathcal{C}$ und $V \colon \mathcal{X} \to \mathbb{R}$ ein differenzierbares Funktional. Wir nennen eine Kurve $\gamma_0 \in \mathcal{X}$ ein Extremum von V, falls an dieser Stelle das Differenzial von V verschwindet: $D_{\gamma_0}[h] = 0$ für alle $h \in \mathcal{C}$ mit $\gamma_0 + h \in \mathcal{X}$. ◀

Erläuterung

Um den wichtigen Satz mit den Euler-Lagrange-Gleichungen beweisen zu können, benötigen wir den nachstehenden Hilfssatz.

■ **Satz**

Sei $f \colon [t_0, t_1] \to \mathbb{R}$ eine stetige Funktion, und es gelte

$$\int_{t_0}^{t_1} f(t)h(t)\,dt = 0$$

für alle stetigen Funktionen $h \colon [t_0, t_1] \to \mathbb{R}$ mit $h(t_0) = h(t_1) = 0$. Dann ist f die Nullfunktion.

Beweis: Angenommen, f wäre nicht die Nullfunktion, d. h. es existiert ein $\tau \in [t_0, t_1]$ mit $f(\tau) \neq 0$. Sei o. B. d. A. $f(\tau) > 0$. Da f stetig ist, gibt es ein $c > 0$ und ein $\epsilon > 0$ mit

$$t_0 < \tau - \epsilon < \tau + \epsilon < t_1 \text{ und } f(t) \geq c$$

für alle $t \in [\tau - \epsilon, \tau + \epsilon]$. Sei nun $h \colon [t_0, t_1] \to \mathbb{R}$ eine stetige Funktion mit der Eigenschaft

$$h(t) = \begin{cases} 0 & \text{für } t \leq \tau - \epsilon, \\ 1 & \text{für } \tau - \frac{\epsilon}{2} < t < \tau + \frac{\epsilon}{2}, \\ 0 & \text{für } t \geq \tau + \epsilon. \end{cases}$$

Dann gilt

$$\int_{t_0}^{t_1} f(t)h(t)\,dt \geq \epsilon c > 0.$$

Dies ist ein Widerspruch. ■

■ **Satz**

Seien $U \subseteq \mathbb{R}^n$ und $L: U \times \mathbb{R}^n \times \mathbb{R} \to \mathbb{R}$, $(x, v, t) \mapsto L(x, v, t)$ eine zweimal stetig partiell differenzierbare Funktion. Seien ferner $x_0, x_1 \in U$. Das auf $\mathcal{X} = \{\gamma \in \mathcal{C} \mid \gamma([t_0, t_1]) \subset U, \gamma(t_0) = x_0, \gamma(t_1) = x_1\}$ definierte Funktional

$$V[\gamma] = \int_{t_0}^{t_1} L(\gamma(t), \gamma'(t), t)\, dt$$

ist dann differenzierbar, und eine Kurve $\gamma \in \mathcal{X}$ ist genau dann ein Extremum von V, wenn sie die sogenannten Euler-Lagrange-Gleichungen erfüllt:

$$\frac{\partial L}{\partial x}(\gamma(t), \gamma'(t), t) - \frac{d}{dt}\left(\frac{\partial L}{\partial v}(\gamma(t), \gamma'(t), t)\right) = 0$$

Beweis: Wir hatten bereits bewiesen, dass das Differenzial von L allgemein gegeben ist durch

$$D_\gamma[h] = \int_{t_0}^{t_1} \left(\frac{\partial L}{\partial x}(\gamma(t), \gamma'(t), t) - \frac{d}{dt}\left(\frac{\partial L}{\partial v}(\gamma(t), \gamma'(t), t)\right)\right) \cdot h(t)\, dt$$

$$+ \frac{\partial L}{\partial v}(\gamma(t), \gamma'(t), t) \cdot h(t)\Big|_{t=t_0}^{t_1}.$$

Das Funktional ist hier jedoch auf der Menge $\mathcal{X}$ aller Kurven mit den festen Endpunkten $x_0, x_1 \in U$ eingeschränkt. Aus diesem Grund muss in obiger Formel h derart sein, dass mit γ auch die Variation $\gamma + h$ diese Endpunkte besitzt. Das ist nur möglich, wenn $h(t_0) = h(t_1) = 0$ gilt. Damit fällt der letzte Term weg, und es bleibt

$$D_\gamma[h] = \int_{t_0}^{t_1} \left(\frac{\partial L}{\partial x}(\gamma(t), \gamma'(t), t) - \frac{d}{dt}\left(\frac{\partial L}{\partial v}(\gamma(t), \gamma'(t), t)\right)\right) \cdot h(t)\, dt.$$

Wenn die Euler-Lagrange-Gleichungen erfüllt sind, liegt offensichtlich ein Extremum vor. Gilt umgekehrt $D_\gamma[h] = 0$, so haben wir

$$0 = \int_{t_0}^{t_1} \left(\frac{\partial L}{\partial x}(\gamma(t), \gamma'(t), t) - \frac{d}{dt}\left(\frac{\partial L}{\partial v}(\gamma(t), \gamma'(t), t)\right)\right) \cdot h(t)\, dt$$

$$= \sum_{k=1}^{n} \int_{t_0}^{t_1} \left(\frac{\partial L}{\partial x_k}(\gamma(t), \gamma'(t), t) - \frac{d}{dt}\left(\frac{\partial L}{\partial v_k}(\gamma(t), \gamma'(t), t)\right)\right) h_k(t)\, dt.$$

Dies gilt insbesondere auch für alle Kurven der Form $h(t) = h_i(t)e_i$ ($i \in \{1, \ldots, n\}$):

$$\int_{t_0}^{t_1} \left(\frac{\partial L}{\partial x_1}(\gamma(t), \gamma'(t), t) - \frac{d}{dt}\left(\frac{\partial L}{\partial v_1}(\gamma(t), \gamma'(t), t)\right)\right) h_1(t)\, dt = 0,$$

$$\vdots$$

$$\int_{t_0}^{t_1} \left(\frac{\partial L}{\partial x_n}(\gamma(t), \gamma'(t), t) - \frac{d}{dt}\left(\frac{\partial L}{\partial v_n}(\gamma(t), \gamma'(t), t)\right)\right) h_n(t)\, dt = 0$$

Aus dem oben bewiesenen Lemma folgen dann die Euler-Lagrange-Gleichungen:

$$\frac{\partial L}{\partial x_1}(\gamma(t), \gamma'(t), t) - \frac{d}{dt}\left(\frac{\partial L}{\partial v_1}(\gamma(t), \gamma'(t), t)\right) = 0,$$

$$\vdots$$

$$\frac{\partial L}{\partial x_n}(\gamma(t), \gamma'(t), t) - \frac{d}{dt}\left(\frac{\partial L}{\partial v_n}(\gamma(t), \gamma'(t), t)\right) = 0 \qquad \blacksquare$$

Erläuterung

Die Euler-Lagrange-Gleichungen sind ein System von n gewöhnlichen Differenzialgleichungen höchstens zweiter Ordnung in den Komponentenfunktionen $\gamma_1, \ldots, \gamma_n$. Oft wird für die Euler-Lagrange-Gleichungen kurz

$$\frac{\partial L}{\partial x} - \frac{d}{dt}\frac{\partial L}{\partial \dot{x}} = 0.$$

geschrieben.

Beispiel

Kommen wir zurück zu der Aufgabe, die kürzeste Verbindung zwischen den Punkten $(0,0)$ und (a,b) zu finden. Das Bogenlängenfunktional für den Graphen einer Funktion $f\colon [0,a] \to \mathbb{R}$ mit festen Endpunkten $f(0) = 0$ und $f(a) = b$ ist gegeben durch

$$V[f] = \int_0^a \sqrt{1 + (f'(t))^2}\, dt.$$

Dies ist ein Funktional mit Lagrange-Funktion $L(x, v, t) = \sqrt{1 + v^2}$. Die partiellen Ableitungen berechnen sich zu

$$\frac{\partial L}{\partial x}(x, v, t) = 0,$$

$$\frac{\partial L}{\partial v}(x, v, t) = \frac{v}{\sqrt{1 + v^2}}.$$

Somit lautet die Euler-Lagrange-Gleichung

$$0 = \frac{\partial L}{\partial x}(f(t), f'(t), t) - \frac{d}{dt}\left(\frac{\partial L}{\partial v}(f(t), f'(t), t)\right)$$

$$= 0 - \frac{d}{dt}\left(\frac{f'(t)}{\sqrt{1 + (f'(t))^2}}\right).$$

Der Term in der Klammer ist also konstant:

$$\frac{f'(t)}{\sqrt{1 + (f'(t))^2}} = \tilde{c}$$

Lösen wir nach $f'(t)$ auf, so stellen wir fest, dass auch f' konstant sein muss:

$$f'(t) = m$$

Durch Integration ergibt sich

$$f(t) = mt + c.$$

Die Lösung ist also tatsächlich die Strecke zwischen den beiden Punkten.

Beispiel

Sei $G \overset{\circ}{\subseteq} \mathbb{R}^3$ und $U\colon G \to \mathbb{R}$ das Potenzial eines statischen Kraftfeldes $F\colon G \to \mathbb{R}^3$, d. h. $F = -\nabla U$. Wir betrachten die Lagrange-Funktion

$$L\colon G \times \mathbb{R}^3 \times \mathbb{R} \to \mathbb{R}, \; L(x, v, t) = \frac{1}{2}mv^2 - U(x)$$

und interpretieren $m > 0$ als die Masse eines Punktteilchens mit Bahnkurve $q\colon [t_0, t_1] \to G$, welches sich im Potenzial U bewegt. (Mit v^2 ist das gewöhnliche Skalarprodukt von v mit sich selbst gemeint.) Das sogenannte Wirkungsfunktional ist dann

$$S[q] = \int_{t_0}^{t_1} L(q(t), \dot{q}(t), t)\, dt = \int_{t_0}^{t_1} \left(\frac{1}{2}m(\dot{q}(t))^2 - U(q(t))\right) dt.$$

Die Lagrange-Funktion ist gerade die Differenz aus kinetischer und potenzieller Energie. Wir haben

$$\frac{\partial L}{\partial x}(x, v, t) = -\nabla U(x) = F(x),$$

$$\frac{\partial L}{\partial v}(x, v, t) = mv.$$

Die entsprechenden Euler-Lagrange-Gleichungen sind somit

$$0 = \frac{\partial L}{\partial x}(q(t), \dot{q}(t), t) - \frac{d}{dt}\left(\frac{\partial L}{\partial v}(q(t), \dot{q}(t), t)\right)$$

$$= F(q(t)) - \frac{d}{dt}(m\dot{q}(t))$$

$$= F(q(t)) - m\ddot{q}(t).$$

Das ist aber gerade die Newton'sche Bewegungsgleichung. Die physikalischen Bahnen eines Punktteilchens sind also genau die Extrema des Wirkungsfunktionals.

Ausblick

Dies waren die Anfangsgründe der Variationsrechnung. Sie spielt eine bedeutende Rolle u. a in der Mechanik, gleichfalls in der Quantentheorie.

Es scheint tatsächlich, als würde sich das ganze Universum stets um Variationsprobleme kümmern. Auch die Feldgleichungen der Relativitätstheorie lassen sich mittels der Variationsrechnung herleiten, wie es David Hilbert getan hat. Dies gelang ihm sogar (jedenfalls was die entsprechende Veröffentlichung anbelangt) kurz vor Albert Einstein, der dafür wesentlich physikalische Überlegungen bemühte.

Auch die reine Mathematik, beispielsweise die Differenzialgeometrie, verdankt der Variationsrechnung weitreichende Resultate.

Selbsttest

I. Sei $\mathcal{C} := C^2(\mathbb{R}, \mathbb{R})$. Welche der folgenden Formeln definieren ein Funktional, also eine Abbildung $V \colon \mathcal{C} \to \mathbb{R}$?

(1) $V \colon f \mapsto \frac{df}{dx}$

(2) $V \colon f \mapsto \frac{df}{dx}(2)$

(3) $V \colon f \mapsto f(2)$

(4) $V \colon f \mapsto 2f$

(5) $V \colon f \mapsto \frac{d^2 f}{dx^2}(0)$

(6) $V \colon f \mapsto \int_0^2 f(x)\, dx$

(7) $V \colon f \mapsto \int_0^2 f(x) \cdot (f'(x))^2\, dx$

(8) $V \colon f \mapsto \sup_{x \in \mathbb{R}} f(x)$

II. Sei $L \colon \mathbb{R} \to \mathbb{R}$, $v \mapsto L(v)$ eine zweimal stetig differenzierbare Funktion. Ferner sei $\mathcal{X} = \{x \in C^2([0,1], \mathbb{R}) \mid x(0) = 0, x(1) = 0\}$ und

$$V \colon \mathcal{X} \to \mathbb{R}, \; x \mapsto \int_0^1 L(x'(t))\, dt.$$

Wenn $x \in \mathcal{X}$ ein Extremum von V ist, welche der folgenden Bedingungen sind dann für alle $t \in [0,1]$ stets gültig?

(1) $x''(t) = 0$

(2) $L'(x'(t)) = 0$

(3) $L'(x(t)) = 0$

(4) $L''(x'(t)) = 0$

(5) $\frac{d}{dt}\left(\int_0^t L(x'(\tau))\, d\tau\right) = 0$

(6) $\frac{d}{dt}(L'(x(t))) = 0$

(7) $\frac{d}{dt}(L'(x'(t))) = 0$

(8) $L''(x'(t)) \cdot x''(t) = 0$

(9) $L'(x'(t)) = c$ für eine Konstante $c \in \mathbb{R}$

Aufgaben zu Differenzialgleichungen

I. Geben Sie explizit alle Lösungen $x \colon \mathbb{R} \to \mathbb{R}$ der Differenzialgleichung

$$x'''(t) + x''(t) - 5x'(t) + 3x(t) + 20(\cos(t) - \sin(t)) = 0$$

an. Berechnen Sie anschließend diejenige Lösung mit $x(0) = x'(0) = x''(0) = 0$.

II. Lösen Sie das lineare Differenzialgleichungssystem

$$x' = -6x + 4y,$$
$$y' = 4x$$

mit Anfangswerten $x(0) = 1$, $y(0) = -1$ durch Berechnen des Exponentials der Koeffizientenmatrix.

III. Geben Sie eine partikuläre Lösung $x \colon \mathbb{R} \to \mathbb{R}$ der Differenzialgleichung

$$x''(t) - x(t) = \frac{2e^t}{1 + e^t}$$

an. (Hinweis: Verwenden Sie das Verfahren der Variation der Konstanten.)

IV. Sei das folgende Anfangswertproblem gegeben:

$$x'(t) + (x(t))^2 - 1 = 0, \; x(0) = 0$$

Begründen Sie (ohne längere Rechnung), warum es genau eine Lösung $x \colon I \to \mathbb{R}$ mit maximalen Definitionsbereich $I \subseteq \mathbb{R}$ gibt (wobei I ein offenes Intervall mit $0 \in I$ ist). Finden Sie eine explizite Formel für diese Lösung, und geben Sie I an.

V. Die Lösungen $x \colon \mathbb{R} \to \mathbb{R}^2$ des Anfangswertproblems

$$x'(t) = \begin{pmatrix} 0 & 1 \\ -1 & 0 \end{pmatrix} \cdot x(t), \; x(t_0) = x_0$$

mit $t_0 \in \mathbb{R}$ und $x_0 \in \mathbb{R}^2$ sind gegeben durch

$$x(t) = \begin{pmatrix} \cos(t - t_0) & \sin(t - t_0) \\ -\sin(t - t_0) & \cos(t - t_0) \end{pmatrix} \cdot x_0 = R_{t,t_0} \cdot x_0$$

für alle $t \in \mathbb{R}$. Beweisen Sie, dass diese Lösungen gleichmäßig stabil sind. (Hinweis: Die Matrix bzw. lineare Abbildung R_{t,t_0} ist orthogonal für alle Werte t, t_0.) Sind die Lösungen asymptotisch stabil?

VI. Sei $L > 0$. Finden Sie möglichst viele verschiedene Lösungen $u \colon \mathbb{R}^2 \to \mathbb{R}$ der sogenannten Wärmeleitungsgleichung

$$\frac{\partial^2 u}{\partial x^2}(x, t) = \frac{\partial u}{\partial t}(x, t),$$

welche von der Form $u(x, t) = X(x) \cdot T(t)$ sind und $u(0, 0) = u(L, 0) = 0$ erfüllen.

VII. Sei $I \overset{\circ}{\subseteq} \mathbb{R}$, $L \colon I \times \mathbb{R} \to \mathbb{R}$, $(x, v) \mapsto L(x, v)$ eine zweimal stetig partiell differenzierbare Funktion und $f \colon [a, b] \mapsto \mathbb{R}$ mit $f([a, b]) \subset I$ zweimal differenzierbar. Zeigen Sie, dass die Funktion $H \colon [a, b] \to \mathbb{R}$ mit

$$H(t) = L(f(t), f'(t)) - f'(t) \frac{\partial L}{\partial v}(f(t), f'(t))$$

konstant ist, falls f die Euler-Lagrange-Gleichung

$$\frac{\partial L}{\partial x}(f(t), f'(t)) - \frac{d}{dt}\left(\frac{\partial L}{\partial v}(f(t), f'(t))\right) = 0$$

erfüllt.

Lösungen der Selbsttests

Kapitel 1:

    I.   (1) (4) (5) (6) (7) (8)

    II.   (3) (4) (6) (7) (10) (12)

    III.   (2) (4) (5)

Kapitel 2:

    I.   (1) (2) (3)

    II.   (1) (2) (3) (5) (6) (7)

    III.   (3)

Kapitel 3:

    I.   (1) (2) (6) (7)

    II.   (2) (3) (4) (5)

    III.   (1)

Kapitel 4:

    I.   (2) (3) (5) (9) (14) (17) (19) (20) (22) (23) (25) (26) (32) (36) (39) (41) (42) (43) (46)

Kapitel 5:

    I.   (1) (3) (5) (7) (9)

    II.   (2) (4)

    III.   (1) (3) (5) (6) (7)

Kapitel 6:

    I.   (1) (2) (4) (5) (7) (10)

    II.   (1) (3) (4)

    III.   (2)

Kapitel 7:

    I.   (2) (6) (8) (10) (12) (13) (14) (15) (17)

© Springer-Verlag GmbH Deutschland 2019
M. Plaue und M. Scherfner, *Mathematik für das Bachelorstudium II*,
https://doi.org/10.1007/978-3-8274-2557-7

Kapitel 8:

    I.   (5) (13) (14)

Kapitel 9:

    I.   (2) (3) (4) (5)

   II.   (1) (2) (6) (7) (8) (10) (11)

  III.   (3)

Kapitel 10:

    I.   (1) (2) (3) (6) (9) (11) (12)

   II.   Alle Antworten sind richtig.

Kapitel 11:

    I.   (1) (2) (3) (4) (8)

   II.   Keine der Antworten ist richtig.

Kapitel 12:

    I.   (1) (4) (5) (6) (7) (8) (9) (10) (11) (12)

   II.   (3)

Kapitel 13:

    I.   (1) (3) (5) (6)

   II.   (2) (4) (6) (7)

  III.   (1) (2) (3) (4) (5) (7) (8) (9)

Kapitel 14:

    I.   (2) (4) (7) (8)

   II.   Alle Antworten sind richtig.

  III.   (2) (3) (4) (5)

Kapitel 15:

    I.   (3) (6) (7)

   II.   Keine der Antworten ist richtig.

  III.   (3)

Kapitel 16:

    I.   (2) (5)

II.   (3)

Kapitel 17:

I.   (2)

II.   Alle Antworten sind richtig.

III.   Alle Antworten sind richtig.

Kapitel 18:

I.   (1) (2) (3)

II.   (2)

Kapitel 19:

I.   (1) (3) (4) (5)

II.   (3)

Kapitel 20:

I.   (1) (2) (4)

II.   (1) (2) (5) (6) (7)

III.   (1) (3) (5)

Kapitel 21:

I.   (3) (4) (5)

II.   (1) (3) (4) (5) (6)

III.   (1) (3)

Kapitel 22:

I.   (2) (3) (5) (6) (7)

II.   (7) (8) (9)

Lösungen der Aufgaben

Mehrdimensionale Analysis

I. Wir müssen zeigen, dass M beschränkt und abgeschlossen ist.

1. Da (x_k) gegen a konvergiert, konvergiert die Folge nichtnegativer reeller Zahlen $(d(x_k, a))$ gegen Null und ist deshalb durch ein geeignetes $C > 0$ beschränkt: $d(x_k, a) < C$ für alle $k \in \mathbb{N}$. Somit sind alle Folgenglieder in der offenen Kugel $K(a, C)$ enthalten, und der Mittelpunkt a trivialerweise auch. Folglich gilt $M \subseteq K(a, C)$, und M ist beschränkt.

2. Angenommen, M sei nicht abgeschlossen, d.h. das Komplement $X \setminus M$ ist nicht offen. Dann gibt es ein $y \in X \setminus M$, sodass jede Kugel um y Punkte aus M enthält. Da (x_k) konvergiert, kann das aber nur sein, wenn $y = a \in M$; ein Widerspruch.

II. Die Funktion f ist als Zusammensetzung stetiger Funktionen auf $\{(x, y) \in \mathbb{R}^2 | x \neq 0 \text{ und } y \neq 0\}$ stetig. Sie ist auch in $(x, y) = (0, 0)$ stetig, denn:

$$0 \leq |f(x, y)|$$
$$= \left| x^2 \sin\left(\frac{1}{y}\right) + y^2 \sin\left(\frac{1}{x}\right) \right|$$
$$\leq x^2 \left| \sin\left(\frac{1}{y}\right) \right| + y^2 \left| \sin\left(\frac{1}{x}\right) \right|$$
$$\leq x^2 + y^2 = \|(x, y)\|^2 \xrightarrow[(x,y)\to 0]{} 0,$$

also $\lim_{(x,y)\to 0} f(x, y) = 0 = f(0, 0)$. Allerdings ist f an allen übrigen Punkten nicht einmal partiell stetig; wir haben für festes $\tilde{x} \neq 0$:

$$f(\tilde{x}, y) = \tilde{x}^2 \sin\left(\frac{1}{y}\right) + y^2 \sin\left(\frac{1}{\tilde{x}}\right)$$

Der rechte Summand verschwindet für $y \to 0$, der linke Grenzwert existiert nicht. (Für $\tilde{y} \neq 0$ existiert der Grenzwert $\lim_{x\to 0} f(x, \tilde{y})$ ebenfalls nicht.)

Die Funktion g ist als Zusammensetzung stetiger Funktionen auf $\mathbb{R}^2 \setminus \{(0, 0)\}$ stetig. Sie ist jedoch in $(x, y) = (0, 0)$ nicht stetig, denn für die Folge $(x_k, y_k) =$

© Springer-Verlag GmbH Deutschland 2019
M. Plaue und M. Scherfner, *Mathematik für das Bachelorstudium II*,
https://doi.org/10.1007/978-3-8274-2557-7

$(\frac{1}{k}, \frac{1}{\sqrt{k}})$, welche gegen $(0,0)$ konvergiert, haben wir:

$$g(x_k, y_k) = \frac{\frac{1}{k} \cdot \frac{1}{k}}{\frac{1}{k^2} + \frac{1}{k^2}} = \frac{1}{2} \xrightarrow[k \to \infty]{} \frac{1}{2} \neq 0 = g(0,0)$$

III. Da der Definitionsbereich D von f kompakt ist, nimmt f als stetige Funktion sicher ihr Minimum und Maximum an. Zunächst bestimmen wir die kritischen Punkte im Inneren des Definitionsbereichs. Berechnen wir hierzu den Gradienten:

$$\operatorname{grad} f(x,y) = \begin{pmatrix} 2x - y \\ 2y - x \end{pmatrix} = \begin{pmatrix} 2 & -1 \\ -1 & 2 \end{pmatrix} \cdot \begin{pmatrix} x \\ y \end{pmatrix}$$

Dieser Gradient verschwindet nur für $x = y = 0$, da die obige Matrix maximalen Rang hat; folglich ist $p_0 = (0,0)$ ein Kandidat für ein Extremum. Um Kandidaten für Extrema auf dem Rand von D zu finden, untersuchen wir f unter der Nebenbedingung $g(x,y) = x^2 + y^2 - 1 = 0$. Es gilt $\operatorname{grad} g(x,y) = 2(x,y)$; der Gradient von g verschwindet also nur im Punkt $(x,y) = (0,0)$, welcher jedoch nicht auf ∂D liegt. Die zweite notwendige Bedingung

$$\operatorname{grad} f(x,y) = \lambda \operatorname{grad} g(x,y)$$

ist äquivalent zum linearen Gleichungssystem

$$A \cdot \begin{pmatrix} x \\ y \end{pmatrix} = \begin{pmatrix} 1 & -\frac{1}{2} \\ -\frac{1}{2} & 1 \end{pmatrix} \cdot \begin{pmatrix} x \\ y \end{pmatrix} = \lambda \begin{pmatrix} x \\ y \end{pmatrix}.$$

Die Lösung $(x,y) = (0,0)$ kann wieder ausgeschlossen werden, da sie nicht auf dem Rand von D liegt. Somit sind die Kandidaten für Extrema durch die aufgrund der Nebenbedingung normierten Eigenvektoren von A gegeben. Wir berechnen die Eigenwerte über die Nullstellen des charakteristischen Polynoms:

$$\det(A - \lambda E_2) = \begin{vmatrix} 1 - \lambda & -\frac{1}{2} \\ -\frac{1}{2} & 1 - \lambda \end{vmatrix} = 0 \Leftrightarrow (1 - \lambda)^2 = \left(\frac{1}{2}\right)^2.$$

Also sind die Eigenwerte $\lambda_1 = \frac{1}{2}$ und $\lambda_2 = \frac{3}{2}$. Die zugehörigen Eigenvektoren ergeben sich aus den linearen Gleichungssystemen

$$\begin{pmatrix} \frac{1}{2} & -\frac{1}{2} \\ -\frac{1}{2} & \frac{1}{2} \end{pmatrix} \cdot \begin{pmatrix} x \\ y \end{pmatrix} = 0, \quad \begin{pmatrix} -\frac{1}{2} & -\frac{1}{2} \\ -\frac{1}{2} & -\frac{1}{2} \end{pmatrix} \cdot \begin{pmatrix} x \\ y \end{pmatrix} = 0.$$

Diejenigen Eigenvektoren mit normierter Länge sind gegeben durch

$$p_1 = \left(\frac{1}{\sqrt{2}}, \frac{1}{\sqrt{2}}\right), p_2 = \left(-\frac{1}{\sqrt{2}}, -\frac{1}{\sqrt{2}}\right),$$
$$p_3 = \left(\frac{1}{\sqrt{2}}, -\frac{1}{\sqrt{2}}\right), p_4 = \left(-\frac{1}{\sqrt{2}}, \frac{1}{\sqrt{2}}\right).$$

Schließlich vergleichen wir die Funktionswerte:

$$f(p_0) = 0,$$

$$f(p_1) = f(p_2) = \frac{1}{2},$$

$$f(p_3) = f(p_4) = \frac{3}{2}$$

Also ist p_0 das Minimum von f, und p_3 und p_4 sind die Maxima.

IV. Der maximale Definitionsbereich ist gegeben durch alle Punkte $(x, y, z) \in \mathbb{R}^3$, für die der Nennerterm $x^2 + y^2$ nicht verschwindet:

$$D = \{(x, y, z) \in \mathbb{R}^3 | x^2 + y^2 \neq 0\} = \mathbb{R}^3 \setminus \{(x, y, z) \in \mathbb{R}^3 | x = y = 0\}$$

(Also der gesamte Raum $\mathbb{R}^3$ ohne die z-Achse.) Diese Menge ist nicht konvex, da z. B. die Verbindungsstrecke zwischen den Punkten $(-1, 0, 0) \in D$ und $(1, 0, 0) \in D$ nicht ganz in D enthalten ist. Für die Rotation von v gilt:

$$\operatorname{rot} v(x, y, z) = \begin{pmatrix} \frac{\partial v_3}{\partial y}(x, y, z) - \frac{\partial v_2}{\partial z}(x, y, z) \\[2mm] \frac{\partial v_1}{\partial z}(x, y, z) - \frac{\partial v_3}{\partial x}(x, y, z) \\[2mm] \frac{\partial v_2}{\partial x}(x, y, z) - \frac{\partial v_1}{\partial y}(x, y, z) \end{pmatrix}$$

$$= \begin{pmatrix} \frac{\partial}{\partial y}(0) - \frac{\partial}{\partial z}\left(\frac{x}{x^2+y^2}\right) \\[2mm] \frac{\partial}{\partial z}\left(\frac{-y}{x^2+y^2}\right) - \frac{\partial}{\partial x}(0) \\[2mm] \frac{\partial}{\partial x}\left(\frac{x}{x^2+y^2}\right) - \frac{\partial}{\partial y}\left(\frac{-y}{x^2+y^2}\right) \end{pmatrix}$$

$$= \begin{pmatrix} 0 \\ 0 \\ \frac{1\cdot(x^2+y^2)-2x\cdot x}{(x^2+y^2)^2} - \frac{-1\cdot(x^2+y^2)-2y\cdot(-y)}{(x^2+y^2)^2} \end{pmatrix} = \begin{pmatrix} 0 \\ 0 \\ 0 \end{pmatrix}$$

Eine geeignete Parametrisierung der gewünschten Kreislinie ist z. B. wie folgt gegeben:

$$\gamma \colon [0, 2\pi] \to \mathbb{R}^3, \ \gamma(t) = R \begin{pmatrix} \cos t \\ \sin t \\ 0 \end{pmatrix},$$

der Tangentialvektor durch

$$\gamma'(t) = R \begin{pmatrix} -\sin t \\ \cos t \\ 0 \end{pmatrix}$$

für alle $t \in [0, 2\pi]$. Das Kurvenintegral von v entlang γ berechnet sich daher zu:

$$\int_\gamma v \cdot ds = \int_0^{2\pi} \langle v(\gamma(t)), \gamma'(t) \rangle \, dt$$

$$= \int_0^{2\pi} \left\langle \frac{1}{(\cos t)^2 + (\sin t)^2} \begin{pmatrix} -\sin t \\ \cos t \\ 0 \end{pmatrix}, R \begin{pmatrix} -\sin t \\ \cos t \\ 0 \end{pmatrix} \right\rangle dt$$

$$= \int_0^{2\pi} R((-\sin t)^2 + (\cos t)^2) \, dt = 2\pi R$$

Integrale von Potenzialfeldern über geschlossene Kurven haben stets den Wert Null; deswegen kann v kein Potenzial besitzen.

Die Menge Q ist offen und konvex. Da das Vektorfeld v nach obiger Rechnung wirbelfrei ist, besitzt es ein Potenzial auf Q. Die Bedingung $v = -\operatorname{grad} u$ führt auf die drei Gleichungen:

$$\frac{\partial u}{\partial x}(x, y, z) = \frac{y}{x^2 + y^2},$$

$$\frac{\partial u}{\partial y}(x, y, z) = -\frac{x}{x^2 + y^2},$$

$$\frac{\partial u}{\partial z}(x, y, z) = 0$$

Die letzte Gleichung sagt uns, dass in $u(x, y, z)$ die Variable z gar nicht auftaucht. Wir integrieren nun die erste Gleichung mithilfe der Substitution $\xi = \frac{x}{y}$:

$$u(x, y, z) = \int \frac{y}{x^2 + y^2} \, dx + C(y)$$

$$= \int \frac{y}{y^2} \cdot \frac{1}{1 + \left(\frac{x}{y}\right)^2} \, dx + C(y)$$

$$= \int \frac{1}{1 + \xi^2} \, d\xi + C(y)$$

$$= \arctan \xi + C(y) = \arctan\left(\frac{x}{y}\right) + C(y)$$

Berechnen wir von diesem Ergebnis die partielle Ableitung nach y:

$$\frac{\partial u}{\partial y}(x, y, z) = \frac{\partial}{\partial y}\left(\arctan\left(\frac{x}{y}\right)\right) + C'(y) \tag{22.1}$$

$$= -\frac{x}{y^2} \cdot \frac{1}{1 + \left(\frac{x}{y}\right)^2} + C'(y) \tag{22.2}$$

$$= -\frac{x}{x^2 + y^2} + C'(y) \tag{22.3}$$

Ein Vergleich mit der letzten noch zu erfüllenden Grundgleichung ergibt, dass $C'(y) = 0$ sein muss, folglich ist C konstant. Wir können für diese Konstante z. B. Null wählen und erhalten schließlich:

$$u(x, y, z) = \arctan\left(\frac{x}{y}\right)$$

(Unter Umständen haben Sie das Ergebnis $u(x, y, z) = -\arctan\left(\frac{y}{x}\right)$; dieses unterscheidet sich tatsächlich nur bis auf eine Konstante vom obigen und ist gleichfalls richtig.)

Die Bedingung $\alpha_1 > 0$ bedeutet, dass α vollständig im Halbraum $H = \{(x, y, z) \in \mathbb{R}^3 | x > 0\}$ verläuft. Nun ist H ebenso wie Q eine konvexe Menge, sodass v auch auf H ein Potenzial besitzt. Die Bedingung $\alpha(0) = \alpha(1)$ bedeutet weiterhin dass α eine geschlossene Kurve ist. Integrale von Potenzialfeldern über geschlossene Kurven verschwinden jedoch stets: $\int_\alpha v \cdot ds = 0$.

V. Der Tangentialvektor an das Parabelstück ist gegeben durch

$$\gamma'(t) = \begin{pmatrix} 1 \\ t \end{pmatrix},$$

das Bogenlängenintegral ist somit also

$$L_{0,1}(\gamma) = \int_0^1 \|\gamma'(t)\|\, dt = \int_0^1 \sqrt{1 + t^2}\, dt.$$

Wir wollen jetzt die Substitution $t = \sinh x$ durchführen. Um auch die Grenzen substituieren zu können, wollen wir die Stellen berechnen, an denen Sinus Hyperbolicus den Wert $t = 0$ bzw. $t = 1$ annimmt. Diese sind eindeutig bestimmt, da $\sinh$ streng monoton steigt, denn es gilt $\frac{d}{dx}(\sinh x) = \cosh x > 0$ für alle $x \in \mathbb{R}$. Für die Stelle $t = 1$ ist die Gleichung

$$\frac{1}{2}(e^x - e^{-x}) = 1$$

zu lösen. Das gelingt durch die Ersetzung $u = e^x > 0$:

$$\frac{1}{2}\left(u - \frac{1}{u}\right) = 1 \Leftrightarrow u - \frac{1}{u} = 2 \Leftrightarrow u^2 - 1 = 2u \Leftrightarrow u = 1 + \sqrt{2}$$

Also gilt $\sinh(\ln(1 + \sqrt{2})) = 1$. Genauso sehen wir $\sinh(0) = 0$. Damit ergibt sich:

$$L_{0,1}(\gamma) = \int_0^1 \sqrt{1 + t^2}\, dt$$

$$= \int_0^{\ln(1+\sqrt{2})} \sqrt{1 + (\sinh x)^2}\, \cosh x\, dx$$

$$= \int_0^{\ln(1+\sqrt{2})} \sqrt{(\cosh x)^2} \cosh x \, dx$$

$$= \int_0^{\ln(1+\sqrt{2})} |\cosh x| \cosh x \, dx$$

$$= \int_0^{\ln(1+\sqrt{2})} (\cosh x)^2 \, dx$$

Der Integrand ist ein Produkt, nämlich $\cosh(x) \cdot \cosh(x)$. Es kann eine partielle Integration durchgeführt werden, um die Stammfunktion zu bestimmen:

$$\int (\cosh x)^2 \, dx = \sinh x \cosh x - \int (\sinh x)^2 \, dx$$

$$= \sinh x \cosh x - \int (-1 + (\cosh x)^2) \, dx$$

$$= \sinh x \cosh x + x - \int (\cosh x)^2 \, dx,$$

also

$$\int (\cosh x)^2 \, dx = \frac{1}{2}(\sinh x \cosh x + x) + \text{konst.}$$

Somit ergibt sich schließlich:

$$L_{0,1}(\gamma) = \int_0^{\ln(1+\sqrt{2})} (\cosh x)^2 \, dx$$

$$= \frac{1}{2}(\sinh x \cosh x + x) \Big|_{x=0}^{\ln(1+\sqrt{2})}$$

$$= \frac{1}{2}\left(\sinh x \sqrt{1 + (\sinh x)^2} + x\right) \Big|_{x=0}^{\ln(1+\sqrt{2})}$$

$$= \frac{1}{2}(\sqrt{2} + \ln(1 + \sqrt{2}))$$

Ohne partielle Integration können wir das Integral auch wie folgt „zu Fuß" berechnen:

$$L_{0,1}(\gamma) = \int_0^{\ln(1+\sqrt{2})} (\cosh x)^2 \, dx$$

$$= \int_0^{\ln(1+\sqrt{2})} \frac{1}{4}(e^x + e^{-x})^2 \, dx$$

$$= \int_0^{\ln(1+\sqrt{2})} \frac{1}{4}(e^{2x} + 2 + e^{-2x}) \, dx$$

$$= \left(\frac{1}{8}e^{2x} + \frac{1}{2}x - \frac{1}{8}e^{-2x}\right) \Big|_{x=0}^{\ln(1+\sqrt{2})}$$

$$= \frac{1}{8}(1 + \sqrt{2})^2 + \frac{1}{2}\ln(1 + \sqrt{2}) - \frac{1}{8}\frac{1}{(1 + \sqrt{2})^2}$$

Bringen wir den ersten und letzten Term auf einen Nenner, und machen diesen rational, so kommen wir auf dasselbe Ergebnis wie oben.

VI. Sei $B^* = \{(x, y) \in \mathbb{R}^2 | -\frac{\pi}{2} \leq x \leq \frac{\pi}{2}, 0 \leq y \leq \cos x\}$. Dann gilt:

$$\iiint_B dx\,dy\,dz = \iint_{B^*} \left(\int_0^{1-y} dz\right) dx\,dy$$

$$= \iint_{B^*} (1 - y)\,dx\,dy$$

$$= \int_{-\frac{\pi}{2}}^{\frac{\pi}{2}} \left(\int_0^{\cos x} (1 - y)\,dy\right) dx$$

$$= \int_{-\frac{\pi}{2}}^{\frac{\pi}{2}} \left(\cos x - \frac{1}{2}\cos^2 x\right) dx$$

Durch partielle Integration finden wir $\int \cos^2 x\,dx = \frac{1}{2}(x + \sin x \cos x) + \text{konst.}$, also weiterhin

$$\iiint_B dx\,dy\,dz = \left.\left(\sin x - \frac{1}{4}(x + \sin x \cos x)\right)\right|_{x=-\frac{\pi}{2}}^{\frac{\pi}{2}} = 2 - \frac{\pi}{4}.$$

VII. Es ist über den Viertelkreis zu integrieren; der Polarwinkel ϕ läuft also nur von 0 bis $\frac{\pi}{2}$:

$$\iint_B f(x, y)\,dx\,dy = \iint_B x \cdot y\,dx\,dy$$

$$= \int_0^1 \left(\int_0^{\frac{\pi}{2}} r\cos(\phi) \cdot r\sin(\phi)\,d\phi\right) r\,dr$$

$$= \int_0^1 \left(\int_0^{\frac{\pi}{2}} \frac{1}{2}\sin(2\phi)\,d\phi\right) r^3\,dr$$

$$= \int_0^1 \left(-\frac{1}{4}\cos(2\phi)\Big|_{\phi=0}^{\frac{\pi}{2}}\right) r^3\,dr$$

$$= \frac{1}{2} \cdot \frac{1}{4}r^4\Big|_{r=0}^{1} = \frac{1}{8}$$

VIII. Eine mögliche Parametrisierung von H ist wie folgt gegeben:

$$\psi \colon [0, 2\pi] \times [0, \tfrac{\pi}{2}] \to \mathbb{R}^3, \ \psi(\phi, \theta) = \begin{pmatrix} \cos\theta\cos\phi \\ \cos\theta\sin\phi \\ \sin\theta \end{pmatrix}$$

Der Normalenvektor an H berechnet sich zu

$$\frac{\partial \psi}{\partial \phi}(\phi, \theta) \times \frac{\partial \psi}{\partial \theta}(\phi, \theta) = \cos \theta \begin{pmatrix} \cos \theta \cos \phi \\ \cos \theta \sin \phi \\ \sin \theta \end{pmatrix},$$

und für die Rotation von X erhalten wir

$$\operatorname{rot} X(x, y, z) = \begin{pmatrix} 0 \\ 0 \\ 2 \end{pmatrix}.$$

Das Flussintegral von $\operatorname{rot} X$ über H bzw. ψ ist daher:

$$\iint_H \operatorname{rot} X \cdot dO = \iint_{[0,2\pi] \times [0,\frac{\pi}{2}]} \langle (\operatorname{rot} X \circ \psi)(\phi, \theta), \partial_\phi \psi(\phi, \theta) \times \partial_\theta \psi(\phi, \theta) \rangle \, d\phi d\theta$$

$$= \iint_{[0,2\pi] \times [0,\frac{\pi}{2}]} \left\langle \begin{pmatrix} 0 \\ 0 \\ 2 \end{pmatrix}, \cos \theta \begin{pmatrix} \cos \theta \cos \phi \\ \cos \theta \sin \phi \\ \sin \theta \end{pmatrix} \right\rangle \, d\phi d\theta$$

$$= \int_0^{2\pi} \left(\int_0^{\frac{\pi}{2}} 2 \cos \theta \sin \theta \, d\theta \right) d\phi$$

$$= \int_0^{2\pi} \left(\int_0^{\frac{\pi}{2}} \sin(2\theta) \, d\theta \right) d\phi$$

$$= 2\pi \left(-\frac{1}{2} \cos 2\theta \right) \Big|_{\theta=0}^{\frac{\pi}{2}} = 2\pi$$

Die einzige Randkurve von H, die einen Beitrag zum Kurvenintegral über X liefert, ist die Kreislinie γ in der x-y-Ebene:

$$\gamma \colon [0, 2\pi] \to \mathbb{R}^3, \ \gamma(t) = \psi(t, 0) = \begin{pmatrix} \cos t \\ \sin t \\ 0 \end{pmatrix}$$

Somit ergibt sich

$$\int_{\partial H} X \cdot ds = \int_\gamma X \cdot ds$$

$$= \int_0^{2\pi} \langle X(\gamma(t)), \gamma'(t) \rangle \, dt$$

$$= \int_0^{2\pi} \left\langle \begin{pmatrix} -\sin t \\ \cos t \\ 0 \end{pmatrix}, \begin{pmatrix} -\sin t \\ \cos t \\ 0 \end{pmatrix} \right\rangle \, dt = 2\pi.$$

Wie erwartet gilt also

$$\iint_H \operatorname{rot} X \cdot dO = \int_{\partial H} X \cdot ds.$$

IX. Zum Beweis der ersten Formel benötigen wir den Satz von Gauß und eine der Produktregeln für die Divergenz:

$$\iint_{\partial G} f \operatorname{grad} g \cdot dO = \iiint_G \operatorname{div}(f \operatorname{grad} g)\, dV$$

$$= \iiint_G (f \operatorname{div}(\operatorname{grad} g) + \langle \operatorname{grad} f, \operatorname{grad} g \rangle)\, dV$$

$$= \iiint_G (f \triangle g + \langle \operatorname{grad} f, \operatorname{grad} g \rangle)\, dV$$

Die zweite Formel erhalten wir aus der ersten wie folgt:

$$\iint_{\partial G} (f \operatorname{grad} g - g \operatorname{grad} f) \cdot dO =$$

$$\iint_{\partial G} f \operatorname{grad} g \cdot dO - \iint_{\partial G} g \operatorname{grad} f \cdot dO =$$

$$\iiint_G (f \triangle g + \langle \operatorname{grad} f, \operatorname{grad} g \rangle)\, dV - \iiint_G (g \triangle f + \langle \operatorname{grad} g, \operatorname{grad} f \rangle)\, dV =$$

$$\iiint_G (f \triangle g - g \triangle f)\, dV$$

Differenzialgleichungen

I. Die vorliegende Differenzialgleichung ist eine lineare, inhomogene Differenzialgleichung mit konstanten Koeffizienten, wobei die Inhomogenität durch $b(t) = 20\sin(t) - 20\cos(t)$ gegeben ist. Die zugehörige homogene Gleichung ist

$$x''' + x'' - 5x' + 3x = 0$$

mit dem charakteristischen Polynom

$$p(z) = z^3 + z^2 - 5z + 3.$$

Durch Raten erhalten wir z. B. die Nullstelle $\lambda_1 = 1$, und beispielsweise durch Polynomdivision die weiteren Nullstellen $\lambda_2 = 1$ und $\lambda_3 = -3$. Somit sind die Lösungen der homogenen Differenzialgleichung gegeben durch die Linearkombinationen

$$x_H(t) = Ae^t + Bte^t + Ce^{-3t}$$

mit $A, B, C \in \mathbb{R}$. Um eine partikuläre Lösung der inhomogenen Gleichung zu finden, können wir den Ansatz $x_P(t) = a\sin(t) + b\cos(t)$ mit $a, b \in \mathbb{R}$ machen. Dieser führt durch Einsetzen in die ursprüngliche Differenzialgleichung auf

$$(2a + 6b)\sin(t) + (-6a + 2b)\cos(t) = 20\sin(t) - 20\cos(t)$$

bzw. auf das lineare Gleichungssystem

$$2a + 6b = 20,$$
$$-6a + 2b = -20.$$

Die Lösung ist gegeben durch $a = 4$, $b = 2$. Somit lautet die allgemeine Lösung der inhomogenen Differenzialgleichung:

$$x(t) = x_H(t) + x_P(t) = Ae^t + Bte^t + Ce^{-3t} + 4\sin(t) + 2\cos(t)$$

Setzen wir diese in die Anfangswertbedingung $x(0) = x'(0) = x''(0) = 0$ ein, ergibt sich wiederum ein lineares Gleichungssystem in A, B und C:

$$0 = x(0) = A + C + 2,$$
$$0 = x'(0) = A + B - 3C + 4,$$
$$0 = x''(0) = A + 2B + 9C - 2;$$

oder als erweiterte Koeffizientenmatrix geschrieben:

$$\begin{pmatrix} 1 & 0 & 1 & \bigm| & -2 \\ 1 & 1 & -3 & \bigm| & -4 \\ 1 & 2 & 9 & \bigm| & 2 \end{pmatrix}$$

Über den Gauß-Algorithmus finden wir $A = -\frac{5}{2}$, $B = 0$, $C = \frac{1}{2}$, folglich wird das Anfangswertproblem durch

$$x(t) = -\frac{5}{2}e^t + \frac{1}{2}e^{-3t} + 4\sin(t) + 2\cos(t)$$

gelöst.

II. Die Koeffizientenmatrix ist gegeben durch

$$A = \begin{pmatrix} -6 & 4 \\ 4 & 0 \end{pmatrix};$$

ihr charakteristisches Polynom berechnet sich zu

$$p_A(z) = \begin{vmatrix} -6 - z & 4 \\ 4 & -z \end{vmatrix} = (-6 - z) \cdot (-z) - 4 \cdot 4 = z^2 + 6z - 16$$

Die Eigenwerte von A sind die Nullstellen dieses Polynoms: $\lambda_1 = 2$, $\lambda_2 = -8$. In dieser Reihenfolge der Eigenwerte ist die Diagonalform von A also gegeben durch

$$D = \begin{pmatrix} 2 & 0 \\ 0 & -8 \end{pmatrix}.$$

Zu $\lambda_{1/2}$ gehörige Eigenvektoren sind z. B.

$$v_1 = \begin{pmatrix} 1 \\ 2 \end{pmatrix}, v_2 = \begin{pmatrix} -2 \\ 1 \end{pmatrix}.$$

Dies sind auch die Spalten der entsprechenden Transformationsmatrix S^{-1}, deren Inverse S z. B. mit dem Gauß-Algorithmus gefunden werden kann (oder durch die Beobachtung, dass S^{-1} ein Vielfaches einer orthogonalen Matrix ist):

$$S^{-1} = \begin{pmatrix} 1 & -2 \\ 2 & 1 \end{pmatrix}, S = \frac{1}{5}(S^{-1})^T = \frac{1}{5}\begin{pmatrix} 1 & 2 \\ -2 & 1 \end{pmatrix}$$

Somit ergibt sich die gesuchte Lösung des Anfangswertproblems zu:

$$\begin{pmatrix} x(t) \\ y(t) \end{pmatrix} = e^{tA} \cdot \begin{pmatrix} x(0) \\ y(0) \end{pmatrix}$$

$$= S^{-1} \cdot e^{tD} \cdot S \cdot \begin{pmatrix} x(0) \\ y(0) \end{pmatrix}$$

$$= \begin{pmatrix} 1 & -2 \\ 2 & 1 \end{pmatrix} \cdot \begin{pmatrix} e^{2t} & 0 \\ 0 & e^{-8t} \end{pmatrix} \cdot \frac{1}{5}\begin{pmatrix} 1 & 2 \\ -2 & 1 \end{pmatrix} \cdot \begin{pmatrix} 1 \\ -1 \end{pmatrix}$$

$$= \frac{1}{5}\begin{pmatrix} 1 & -2 \\ 2 & 1 \end{pmatrix} \cdot \begin{pmatrix} e^{2t} & 0 \\ 0 & e^{-8t} \end{pmatrix} \cdot \begin{pmatrix} -1 \\ -3 \end{pmatrix}$$

$$= \frac{1}{5}\begin{pmatrix} 1 & -2 \\ 2 & 1 \end{pmatrix} \cdot \begin{pmatrix} -e^{2t} \\ -3e^{-8t} \end{pmatrix}$$

$$= \frac{1}{5} \begin{pmatrix} -e^{2t} + 6e^{-8t} \\ -2e^{2t} - 3e^{-8t} \end{pmatrix}$$

mit $t \in \mathbb{R}$.

III. Die vorliegende Gleichung ist eine lineare, inhomogene Differenzialgleichung zweiter Ordnung. Zwei linear unabhängige Lösungen der zugehörigen homogenen Gleichung $x'' - x = 0$ sind leicht zu finden: $x_1(t) = e^t$ und $x_2(t) = e^{-t}$. Mit der Substitution $v(t) = x'(t)$ können wir in ein Differenzialgleichungssystem erster Ordnung umschreiben:

$$\begin{pmatrix} x'(t) \\ v'(t) \end{pmatrix} = \begin{pmatrix} 0 & 1 \\ 1 & 0 \end{pmatrix} \cdot \begin{pmatrix} x(t) \\ v(t) \end{pmatrix} + \begin{pmatrix} 0 \\ \frac{2e^t}{1+e^t} \end{pmatrix}$$

Für dieses kann sogleich ein Fundamentalsystem angegeben werden; $v_{1/2}$ ergibt sich einfach durch Ableiten von $x_{1/2}$:

$$\begin{pmatrix} x_1(t) \\ v_1(t) \end{pmatrix} = \begin{pmatrix} e^t \\ e^t \end{pmatrix}, \begin{pmatrix} x_2(t) \\ v_2(t) \end{pmatrix} = \begin{pmatrix} e^{-t} \\ -e^{-t} \end{pmatrix}$$

Variation der Konstanten führt auf

$$A'(t) \cdot \begin{pmatrix} e^t \\ e^t \end{pmatrix} + B'(t) \begin{pmatrix} e^{-t} \\ -e^{-t} \end{pmatrix} = \begin{pmatrix} 0 \\ \frac{2e^t}{1+e^t} \end{pmatrix}.$$

Durch Auflösen erhalten wir

$$A'(t) = \frac{1}{1+e^t}, \, B'(t) = -\frac{e^t}{1+e^t}.$$

Weiterhin durch Integrieren (es wird jeweils $u = e^t$ substituiert):

$$A(t) = \int \frac{1}{1+e^t} dt$$
$$= \int \frac{1}{1+u} \frac{du}{u}$$
$$= \int \left(\frac{1}{u} - \frac{1}{1+u} \right) du$$
$$= t - \ln(1 + e^t) + \text{konst.},$$

$$B(t) = -\int \frac{e^{2t}}{1+e^t} dt$$
$$= -\int \frac{u^2}{1+u} \frac{du}{u}$$
$$= -\int \left(1 - \frac{1}{1+u} \right) du$$
$$= -e^t + \ln(1 + e^t) + \text{konst.}$$

Die Integrationskonstanten können zu Null gewählt werden. Damit ergibt sich als eine partikuläre Lösung (uns interessiert nur die Komponente $x(t)$; $v(t)$ ist einfach die Ableitung):

$$
\begin{aligned}
x_P(t) &= A(t)e^t + B(t)e^{-t} \\
&= \left(t - \ln(1 + e^t)\right)e^t + \left(-e^t + \ln(1 + e^t)\right)e^{-t} \\
&= te^t + \ln(1 + e^t)(e^{-t} - e^t) - 1
\end{aligned}
$$

IV. Die Differenzialgleichung ist von der Form

$$
x'(t) = h(t, x(t))
$$

mit $h \colon \mathbb{R} \times \mathbb{R} \to \mathbb{R}$, $h(t, x) = 1 - x^2$, und h ist offensichtlich stetig partiell differenzierbar. Somit gibt es genau eine Lösung des Anfangswertproblems mit maximalem Definitionsbereich.

Darüber hinaus ist die Gleichung separabel – wir erhalten durch Integration

$$
\int_0^{x(t)} \frac{du}{1 - u^2} = \int_0^t du
$$

für vom Betrage her hinreichend kleine Werte t, für welche $|x(t)| < 1$ gilt.

Das Integral auf der rechten Seite ist trivial, auf der linken Seite kann eine einfache Partialbruchzerlegung durchgeführt werden:

$$
\begin{aligned}
\int_0^{x(t)} \frac{du}{1 - u^2} &= \int_0^{x(t)} \frac{1}{2}\left(\frac{1}{1 - u} + \frac{1}{1 + u}\right) du \\
&= \frac{1}{2}\left(-\ln|1 - u| + \ln|1 + u|\right)\big|_0^{x(t)} \\
&= \frac{1}{2}\ln\left|\frac{1 + x(t)}{1 - x(t)}\right|
\end{aligned}
$$

Der Term in den Betragsstrichen ist wegen $|x(t)| < 1$ positiv. Damit ergibt sich die Gleichung

$$
\frac{1}{2}\ln\left(\frac{1 + x(t)}{1 - x(t)}\right) = t.
$$

Diese kann für alle $t \in \mathbb{R}$ durch Äquivalenzumformungen nach $x(t)$ umgestellt werden:

$$
x(t) = \frac{e^{2t} - 1}{e^{2t} + 1}
$$

Für alle $t \in \mathbb{R}$ haben wir:

$$
|x(t)| = \left|1 - \frac{2}{e^{2t} + 1}\right| < 1
$$

Das ist also der gesuchte Funktionsterm der Lösung $x \colon I \to \mathbb{R}$, mit $I = \mathbb{R}$. Davon können wir uns auch durch Einsetzen in die ursprüngliche Differenzialgleichung überzeugen.

V. Der Abstand zwischen zwei Lösungen $\tilde{x}, x \colon \mathbb{R} \to \mathbb{R}^2$ bleibt konstant:

$$\|\tilde{x}(t) - x(t)\| = \|R_{t,t_0}\tilde{x}_0 - R_{t,t_0}x_0\| = \|R_{t,t_0}(\tilde{x}_0 - x_0)\| = \|\tilde{x}_0 - x_0\|$$

Sei $\epsilon > 0$. Wählen wir $\delta = \epsilon$, so erhalten wir

$$\|\tilde{x}_0 - x_0\| < \delta \Rightarrow \|\tilde{x}(t) - x(t)\| = \|\tilde{x}_0 - x_0\| < \delta = \epsilon.$$

Diese Wahl von δ hängt nicht vom Anfangswert t_0 ab, folglich sind die Lösungen gleichmäßig stabil. Darüber hinaus gilt

$$\lim_{t \to \infty} \|\tilde{x}(t) - x(t)\| = \lim_{t \to \infty} \|\tilde{x}_0 - x_0\| = \|\tilde{x}_0 - x_0\|.$$

Insbesondere haben wir für alle $\tilde{\delta} > 0$:

$$\|\tilde{x}_0 - x_0\| = \frac{\tilde{\delta}}{2} < \tilde{\delta} \Rightarrow \lim_{t \to \infty} \|\tilde{x}(t) - x(t)\| = \frac{\tilde{\delta}}{2} \neq 0;$$

somit können die Lösungen nicht asymptotisch stabil sein.

VI. Setzen wir den vorgegebenen Produktansatz in die Differenzialgleichung ein, ergibt sich

$$X''(x)T(t) = X(x)T'(t) \Leftrightarrow \frac{X''(x)}{X(x)} = \frac{T'(t)}{T(t)},$$

wobei wir für den Moment davon ausgehen, dass X und T nirgends verschwinden. Rechte und linke Seite der Gleichung müssen konstant sein:

$$\frac{X''(x)}{X(x)} = \lambda, \ \frac{T'(t)}{T(t)} = \lambda$$

mit $\lambda \in \mathbb{R}$. Die allgemeine Lösung der Differenzialgleichung für T ist $T(t) = T_0 e^{\lambda t}$ mit $T_0 \in \mathbb{R}$. Für die Differenzialgleichung für X können wir zunächst eine Fallunterscheidung machen:

$$\lambda > 0 \colon X(x) = X_1 e^{\omega x} + X_2 e^{-\omega x},$$
$$\lambda = 0 \colon X(x) = X_1 + X_2 x,$$
$$\lambda < 0 \colon X(x) = X_1 \sin(\omega x) + X_2 \cos(\omega x)$$

mit $\omega = \sqrt{|\lambda|}$ und $X_1, X_2 \in \mathbb{R}$. Die erste Randwertbedingung $u(0,0) = 0$ führt auf $T_0 = 0$ (trivialer Fall $u = 0$) oder jeweils auf die Gleichung:

$$\lambda > 0 \colon X_1 + X_2 = 0,$$
$$\lambda = 0 \colon X_1 = 0,$$
$$\lambda < 0 \colon X_2 = 0$$

Zusammen mit der zweiten Bedingung $u(L,0) = 0$ ergibt sich somit

$$\lambda > 0\colon X_1(e^{\omega L} - e^{-\omega L}) = 0,$$
$$\lambda = 0\colon X_2 = 0,$$
$$\lambda < 0\colon X_1 \sin(\omega L) = 0.$$

Die einzige Möglichkeit, diese Bedingung zu erfüllen, ohne dass X identisch verschwindet, ist der Fall $\lambda < 0$, $\omega = k\frac{\pi}{L}$ mit $k \in \mathbb{Z}$; d. h. $\lambda = -k^2 \frac{\pi^2}{L^2}$. Also ist für alle $C \in \mathbb{R}$ (setze $C = T_0 X_1$) und $k \in \mathbb{Z}$

$$u_{k,C}(x,t) = C \sin\left(k\frac{\pi}{L}x\right) e^{-k^2 \frac{\pi^2}{L^2} t}$$

eine der gesuchten Lösungen. (Es genügt offensichtlich auch, z. B. nur $C \geq 0$ zu betrachten, da $u_{k,-C} = u_{-k,C}$ gilt.)

Durch Einsetzen in die Wärmeleitungsgleichung können wir uns davon überzeugen, dass die frühere Annahme, dass X und T nirgends verschwinden, keine Auswirkungen auf die Richtigkeit dieser Lösungsgesamtheit hat.

VII. Zunächst halten wir fest, dass vermöge der Kettenregel gilt:

$$\frac{d}{dt}\left(L(f(t), f'(t))\right) = \left(\tfrac{\partial L}{\partial x}(f(t), f'(t)) \quad \tfrac{\partial L}{\partial v}(f(t), f'(t))\right) \cdot \frac{d}{dt}\begin{pmatrix} f(t) \\ f'(t) \end{pmatrix}$$

$$= f'(t)\frac{\partial L}{\partial x}(f(t), f'(t)) + f''(t)\frac{\partial L}{\partial v}(f(t), f'(t))$$

Damit ergibt sich für die Ableitung von H:

$$\frac{dH}{dt}(t) = \frac{d}{dt}\left(L(f(t), f'(t))\right) - f'(t)\frac{d}{dt}\left(\frac{\partial L}{\partial v}(f(t), f'(t))\right) - f''(t)\frac{\partial L}{\partial v}(f(t), f'(t))$$

$$= f'(t)\left(\frac{\partial L}{\partial x}(f(t), f'(t)) - \frac{d}{dt}\left(\frac{\partial L}{\partial v}(f(t), f'(t))\right)\right)$$

Dieser Term verschwindet, sofern f die Euler-Lagrange-Gleichung erfüllt. Da H auf einem Intervall definiert ist, muss H in diesem Fall konstant sein.

Literatur und Ausklang

Wohl kein neues Buch zu den hier behandelten Themen kann und sollte vom mathematischen Inhalt her etwas Neues bieten: Es handelt sich in großen Teilen um Folklore. Definitionen sollten nicht neu erfunden werden (sofern die alten allgemein akzeptiert sind) und es gibt Beweise, die können nicht mit gutem Gewissen verändert werden. Die Aufgabe von Autoren ist es, das Ganze geschickt zu präsentieren, gegebenenfalls neu zu beleuchten und allem einen eigenen Stil zu geben; das haben wir nach Kräften getan. Wir lernten dabei von anderen Autoren, von den Dozenten unserer eigenen Vorlesungen, von Diskussionen mit anderen Studierenden unserer jeweiligen Studienzeit und aus den vielen Gesprächen über die Inhalte des Buches, die wir teils kämpferisch führten.

Einige der Bücher unten sind Standardwerke, aus anderen lernten wir selbst, andere sollten Sie vielleicht gesehen haben. Wir wollen Ihnen beim weiteren bzw. parallelen Studium Bemerkungen auf den Weg geben (die wirklich nicht vollständig sind, aber etwas Orientierung liefern):

- **M. Barner, F. Flohr, Analysis 1** (de Gruyter, 2000).
  Ein klassisches Werk mit viel Inhalt, das besonders für Mathematiker empfehlenswert ist. Es enthält einige Konzepte und interessante Beispiele, die wir nicht in jedem Analysis-Kurs kennenlernen. Es gehört zu Matthias' liebster Buchreihe über Analysis.

- **„Der Bronstein"** (Europa-Lehrmittel, 2016).
  Sagen Sie nichts – uns ist klar, dass sich dies nicht wirklich als vollständige Literaturempfehlung verwenden lässt. Aber begeben Sie sich bitte selbst auf die Suche. Das Buch gab es über die Jahre von vielen Verlagen, in vielen Sprachen und abenteuerlichen Papierqualitäten. Aber der Ingenieur muss es haben, alle anderen sollten. Jeder Mitarbeiter einer wissenschaftlichen Buchhandlung müsste es aus dem Ärmel ziehen können. Leider ist im Jargon der Nutzer diese Buches der Name des zweiten Autors verloren gegangen: K. A. Semendjajew.

- **R. Courant, Vorlesungen über Differential- und Integralrechnung, Bände 1 und 2** (Springer, 1969).
  Ein Klassiker. Es halten sich Gerüchte, nach denen dieses Buch zu großen Teilen von Studenten geschrieben wurde. Wie auch immer, der auf dem Titel genannte Mathematiker ist einer der großen seines Faches gewesen,

© Springer-Verlag GmbH Deutschland 2019
M. Plaue und M. Scherfner, *Mathematik für das Bachelorstudium II*,
https://doi.org/10.1007/978-3-8274-2557-7

dem die Mathematik und Physik viel zu verdanken haben. Es liest sich eher wie ein Roman als wie ein Lehrbuch.

- **O. Forster, Analysis 1 und 2** (Springer-Spektrum, 2015 und 2017).
  Ein absolutes Standardwerk. Nüchtern, wie Mathematik nun einmal sein kann. Aber lehrreich, wenn es auch teils an eine Definition-Satz-Beweis-Sammlung erinnert, dem Buch von Fischer nicht ganz unähnlich.

- **H. Heuser, Lehrbuch der Analysis 1** (Vieweg+Teubner, 2006).
  Mike findet es wunderbar! Ein wenig die moderne Variante des Courant. Mit vielen Anwendungsbeispielen.

- **F. Reinhardt, H. Soeder, dtv-Atlas Mathematik, Bände 1 und 2** (dtv-Verlag, 1998).
  Wir blättern gerne einmal auch in diesem Buch. Es ist nicht immer auf dem neuesten Stand, was z. B. Bezeichnungen angeht. Allerdings ist es ein kleines Rätsel, wie so viel wichtige Mathematik hübsch präsentiert in zwei so kleine Bände passt.

- **R. Wüst, Mathematik für Physiker und Mathematiker, Bände 1 und 2** (Wiley-VCH, 2009).
  Ein schönes Buch eines Kollegen, das viel Wert auf Vollständigkeit legt und mit sicherer Hand geschrieben wurde.

Nun möchte einer der Autoren – der andere, M. P., kann die Lobgesänge nicht mehr hören – die „Grundzüge der Analysis" von J. A. Dieudonné den Experten ans Herz legen, die sich durch dieses Buch gekämpft haben. Einige bezeichnen dieses (leider in Deutsch aktuell nicht mehr im Druck befindliche) Werk als unlesbar und „extrapur". Wer sich allerdings auf das (entspannte neun Bände umfassende) Werk eingelassen hat, der kann nicht nur diverse Prüfer verängstigen, sondern lernt auch Dinge über Mathematik (es geht primär um die Analysis im weitesten Sinne), die nach Monaten der Entsagung plötzlich in helles Leuchten übergehen.

Eine weitere Empfehlung ist das Buch „Raum-Zeit-Materie" von H. Weyl. Dieser geniale Mathematiker verstand es nicht nur in diesem Buch, schwierige Themen in faszinierendem Stil zu präsentieren. Das genannte Buch, nach den Wirren des 1. Weltkrieges entstanden, klingt nicht nach der Thematik dieses Buches (es ist tatsächlich eines über die Relativitätstheorie). Dennoch hält es eine Überraschung parat: In ihm findet sich erstmals eine Darstellung wesentlicher Teile der linearen Algebra, wie sie heute noch gelehrt wird. Schön hier zu sehen, welch wunderbare Grundlagen wir hier im Buch lernten; sie führen weit.

Index

© Springer-Verlag GmbH Deutschland 2019
M. Plaue und M. Scherfner, *Mathematik für das Bachelorstudium II*,
https://doi.org/10.1007/978-3-8274-2557-7

Willkommen zu den Springer Alerts

Printed in the United States
By Bookmasters